空间相似关系

闫浩文　著

科 学 出 版 社
北　京

内 容 简 介

空间关系是地理信息科学的一个重要分支，空间相似关系又是其中的一个难点，它的研究对当前 GIS 空间数据库查询、空间定位、空间推理、新一代高性能 GIS 软件的研制等具有重要的理论和现实意义。本书系统论述了空间相似关系的基本概念、基础理论和计算方法。本书的主要内容有空间相似关系的基础理论，其包括空间相似关系的定义、性质、分类体系，影响空间相似关系判断的主要因子及各个因子的权值确定方法；同尺度空间相似关系的计算方法和应用；多尺度空间相似关系的计算方法及其在地图自动综合中的应用。

本书可供测绘、地理、遥感、计算机信息处理、自动控制等方面的科技工作者参阅，亦可作为相关专业研究生的教学参考用书。

图书在版编目（CIP）数据

空间相似关系/闫浩文著. —北京：科学出版社，2022.2

ISBN 978-7-03-071499-2

Ⅰ. ①空…　Ⅱ. ①闫…　Ⅲ. ①地理信息系统–研究　Ⅳ. ①P208.2

中国版本图书馆 CIP 数据核字(2022)第 026864 号

责任编辑：杨帅英　赵　晶 / 责任校对：何艳萍

责任印制：吴兆东 / 封面设计：蓝正设计

科学出版社出版

北京东黄城根北街 16 号

邮政编码：100717

http://www.sciencep.com

北京建宏印刷有限公司印刷

科学出版社发行　各地新华书店经销

*

2022 年 2 月第　一　版　开本：787×1092　1/16

2024 年 6 月第三次印刷　印张：14

字数：332 000

定价：118.00 元

前　言

空间关系包括拓扑关系、空间距离关系、方向关系和相似关系。其中，空间方向关系和空间相似关系因为可计算性差，所以理论研究相对缓慢，成果甚少。为此，笔者曾于 2003 年在成都地图出版社出版了《空间方向关系理论研究》一书，对空间方向关系进行了系统的阐述。其后，笔者转向空间相似关系理论与应用的研究，在最近 10 多年的时间内对空间相似关系的基本概念、基础理论与计算模型、实际应用等多个方面进行了探索，取得了以下一些研究成果。

（1）相似的一般性定义、相似的性质及其数学描述、相似的分类体系、影响人们进行相似判断的因子、相似度的计算方法。

（2）空间相似关系的严格定义和属性、空间相似关系的性质及其数学描述、空间相似关系的分类体系、影响空间相似关系的因子及其在空间相似度计算中的权重。

（3）同尺度地图空间中的语义相似关系、几何相似关系、拓扑相似关系、距离相似关系和方向相似关系的计算方法。

（4）独立目标、群组目标、地图在多比例尺地图上的相似度计算方法，地图比例尺与地图目标相似度的函数关系，借助地图比例尺与地图目标相似度的函数关系消除地图综合算法中人为设定的参数的方法、实现地图综合过程自动化的方法以及对地图综合结果进行自动和智能化评价的方法。

以上研究成果构成了本书的核心内容。

本书出版得到国家自然科学基金重点项目（41930101）和甘肃省拔尖领军人才培养计划项目的联合资助。

笔者要感谢杨维芳教授、张黎明教授、禄小敏博士及博士研究生张映雪、王荣、高晓蓉、李蓬勃、王玉竹认真阅读书稿并提出宝贵的修改意见。

由于笔者的水平与学识，书中的观点和论述可能挂一漏万，遣词造句不免瑕疵。本书权为抛砖引玉，文存疏漏，责在笔者。谨此就教于同行之先辈、同龄与后学，望不吝指教。

闫浩文

2021 年 8 月于兰州

目　录

第1章 导 言

1.1 问题来源

相似，与人类生活息息相关，几乎须臾不可分离。张口而出的成语，如大同小异、如出一辙、千篇一律、相差无几、一模一样等，都是用以描述和衡量事物相似的。日常交往中，老朋友、老熟人在分别多年后可以一眼认出对方，人们经常遇到长相难以区分的双胞胎，借助的都是人在容貌、神态、言行等方面的相似。古诗“去年今日此门中，人面桃花相映红”以桃花之美艳来烘托女子的美貌，借助的是人与物之间的相似。在野外，人们能够分辨出不同的树、不同的草、不同的岩石、不同的土壤，是借助实物（即树、草、岩石、土壤等）与人脑中已有的相应事物的影像对照后得到的相似度而进行的判断。

相似在信息时代的应用非常广泛。应用角度和边角关系来比较两个图形的相似，是计算机中很常见的图形计算问题（图 1-1）。例如，期刊论文投稿、学位论文送审中的内容查重，实质是对比该论文与文献数据库中的文章、著作、专利等在内容上的相似度。又如，飞机场、火车站等交通入口的人脸识别系统与高速公路上常见的自动收费系统中的车牌自动识别系统，其基本原理是比对和计算当前目标（即人脸、车牌）与数据库中保存的图像的相似度。

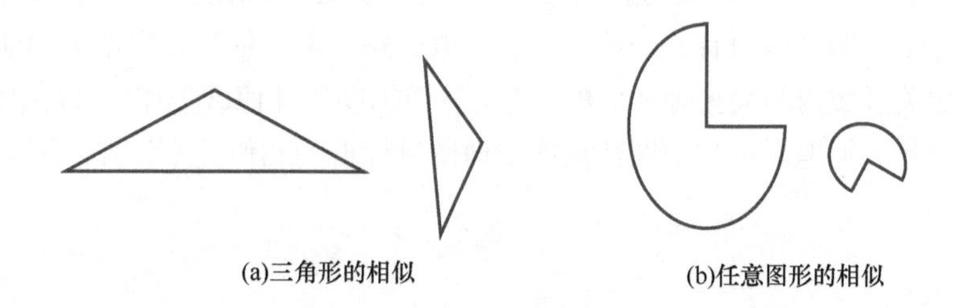

图 1-1 图形的相似

以上是视觉系统判断相似的例子。同样地，人类的听觉、触觉、味觉、嗅觉系统也可以感受和判断相似。人们经常能在“未见其人，只闻其声”的情况下分辨出过去熟悉的来者，也能从某个五音不全者的唱词中知道一个人的唱段，这是由于人的听觉系统可以为大脑提供声音的特征、唱段内容，并与大脑中原来存储的声音、唱段进行相似对比。人们用手触摸棉花就能判断它是棉花而不是铁块，口中吃到牛肉就能判断出是牛肉而不是青菜，闻到花香就能判断出是花香而不是臭味，这是因为人的触觉、味觉、嗅觉可以依据其感觉给大脑提供信息，大脑会根据自己已存储的信息与这些提供的信息进行比对，得到它们之间的相似度，从而做出判断和结论。

回到地图，其与相似有关的例子俯拾皆是，此处列举几个。

例 1：人们运用地图进行路径导航（图 1-2），即在地图上规划好路径，当行走或驾驶时在实地找到相应的道路。其原理是把图上道路及其附属地物与实地道路信息进行对照，根据二者的相似度确定道路的走向。

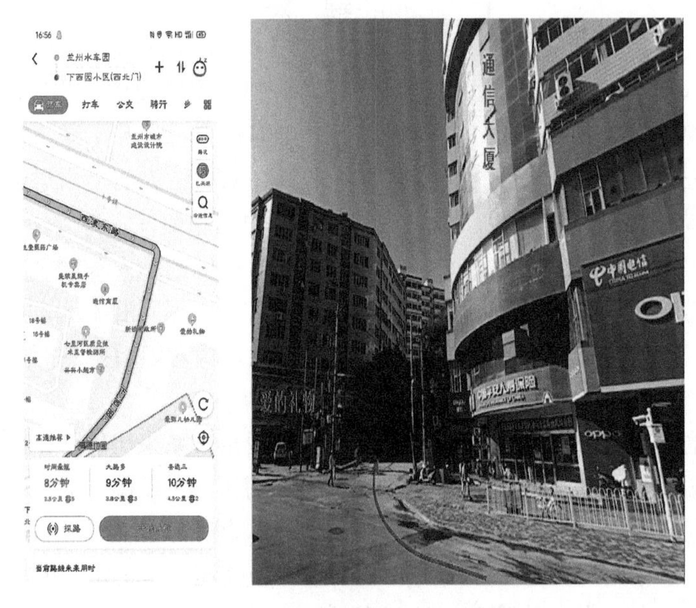

图 1-2　路径导航的本质是地图目标与实地目标的相似计算

例 2：一起绑架案中，得救的人质回忆起他被关押在一栋楼房，从关押房间可以看到楼房西面有一个水塘，南面有一个停车场和一条公路。警方依靠相应地区的地图数据库，可以搜索出相关区域内与关押地相似的场景，从而辅助案件侦破工作。此处相似场景搜索的核心问题就是关押地场景与地图数据库中地图目标群的相似关系计算（图 1-3）。

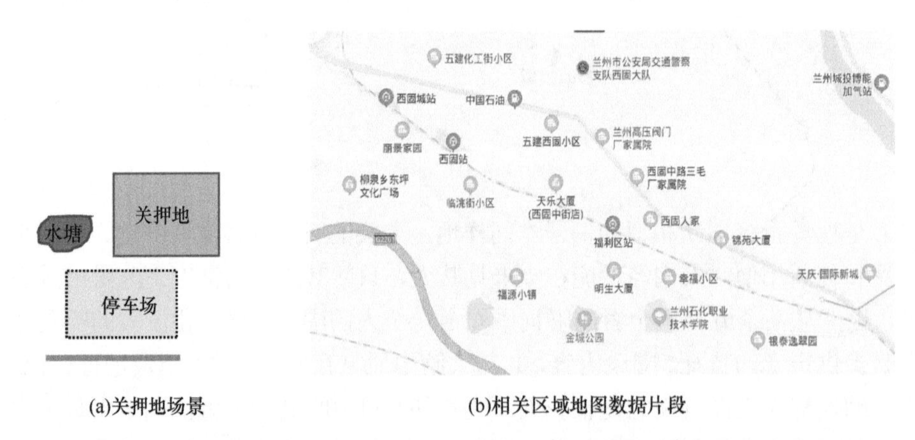

图 1-3　相似场景搜索就是关押地场景与地图数据库中地图目标群的相似关系计算

例 3：居民地在大比例尺地图上的表达比较详细。当地图比例尺变小时，居民地的表达变得概略（例如，有些居民地边界被简化，有些相邻居民地被合并）。这里，地图比例尺的变化而引起的地图上居民地的变化是一种相似变换，其本质是保持不同比例尺地图上居民地图形之间合适的空间相似关系（图 1-4）。

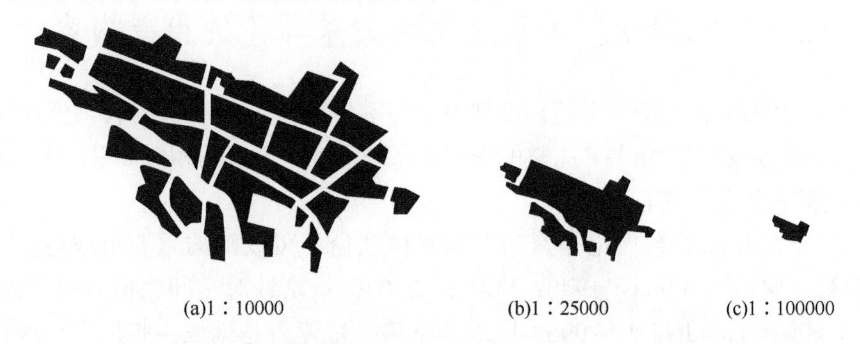

(a)1∶10000　(b)1∶25000　(c)1∶100000

图 1-4　比例尺变化而引起地图上居民地的变化是一种相似变换

例 4：德国科学家阿尔弗雷德·魏格纳（Alfred Lothar Wegener）（1880—1930）在 1912 年一篇重要的学术论文中提出了大陆漂移（continental drift）学说，且其后逐步对该理论进行了发展和完善。作为反对者眼中的气候学家，魏格纳尽管尽量把大陆漂移学说建立在地理学、地质学的理论基础上（但这就必然要推翻原来“大陆保持静止”的地理学与地质学基础，因而在很长时期内招致了大量地理学家和地质学家的反对），但其学说的原始驱动力和证据却来自地图：1910 年，魏格纳看到墙上的世界地图，注意到欧洲和非洲的西海岸和北南美洲东海岸轮廓有极大对应性。他设想：这两块大陆早就是一个整体，后来因破裂、漂移而分开。

魏格纳的大陆漂移学说中运用的海岸轮廓的对应性的实质就是地图图形的互补相似性（图 1-5）。

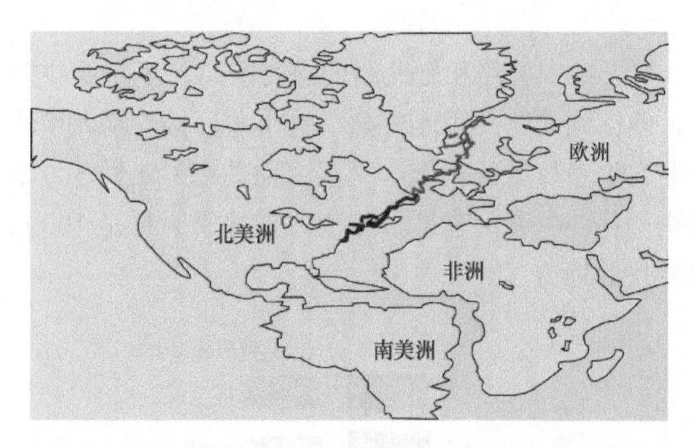

图 1-5　各大洲地图边界的互补相似性是大陆漂移学说的原始证据

由上述的例子可知，相似在地图空间不仅普遍存在，而且已被广泛应用。地图空间的相似关系可以存在于地图空间与现实地理空间之间（例 1）、同一尺度地图空间上的不同目标之间（例 2、例 4），也可以存在于多尺度地图空间的目标之间（例 3）。既然地图空间的相似关系有广泛的用途，那么对其基础理论和计算方法进行系统研究就很有必要。

1.2 问 题 意 义

研究空间相似关系的用途有很多。总括起来看，其至少具有以下几个方面的价值。

1.2.1 空间相似关系是空间关系理论的重要内容

郭仁忠（1997）在《空间分析》中把空间关系分为5类：空间距离、空间拓扑、空间方向、空间相似和空间相关。完整的空间关系理论离不开空间相似关系，因此有必要对地图空间的相似关系进行研究。

诚然，空间相似关系理论是空间关系整体理论不可或缺的重要组成部分。著名的地理学第一定律（Tobler，1970；Miller，2004）就是针对空间相似与相关关系的。自2000年开始，Goodchild（2006）以地理学第一定律为基础逐步扩展了地理信息科学中的其他定律。由此可见，相似关系在地理科学的理论体系中占据了相当重要的位置。

空间相似关系的研究成果是空间关系理论的一部分。空间相似关系不仅简单地作为空间查询与分析的一个参数来丰富其方法、模型库，而且它的合理定义、描述、计算能够使地理信息系统（geographic information system，GIS）从空间关系全局的高度把握空间模型的建立和应用。

1.2.2 良好的空间描述离不开空间相似关系

如果缺少对空间相似关系理论的透彻研究，就不能很好地对地理、地图空间进行描述。对空间目标间关系的良好描述，需要拓扑、距离、方向、相似、相关等关系的共同作用，缺一不可。

如图1-6所示，某人在中大路和雁北路的交叉路口，正在寻找居住在滨河花苑小区内的朋友的居民楼，他问到的路人甲刚好熟悉这个居民楼。路人甲的描述是：你从中大路和雁北路的交叉路口沿着雁北路向东（空间方向关系）走约500 m（空间距离关系），然后离开雁北路（空间拓扑关系）向北（空间方向关系）行走100 m（空间距离关系）有一个楼，就是你要找的地方。

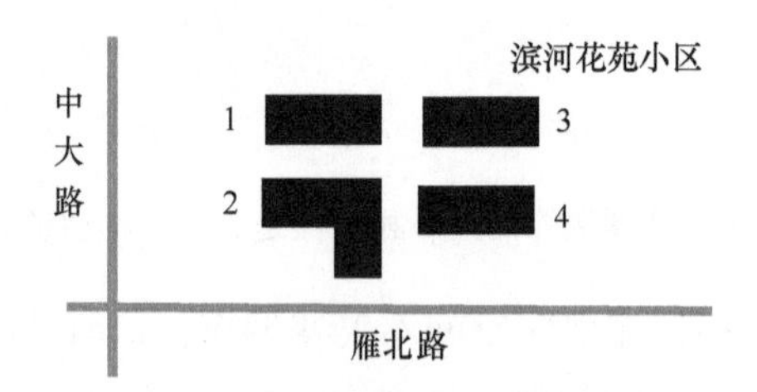

图1-6　空间相似关系在空间描述中的作用

某人由此可以找到他朋友的居住地吗？应该有些困难。因为，根据路人甲在这个描述中用到的空间方向关系、空间距离关系和空间拓扑关系，某人可以找到滨河花苑小区，但是很难确定究竟是哪栋楼。如果路人甲在最后把“有一个楼，就是你要找的地方”改为“有一个拐角形的楼，就是你要找的地方”，某人应该可以准确地找到他朋友居住的2号居民楼。此处，“拐角形的楼”就是用到了空间相似关系。因为，根据“拐角形的楼”这一描述，某人就可以对比滨河花苑小区各个楼的空间相似性，由此挑选出2号居民楼。

1.2.3 空间查询和空间分析需要空间相似关系

空间查询（spatial query）、空间分析（spatial analysis）是GIS中应用最广泛的功能之一。现在流行的GIS商业软件（如ArcGIS、SuperMap、MapInfo、GeoMedia等）及网络地理信息服务系统中的查询功能基本是基于空间距离关系、拓扑关系，基于空间相似关系的查询几乎没有涉及。出现这种情形的主要原因是空间相似关系的基本理论和计算方法还不成熟。空间数据库查询中相似关系的介入，不但符合人们对事物进行相似类比的思考习惯，有利于对许多复杂空间现象的描述，而且在很多情况下有利于提高空间查询的效率。

1.2.4 空间推理有赖于地图空间相似关系

空间相似关系是日常生活和科研活动中人们运用最频繁的定性空间推理因子之一。空间相似关系具有自反性、传递性、三角不等性等特性，具备作为空间推理因子的条件。运用空间相似关系进行空间推理的一个典型事例是魏格纳根据大西洋两岸海岸形态特征的相似性发现了大陆漂移学说。其他如根据结构与形态的相似性进行遥感图像识别，根据空间目标形状的相似性推知其相关性等，已经成为地理信息科学领域的共识。

1.2.5 多尺度矢量地图数据库自动构建需要地图空间相似关系

多尺度矢量地图数据库是国家空间数据基础设施（national spatial data infrastructure，NSDI）的主要内容，其自动实现依赖于地图自动综合技术。地图自动综合主要解决两个问题：“选取多少”和“如何选取”。其中，基本选取法则（Töpfer and Pillewizer，1966）在统计意义上大体解决了地图上一定范围内的地物目标在一定尺度下“选取多少”的问题。但对于“如何选取”的问题，虽然近几十年来在地图自动综合研究中已经有地图要素或要素层如何化简（Jones and Ware，2005）的成果，但是各算法对地物、地貌层地图综合的阈值还只能靠经验确定，综合成果的评价问题还无法度量，地图最终综合成果的优劣也无法量化（王桥和吴纪桃，1996）。其根本原因之一就在于人们对多尺度空间图形的相似性没有找到合适的计算方法，因此使得地图综合软件研制在算法选择、最终综合成果的评价这两个关键环节无法实现自动化。

1.3　一些说明

本书专注于地图空间相似关系的基本理论、计算方法和应用。为了方便第 2～8 章的论述和读者的理解，此处给出本书论述中的一些限定条件和需要说明的地方。

（1）本书的论述基本限于二维地图空间。

（2）除非章节有特殊说明，本书的研究对象是二维矢量地图空间。

（3）本书的空间专指地图空间，空间相似关系专指地图空间的相似关系，即地图空间中的目标之间的相似关系。

（4）本书内容的大部分是作者及其团队成员近年来的直接研究成果，同时也引用了同行学者的成果。对于引用的成果，参考文献中均已列出。

（5）主要的章节后有一个小结，其目的是对该章进行总结。

1.4　本书组织

为了系统论述地图空间的相似关系，本书将从地图空间相似关系的来源开始，分 8 章进行论述。各章的基本内容及其之间的关系如图 1-7 所示，详细说明如下。

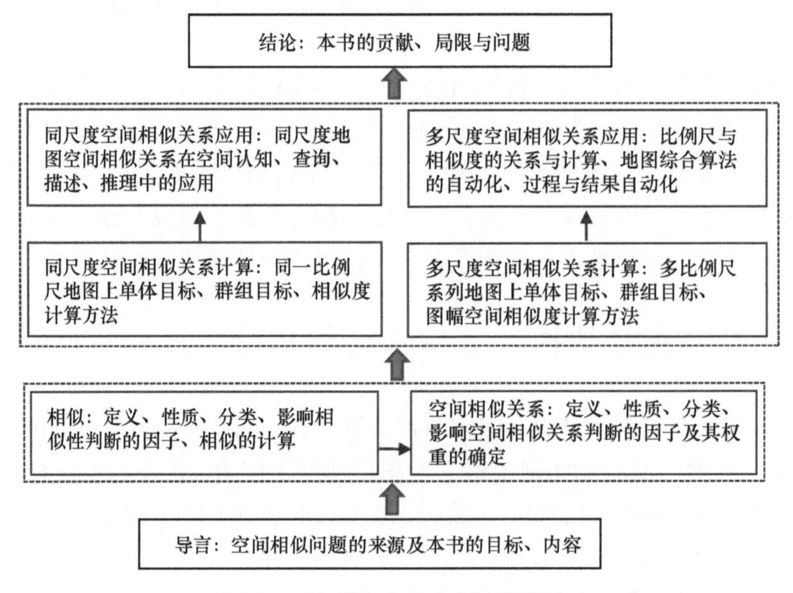

图 1-7　本书各章内容之间的关系

第 1 章，导言：是本书的导引，用一些实例引出地图空间的相似关系问题，说明撰写本书的一些约定和本书想要达到的目标。这是阅读本书的基础。

第 2 章，相似：要论述空间相似关系，相似应该是基础。所以，本章从相似开始，阐释相似的定义、性质、分类、影响相似性判断的因子和相似的计算。相似的这些基本概念和基础理论是后面论述地图空间相似关系所需要的。

第 3 章，空间相似关系的基本问题：以第 2 章的基本概念和理论为基础，给出了空间相似关系的定义、性质和分类系统，阐释了人们在进行空间相似关系判断中的影响因子及各个因子的权重。

第 2 章、第 3 章是全书的理论基础，接下来的第 4～7 章是全书的核心。

第 4 章，同尺度空间相似关系计算：论述在比例尺不变的情况下地图上的空间相似关系，包括两个独立目标之间的相似度计算、两个由同类目标组成的目标群组之间的相似度计算、两个空间场景（即由不同目标组成的群组目标）之间的相似度计算。

第 5 章，同尺度空间相似关系应用：是第 4 章中阐述的理论在与地图相关的问题中的应用，主要论述把同尺度空间相似关系理论应用于空间认知、矢量地图查询、栅格地图查询、地图空间目标描述、地图空间相似推理的方法和实例。

第 6 章，多尺度空间相似关系计算：论述同一目标或者目标群在地图比例尺变化的情况下以不同形式或模式出现时，各形式或模式之间的相似度计算方法，包括一个独立目标在两种比例尺地图上的相似度计算方法、一个群组目标在两种比例尺地图上的相似度计算方法、一幅地图在两种比例尺地图上的相似度计算方法。

第 7 章，多尺度空间相似关系应用：是第 6 章中的理论在地图空间问题上的应用，主要是阐述如何应用多尺度地图空间相似关系计算方法解决地图自动综合中的相关问题，包括如何确定多尺度地图表达中的地图比例尺与地图目标相似度的函数关系、如何运用地图比例尺与地图目标相似度的函数关系消除地图综合算法中人为设定的参数以实现算法的自动化［例如，如何消除 Douglas-Peucker 算法（Douglas and Peucker，1973）中的距离阈值，以实现 Douglas-Peucker 算法的全自动化］、如何实现地图综合过程的自动化、如何对地图综合的结果进行自动和智能化评价等。

第 8 章，结论：对前面 7 章的内容进行总结，主要包括本书的贡献、存在的局限和留存的问题。

第 2 章　相　　似

本书聚焦于地图空间的相似关系理论及其应用，所以一个自然而然的想法是首先对一般意义上的相似的基础理论进行梳理，包括相似的内涵（定义）、性质、外延（分类）、影响人们做出相似性判断的因子、相似的计算等基础性问题。

2.1　相似的定义

相似，人人熟悉，经常使用，容易列举出很多的例子。

（1）小明和他爸爸长得真像啊，简直就是一个模子里出来的。

（2）这幅临摹画几乎达到了以假乱真的程度。

（3）这是两个相似三角形。

（4）他的这篇文章显然是抄袭了张明 2010 年 1 月发表的论文。

（5）这两句话的意思是一致的。

（6）幸福的家庭往往相似，不幸的家庭各有各的不幸。

（7）年年岁岁花相似，岁岁年年人不同。

（8）他就是中国的葛朗台。

诚然，以上都是人们日常生活中与相似有关的例子。相似在人类对事物的认知、推理、检索、查询、分类等思维活动中均起着重要作用。可以说，离开了相似判断，人类的思维可能不能严谨、完美，甚至无法进行。

相似在信息时代的应用非常广泛。应用角度和边角关系来比较两个图形的相似，是计算机中很常见的图形计算问题。例如，期刊论文投稿、学位论文送审中的内容查重，实质是对比该论文与文献数据库中的文章、著作、专利等在内容上的相似度。又如，飞机场、火车站等交通入口的人脸识别系统与高速公路上常见的自动收费系统中的车牌自动识别系统，其基本原理是比对和计算当前目标（即人脸、车牌）与数据库中保存的图像的相似度。

相似的应用领域如此广泛，但是要给相似下一个明确的定义，似乎又不太容易。本书要讨论的相似是严格意义上可以量化的、形式化的概念。所以，为了对相似进行恰当的定义，从分析不同学科对相似的已有定义入手也许是一个可行的思路。

2.1.1　数学中的相似

数学中的相似有几何学中的，也有代数中的。代数中的相似，如矩阵的相似、行列式的相似等。为了方便理解，这里只论述几何学中的相似。

两个图形的相似计算是几何学中常见的问题。例如，如果两个三角形的三个内角对应相等，则这两个三角形是相似三角形。推而广之，对于两个边数相同的多边形，如果它们的对应角相等、对应边成比例，则它们是相似多边形。但对于两条曲线的相似，就不能简单地用角度、长度等的对比来判断（图 2-1），而是要用更为复杂的方法计算两条曲线之间的相似度，如相似性函数定义法、特征值法、Frechet 距离测度法、Hausdorff 距离法等（朱洁，2008）。

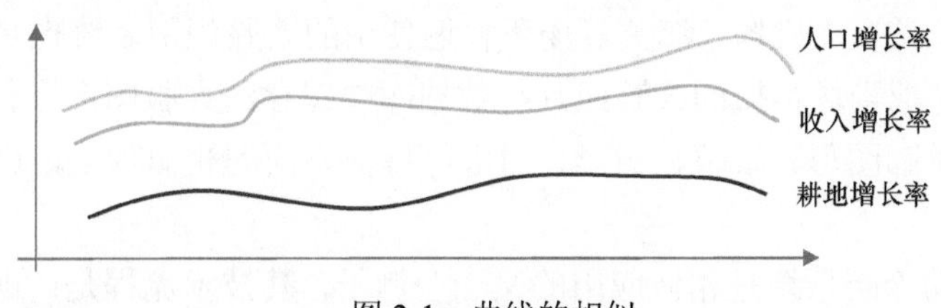

图 2-1　曲线的相似

图形自相似的计算是分形几何学中的一个老问题。分形自相似有两种类型，一种是统计上自相似，另一种是部分和整体严格自相似。统计自相似的典型例子就是地图上的海岸线，如图 2-2（a）所示；部分和整体严格自相似的例子如图 2-2（b）所示。大自然中自相似的例子很多，如松果、向日葵等（图 2-3）。

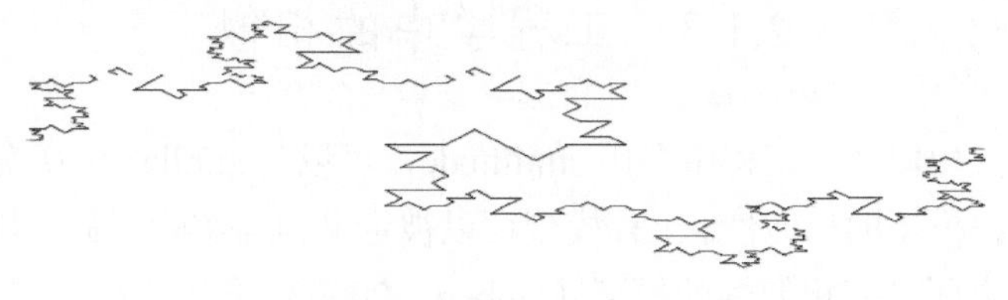

(a)统计上自相似的例子：海岸线

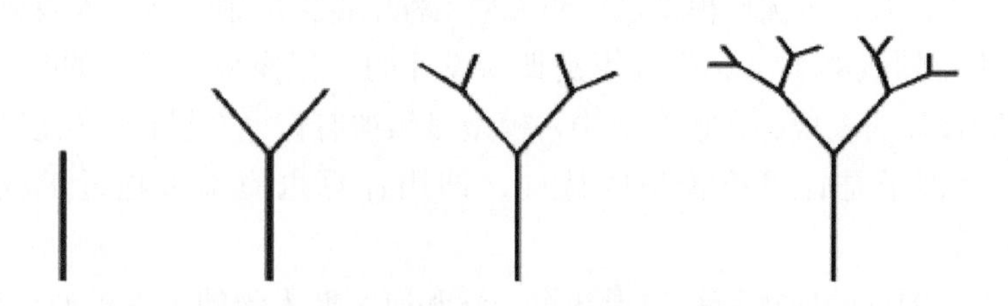

(b)部分和整体严格自相似的例子：树状图

图 2-2　两类自相似图形

(a)松果　　(b)向日葵

图 2-3　大自然中的自相似

2.1.2 计算机科学中的相似

在计算机科学中，相似的用途很多。

检测论文的剽窃或者学术界俗称的论文查重就是一个典型例子，其基本原理就是把被检测论文中的文字、图片、表格等与已发表论文数据库中的文字、图片、表格进行相似性对比。

汽车站、火车站、飞机场、海关等场所普遍使用的人脸识别系统也是相似应用的实例，其工作原理是把当场拍摄的人脸照片与数据库中保存的人脸图像进行对比，计算二者在面部色彩、轮廓图形、眼睛、嘴形、眉毛等特征方面的相似程度，进而做出该人能否通过的判断。

网上疾病自动诊断系统是相似应用的又一个例子，其技术流程是：预先建立一个专家知识库，记录专家认可的某疾病的各种症状及其权重，即建立所谓的标准症状库。当病人在网上应用该系统进行诊断时，需要根据诊断系统的提示输入自己的症状信息，诊断系统计算出病人的各种症状与相应标准症状之间的相似度，由此做出病人是否患有某种疾病的判断。

2.1.3 工程学中的相似

在工程学中，相似（在工程中多用 similitude，可以与 similarity 互换使用）的概念被用于测度两个工程模型的相似性。工程模型可以被定义为与实际工程应用在几何特征、运动学、动力学等方面具有相似性的模型（Hubert，2009）。模型相似在工程领域的研究已有数十年的历史，有许多优质模型已经在大型工程中得到应用且被写入教科书中。

相似在工程领域的一个典型应用是把新设计的工程模型与已有的类似设计进行比较，来预测新设计的表现。在该实例中，模型显然被看作已有设计。相似在工程领域应用的另外一个例子是计算机模拟的认证，即用计算机模拟来趋近工程的实际状况（Heller，2011）。

相似在工程领域的应用最初出现在水力学和航空航天学的工程模型设计中，相似用来测试和评估考虑尺度因素时液体流动的状况，而工程模型用于研究在计算机模拟不可靠的情况下的复杂流体力学问题（Heller，2011）。设计的模型一般（也并非总是）要小于工程实体，目的是测试实体的可行性。

2.1.4 心理学中的相似

认知心理学上的相似指的是两种心理表征或心理表达（mental representation）之间的相似度。目前已经提出了一系列计算或评价两个心理表征的相似度的模型和方法，它们可以被分为 5 类：心理距离法（mental distance approaches）、特征法（featural approaches）、结构法（structural approaches）、变换法（transformational approaches）和社会心理法（social psychological approaches）。就这5类计算心理表征相似度的方法而言，每类方法都基于特定的假设。

心理距离法假设心理表征能够表达心理空间的一些概念（Shepard，1962）；通常，这些概念可以用空间中的点来表达。如此一来，两个概念之间的相似就可以通过计算空间里两个点之间的距离而得到。如果一对点之间的距离小于另一对点之间的距离，就认为前一对点对应的两个概念比后一对点对应的两个概念更接近（即更相似）。

特征法的提出弥补了心理距离法的一些缺陷（Tversky，1977）。心理距离法的一个缺陷是它假定空间是对称的（因为该方法认为两点之间的距离总是相同的，无论这种距离是从其中的哪一点开始计算的）。但是，心理相似并非总是对称的。例如，在许多情况下，人们的心理相似是单向的。一个常见的例子是：我们习惯于说“小明长得很像他爸爸”，而不习惯说“小明的爸爸长得很像小明”。特征法借助比较两个对象之间的一系列特征来衡量它们的相似程度。它们的共同特征越多，它们就越相似。显然，这种特征的比较避免了考虑两个对象的先后次序。

结构法（Gentner and Markman，1997）假定目标的相同特征与相异特征在心理上是独立的。事实上，确定两个目标的相异特征需要找到它们的共同特征。例如，就一辆小汽车和一辆摩托车而言，它们的共同特征是都有轮子；它们的相异之处是汽车有4个轮子，而摩托车只有2个轮子。因为这个相异之处的存在首先要有这两个目标的相同之处存在（都有轮子），所以把它们之间的这种差异叫作匹配性差异（alignable difference）。与其对应的是非匹配性差异，该概念意味着两个目标在特征上没有对应关系。例如，小汽车上有安全带，但摩托车上没有安全带。研究认为，人们对两个目标的相似程度判断时，匹配性差异的作用比非匹配性差异的作用要大。因此，两个目标的共同特征和相异特征之间的关系对于人们衡量这两个目标之间的相似程度非常重要。结构法来源于信息从一个主题向另一个主题传导的类推（analogy）过程。

变换法（Hahn et al., 2003）不依赖于心理表达来评价相似信息的相似性，其基本过程是：假定任何心理表达可以经由一系列步骤转换为另外一种表达。转换过程的步骤越多，这两种表达越不相似。但是，也有学者的研究发现其并非总是如此（Larkey and Markman，2005）。

在社会心理学中，学者们运用相似来描述人与人之间的态度、人格、价值观、兴趣、文化背景等方面的相近性（closeness或nearness）。该类研究揭示出了一个有趣的现象：人与人之间的吸引力源自人与人之间的相似性，人与人之间的许多类型的相似性可以增加人与人之间的喜欢程度。例如，人与人之间意见、交流技巧、个人背景特征、价值观等方面的相似性通常能增加相互喜欢的程度。对此的解释是：有相同兴趣的容易趋向于相同的环境。例如，两个喜欢读书的人就可能容易在图书馆或书店相遇并由此建立联系。

相似在格式塔心理学（Gestalt psychology）中也有很好的运用，其中重要的如相似性定律（law of similarity）。相似性定律认为相似的目标容易被分为同一类。这里的相似可以是颜色、形状、阴影、质量等。如图2-4所示，人们易于把黑色填充的长方形看作一组，把无色填充的长方形看作另外一组。这里在分组中起作用的就是格式塔心理学中的相似性定律。

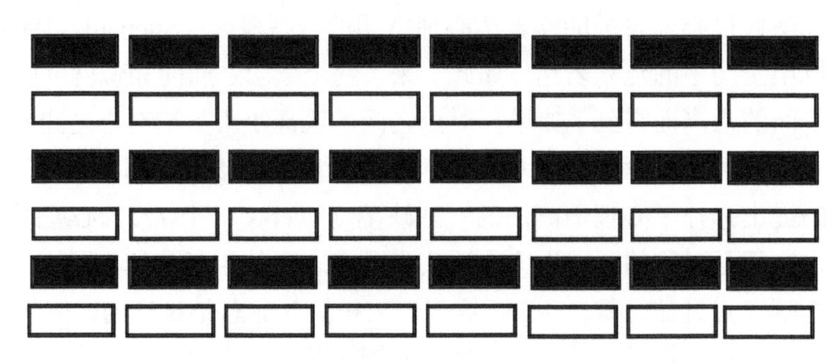

图 2-4　格式塔心理学中的相似性定律

2.1.5　音乐学中的相似

相似性的确在音乐中有应用。例如，人们能够很容易听出一首歌，尽管这首歌在吟唱时被某人变调了。这里起作用的是音乐的相似性，即人们拿被咏唱的曲调和他们熟悉的曲调进行了相似性对照。如果相似指的是两个音乐片段的相似，可能意味着音乐作品存在抄袭、剽窃。音乐相似性可以是多维度的，如曲目类型、创作者、表演者、年代等的相似性，这些相似性在实践中通常用于开发音乐信息检索系统（musical information retrieval system）并广泛应用于音乐的学术研究和商业活动中（Klapuri and Davy，2006），点歌系统就是典型例子。

2.1.6　化学中的相似

化学相似性在化学信息学（chemo-informatics）中是很重要的概念，可以用它来预测化合物的性质和结构。特别地，化学相似性已经被用于药物设计的大型药物数据库检索，目的是从数据库中检索到期望的药物结构（Nikolova and Jaworska，2003）。这种检索是基于特征相似的原理，即相似的化合物具有相似的特征。

化学的相似通常用距离（distance）来描述，距离越大，两个化学物质越不相似。这种距离可以有两种描述方式：欧氏距离和非欧氏距离。具体选用哪个距离取决于对应情况下的三角不等性是否成立。

2.1.7　地理（地图）学中的相似

相似在地理学中的用途很多，有地理空间的，也有地图空间的，我们把它们统称为空间相似关系。空间相似关系是空间关系的一个子集，除了空间相似关系外，它还包括空间距离关系、空间拓扑关系、空间方向关系和空间相关关系。空间相似关系是地理空间信息科学的基本理论问题之一（Egenhofer and Mark，1995）。

Yan（2010）把相似看作两个目标之间的各个特性的对照比较，基于集合论给出了空间相似关系的定义。

定义 2-1：假定 A_1 与 A_2 是地理空间（包括物理上的现实地理空间和地图空间）的两个目标，它们对应的属性分别是 P_1 与 P_2，且 $P_1 \neq \varnothing$、$P_2 \neq \varnothing$，则 $P_{\cap}=P_1 \cap P_2$ 被称为两个目标 A_1 与 A_2 的空间相似关系。

地理空间目标之间的相似程度可以用相似度来量化表达。相似度的取值区间为[0,1]。

根据以上空间相似关系的定义和相似度的取值，可以得到如下的推论。

推论 2-1：$P_{\cap}$ 越大，两个目标的相似度越大。

推论 2-2：$P_{\cap}=\varnothing$，两个目标的相似度为 0。

推论 2-3：$P_{\cap}=P_1=P_2$，两个目标的相似度为 1。

Yan（2010）也给出了地理空间目标在多尺度上的相似关系。

定义 2-2：假定 A 是地理空间的一个目标，在 k 个尺度 S_1，S_2，…，S_k 的地理空间中 A 被表达为 A_1，A_2，…，A_k，k 个表达 A_1，A_2，…，A_k 对应的属性为 P_1，P_2，…，P_k，则 $P_{\cap}=P_1 \cap P_2,\cdots,P_k$ 称为目标 A 在多尺度地理空间的相似关系。

上面的定义 2-1、定义 2-2 都是基于集合论的，其基本思想就是分别比较两个目标之间的各个属性的相似。两个目标的属性的交集越多，它们的相似度就越大。

2.1.8 相似的一般性定义

从以上各领域对相似进行的定义中可以发现：

（1）每个领域对相似的描述、定义都与特定的应用、知识表达或领域模型构建紧密相关。从该意义上看，各领域中的定义不能互换使用。

（2）各个领域已有的对相似的定义都有一个假设作为基础，但是这些假设通常都是含蓄（而非明确）地给出。如果不知道这些假设，对相关领域的相似性的度量、理论的讨论等的价值就大打折扣。

（3）以上各领域对相似的定义都是基于经验的，对相似的度量也是基于经验的。

基于以上分析，有必要在一般意义上对相似给出一个定义，这个定义应该是严谨、合理的，其表达应该是形式化的。

定义 2-3：假定 A_1 与 A_2 是空间 S 中的两个目标，它们的属性集分别是 P_1 与 P_2，且 $P_1 \neq \varnothing$、$P_2 \neq \varnothing$，则 $P_{\cap}=P_1 \cap P_2$ 被称为两个目标 A_1 与 A_2 的相似关系。

2.2 相似的性质

就如不同领域的学者对相似的概念给出不同的定义一样，不同领域对相似的性质也有不同的认识。

2.2.1　计算机科学中关于相似的性质

针对字符串的处理问题，有学者提出了相似的性质（Cilibrasi and Vitanyi，2006）。假设 Ω 是一个非空集合，R^{+}是一个非负实数的集合，则可以用距离函数来衡量两个字符串之间的差异（相似的对立面）：

$$D=\Omega\times\Omega\rightarrow R^{+} \tag{2-1}$$

基于该函数，假设 $D(x,y)$ 是两个字符串 $x\in\Omega$ 、 $y\in\Omega$ 之间的距离，则关于两个字符串的相似有如下 3 个性质。

1）等价性

$$D(x,y)=0,\ \text{if}\ \ x=y \tag{2-2}$$

两个完全一样的字符串，其距离（或差异）为 0。反过来说，两个完全相同的字符串，其相似度为 1。

2）对称性

$$D(x,y)=D(y,x) \tag{2-3}$$

两个字符串的距离计算没有方向性，从字符串 x 到字符串 y 的距离等于从字符串 y 到字符串 x 的距离。

3）三角不等性

$$D(x,y)\leqslant D(x,z)+D(z,y) \tag{2-4}$$

三角不等性可以用一个例子进行说明。$D(x,y)$ 的取值用两个字符串之间对应字符的不同来表示。假设 3 个字符串如下：

$$x=\text{"}ABCDEFGHIJ\text{"}$$
$$y=\text{"}ABCDEEEHIJ\text{"}$$
$$z=\text{"}ABCDEPPPIJ\text{"}$$

则有

$$D(x,y)=2\text{；}$$
$$D(x,z)=3\text{；}$$
$$D(z,y)=3\text{。}$$

显然有 $D(x,y)\leqslant D(x,z)+D(z,y)$ 成立。

2.2.2　心理学中关于相似的性质

心理学领域的学者发现了相似的 4 个性质。

1）对称性

$$D(A,B)=D(B,A) \tag{2-5}$$

这里的对称性建立在两个基础上，其一是心理特征 A 与心理特征 B 的相似程度等于心理特征 B 与心理特征 A 的相似程度；其二是相似与差异是互补的，两个心理特征越相似，则其差异越小，反之亦然。

2）非对称性或者方向性

心理学中的非对称性或方向性有两方面的含义（Tversky，1977）：其一是指两个心理特征或心理过程共同点增加导致它们之间相似度的增加比它们之间差异点的增加导致二者相似度的减少要多；其二是指当 $S(A,T)\geqslant S(B,T)$ 成立时，仍然可能有 $D(A,T)\geqslant D(B,T)$ 成立。

这里 $S(A,T)$ 表示两个心理过程或心理特征 A 与 T 的相似程度；$D(A,T)$ 表示两个心理过程或心理特征 A 与 T 的差异程度。

3）极小性

$$D(A,B)\geqslant D(A,A) \tag{2-6}$$

这个公式容易理解：两个心理特征或心理过程之间的差异总是不会小于一个心理特征或心理特征自身的差异（Tversky，1977）。

4）三角不等性

$$D(A,B)+D(B,C)\geqslant D(A,C) \tag{2-7}$$

这个公式描述的是 3 个心理特征或 3 个心理过程之间的差异性之间的关系。

2.2.3 地理（地图）学中关于相似的性质

Yan（2010）讨论了多尺度地图空间目标相似的性质。

1）极大性或反身性

$$S(A,A)\geqslant S(A,B) \tag{2-8}$$

地理空间同一目标自身的相似程度总是不小于它与其他目标之间的相似程度。

2）对称性或非方向性

$$S(B,A)=S(A,B) \tag{2-9}$$

地理空间目标 B 与 A 之间的相似程度和 A 与 B 之间的相似程度是一样的。

3）非传递性

简言之，地理空间目标之间的相似性是不能传递的，由 $S(A,B)>0$ 且 $S(B,C)>0$ 不一定可以得到$S(A,C)>0$。

例如，A、B、C是地理空间的3个目标（图2-5）。A是居民地，B是菜地，C也是菜地。此处计算它们在形状、类型上的相似性。它们的属性可以表示为

$$P_A=\{p_1=\text{矩形},\ p_2=\text{居民地}\};$$

$$P_B=\{p_1=\text{矩形},\ p_2=\text{菜地}\};$$

$$P_C=\{p_1=\text{多边形},\ p_2=\text{菜地}\}。$$

所以可以得到：

$$S(A,B)=\{p_1=\text{矩形},\ p_2=\varnothing\}$$

$$S(B,C)=\{p_1=\varnothing,\ p_2=\text{菜地}\}$$

$$S(A,C)=\{p_1=\varnothing,\ p_2=\varnothing\}$$

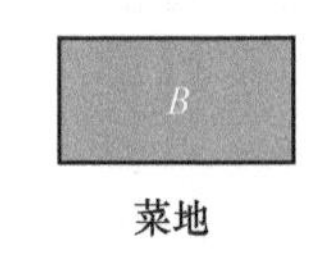

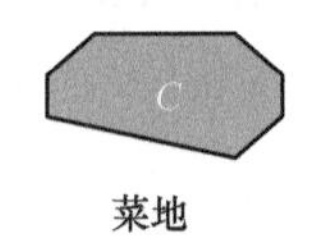

图2-5　地理空间的相似关系非传递性的例子

4）尺度依赖性

地理和地图空间相似关系的尺度依赖性有两个含义：其一，地理空间的目标随着观察者距离的变化而变化，这些变化之间呈现出相似性。观察者距离目标越远，其观察到的目标与目标真实状况之间的相似度越小（图2-6）。其二，地图空间上的目标随着地图比例尺的变化（主要是变小）而变化，地图比例尺越小，地图上目标与原始地图上目标的相似度就越小（图2-7）。

5）多尺度自相似性

多尺度自相似表现在地图上的目标随尺度变化呈现自相似性。

地图上的自相似的典型例子就是海岸线的多尺度表达。Mandelbrot（1967）在其论文"*How Long is the Coast of Britain? Statistical Self-Similarity and Fractional Dimension*"中研究海岸线长度时发现，地图上海岸线的长度与其曲线细节有着很大的关联，这些曲线通常表现出具有无限长或者是无法定义的特性。幸运的是，这些海岸线同时表现出了一个很好的特性，即自相似性：取曲线的一小部分等比例放大后，会发现放大后的部分的曲线形状与原来的整体具有很大的相似性。Mandelbrot指出自相似性是一个十分强大的工具，在各个领域均有很大的作用，他首次创造性地阐述了分形理论并将其用于描述曲线的自相似性。

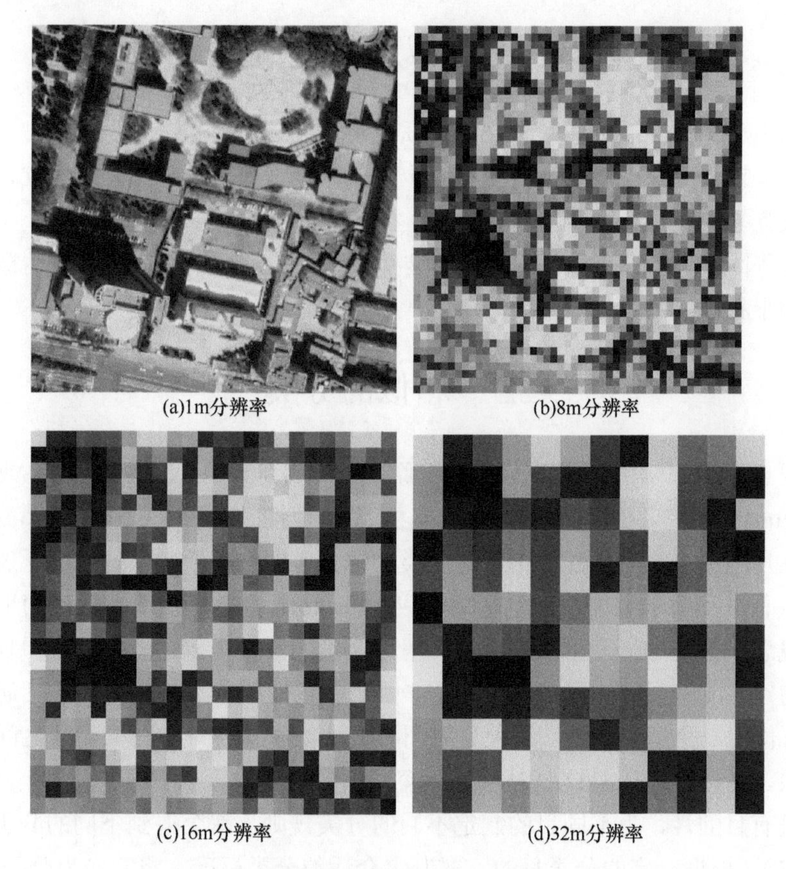

(a)1m分辨率　(b)8m分辨率

(c)16m分辨率　(d)32m分辨率

图 2-6　图像的相似度随分辨率的变化而变化

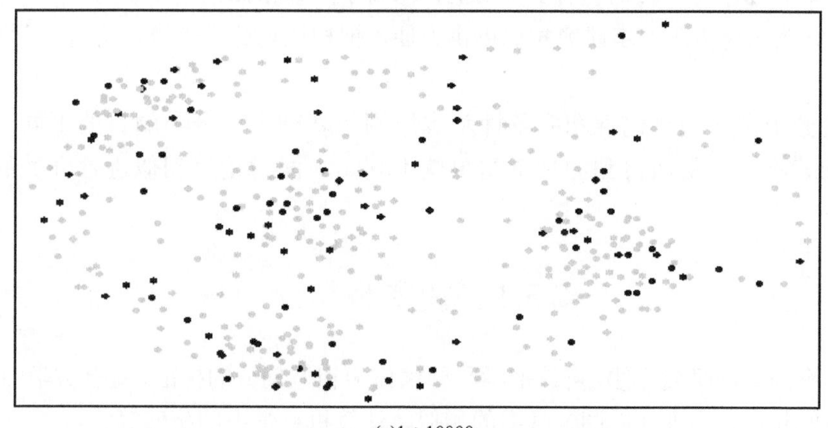

(a)1：10000

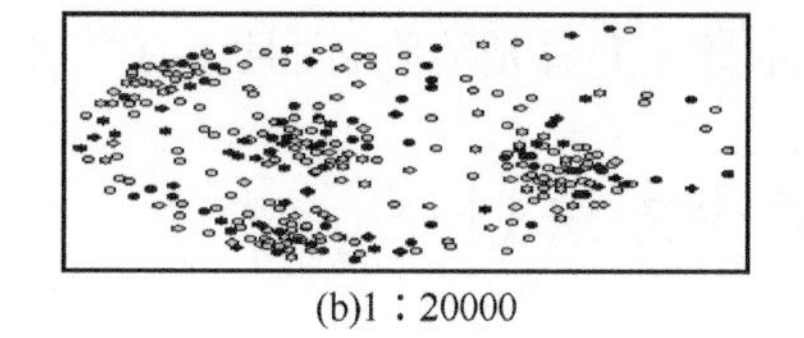

(b)1：20000

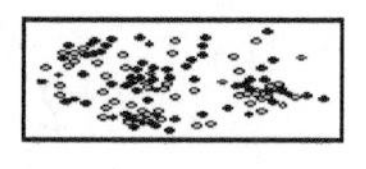

(c)1：50000

图 2-7　地图的相似度随比例尺的变化而变化

2.2.4 对相似的性质的分析

以上列出了相似在 3 个学科领域的性质。可以发现：

（1）各个领域关于相似的性质并不完全相同，有些性质在某一领域成立，但在另一领域并不成立。

（2）这些性质基本都有数学表达，但这些表达还停留在用集合运算表达概念的层次上，并不利于相似度的量化表示。

2.3 相似的分类

分类要遵循类型学中分类的两个基本原则，即排他性（exclusionism）或非二义性（non-ambiguity）和完备性（completeness）。所谓排他性是指各个子类边界清楚，它们彼此之间是互斥的关系。完备性是指所有子类的综合（即全集）必须是包罗无遗的。传统的分类观点总是和数学上集合的概念相对应（Lackoff，1987），或者更确切地说，数学上集合的概念是分类的一个形式化版本。用集合论的语言来表达，排他性即划分的各个子类交集为空，或一个实体只能属于一个子类；完备性即分类的结果应包括研究对象的全体，没有任何一个遗漏在外。这种分组归类方法由于在各种被分类对象之间建立起了有限的关系，所以有助于对这些对象进行深度论证和探索。

分类具有目的性，为不同目的制定不同的分类规则，就会得到不同的分类结果（闫浩文，2003）。根据一定的分类目的，要制定合适的分类标准，将其作为分类的依据。

这里研究相似的分类至少有 2 个目的：①为了知道相似包括哪些内容，即探明相似的外延。②为了对更进一步研究相似提供方便，把相似划分成子类，明确各个子类之间的界限。

在遵循类型学的排他性和完备性基本原则的基础上，分类的目的不同，给出的分类标准就不同，从而得到的类型结果就不同。下面讨论对相似进行分类的几种常见方法。

2.3.1 按学科划分

为了不同学科研究方便，可以把学科归属作为相似划分的标准，就有数学中的相似、心理学中的相似、地理（地图）学中的相似、计算机科学中的相似等。

按照学科对相似进行分类较为常见、应用也广泛。但这种分类有明显的弊端，就是子类并不能满足排他性，因为学科之间的界限本身并非总是清晰，而且还有学科交叉的情况。

2.3.2 按描述方法划分

简单地，按照描述方法，相似可以分为定性的和定量的。例如，“张三和李四长得很像”就属于定性的相似描述；而“张三和李四的相似程度达到了90%”则属于定量的相似描述。

更详细地，如果按照对相似描述所用量表（或标度系统）的不同，可以分为定名（nominal）相似、顺序（ordinal）相似、间距（interval）相似和比率（ratio）相似4种，分别与定名量表、顺序量表、间距量表和比率量表的描述方法相对应。

为了便于理解，表2-1给出了对相似进行描述的这4种方法的例子。

表2-1　按照标度系统得到的4类相似

类型	例子	注释
定名相似	张三长得像他爸爸；豆腐西施杨二嫂看起来就像一个细脚伶仃的圆规	
顺序相似	这款电视从外观上看最像春风电视	这款电视从外观上看与如下4款电视的相像程度排序如何？TCL电视、长虹电视、熊猫电视、春风电视
间距相似	这条等高线最像第三曲率组的曲线	将100条曲线按照其平均曲率值分成4组，分别是最大曲率组、次大曲率组、第三曲率组、最小曲率组
比率相似	你的外形80%与你爸爸相像	

2.3.3　按对照的客体划分

此处的客体指拿来进行对照而得到相似的对象。假设有一个客体*A*，我们说到相似，对照的客体可能是：

（1）客体*A*自身；

（2）客体*A*的一部分；

（3）客体*A*的变种，如客体*A*在不同时间、空间尺度下的其他呈现形式；

（4）其他客体。

2.3.4　按时间点划分

假设*A*、*B*是两个要进行相似性对比的客体，它们的状态或者对它们的描述可以是基于同一时间点的，也可以是基于不同时间点的。如此一来，相似就可以有两类：

（1）基于同一时间得到的相似；

（2）基于不同时间得到的相似。

例如，要对比*A*、*B*两个县的经济发展状况，可以用它们同一年度的经济指标进行对比，得到其相似和相异之处；如果经济资料缺失，也可以对比这两个县两个不同年份的经济指标，从而推导或预测其相似和相异之处。

2.3.5　按时间尺度划分

对于两个要对比的客体，根据对它们在时间尺度描述的不同，得到的相似可以分为两种类型：

（1）同一时间尺度上的相似；

（2）不同时间尺度上的相似。

例如，A 是对 a 地以 1 年为单位的经济指标描述，B 是对 a 地以季度为单位的经济指标描述，C 是对 c 地以 1 年为单位的经济指标描述，则 A、C 的对比称为同一时间尺度上的相似，A、B 的对比称为不同时间尺度上的相似。

2.3.6　按空间尺度划分

对于两个要对比的客体，根据对它们在空间尺度上描述的不同，得到的相似可以分为两种类型：

（1）同一空间尺度上的相似；

（2）不同空间尺度上的相似。

例如，A 是对 a 目标以每英寸 300 个像点为分辨率进行的描述，B 是对 b 目标以每英寸 300 个像点为分辨率进行的描述，C 是对 c 目标以每英寸 3000 个像点为分辨率进行的描述，则 A、B 之间的相似度比较称为同一空间尺度上的相似，而 A、C 之间的相似度比较称为不同空间尺度上的相似。

从理论上说，给出不同的分类标准，就可以得到不同的分类结果。从此意义上说，对相似的分类还可以有很多，这里就不再拓展和论述。

2.4　影响相似性判断的因子

影响相似性判断的因子不可一概而论，需要按不同学科、情形进行区分。

例如，最常见的判断两个三角形的相似性，我们用其角度、边长作为判断的因子。又如，计算机中判断两个字符串的相似性，其影响因子就是字符串的长度、字符的名称、字符的排列顺序等。判断两个图片相似度（典型的例子之一就是在百度上用图片来识别植物类型）的影响因子就包括图片的大小、分辨率、灰度等。影响人际关系相似性的因子则包括人的年龄、民族、教育程度、宗教信仰等。

综上所述，我们无法对人类进行的所有相似性判断给定统一的因子；但是，转换一个角度，可以为寻找影响相似性判断的因子总结出一些规则或规律。

（1）影响相似性判断的因子应该是比较的两个客体都具备的性质。

（2）寻找影响相似性判断的因子应从面向的问题入手，尽量寻找关联度高的因子。

（3）影响相似性判断的因子往往与人的因素关联，具有模糊性或一定的不确定性，尤其是各自在相似性判断中的重要性程度（即权重）不易客观、准确地确定。

（4）影响相似性判断的因子可能有多个，哪些因子是主要的，哪些因子是次要的，需要在研究工作中进行甄别。

（5）有时候需要跳出研究的客体或系统，确定背景或环境中是否存在影响相似性判断的因子。

2.5 相似的计算

相似的计算是一个老问题。在数据分析和挖掘中，若要知道个体间差异的大小，进而评价个体的相似性和类别，就需要计算个体之间的相似度。此处，相似度就是指个体的相似程度，其反面就是差异度，一般借助个体的多个特征之间的距离来衡量。如果距离小，那么相似度大；如果距离大，那么相似度小。例如，两种树木的相似度，可以选取它们树冠的高度、树叶的形状、树皮的颜色作为特征，进行相似度或差异度的计算。

设有两个对象 X、Y，它们各有 n 个特征，分别是 $X=\left(x_1,x_2,\cdots,x_n\right)$；$Y=\left(y_1,y_2,\cdots,y_n\right)$。已有的研究成果区分了差异度和相似度两种计算方法，因此，下面的论述就以对象 X、Y 及其特征为例对这两类方法进行论述。其实，在本质上差异度计算方法和相似度计算方法是没有区别的。

为了理解方便，下面的论述中规定，两个个体之间的差异度或距离用 $D\left(X,Y\right)$ 表示、相似度用 $S\left(X,Y\right)$ 来表示。

2.5.1 差异度计算方法

1. 欧氏距离（Euclidean distance）

欧氏距离是最常用的距离计算公式，衡量的是多维空间中各个点之间的绝对距离。当数据很稠密并且连续时，欧氏距离是一种很好的计算方式。欧氏距离的计算是基于各维度（或特征）的绝对数值的，所以欧氏距离度量需要保证各维度指标在相同的刻度级别。

两点之间欧氏距离（图 2-8）的计算公式为

$$D(X,Y)=\sqrt{\left(x_2-x_1\right)^2+\left(y_2-y_1\right)^2} \tag{2-10}$$

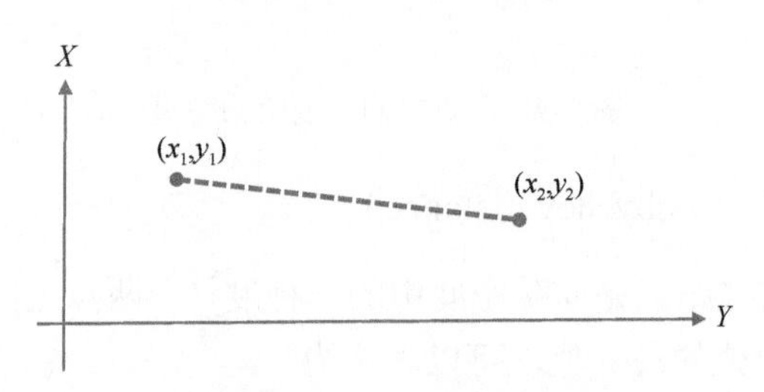

图 2-8　两点之间的欧氏距离

2. 马哈拉诺比斯距离（Mahalanobis distance）

马哈拉诺比斯距离是由印度统计学家马哈拉诺比斯提出的，表示数据的协方差距离，是一种有效计算两个未知样本集的相似度的方法。与欧氏距离不同的是，马哈拉诺比斯距离考虑到各个特性之间的联系（例如，树木的年龄信息会带来一条关于树木高度的信息，因为两者是有关联的）并且是尺度无关的（scale-invariant），即独立于测量尺度。重要的是，马哈拉诺比斯距离可以定义两个服从同一分布并且其协方差矩阵为Σ的随机变量X、Y的差异程度。

$$D(X,Y)=\sqrt{(X-Y)^{\mathrm{T}}\sum(X-Y)^{-1}} \tag{2-11}$$

显然，如果协方差矩阵是单位矩阵，马哈拉诺比斯距离就简化为欧氏距离；如果协方差矩阵是对角矩阵，它就变换为正规的欧氏距离。

$$D(X,Y)=\sqrt{\sum_{i=1}^{n}\frac{(x_i-y_i)^2}{\delta_i^2}} \tag{2-12}$$

式中，δ_i为x_i的标准差。

3. 曼哈顿距离（Manhattan distance）

曼哈顿距离又叫出租车几何距离，用以表明两个点在标准坐标系上的绝对轴距总和，可以表达为

$$D(X,Y)=|x_2-x_1|+|y_2-y_1| \tag{2-13}$$

如图 2-9 所示，两点P_1与P_2之间的曼哈顿距离为：$D(P_1,P_2)=|10-1|+|4-0|=13$。

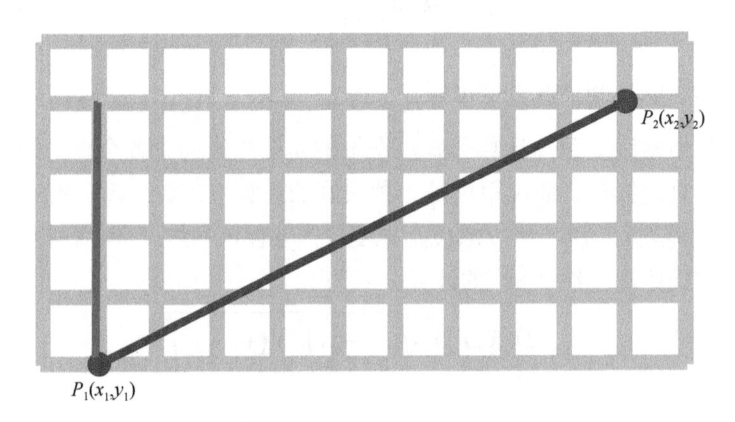

图 2-9　两点之间的曼哈顿距离

4. 切比雪夫距离（Chebyshev distance）

在数学中，切比雪夫距离是向量空间中的一种度量。两点之间的切比雪夫距离定义为其各坐标数值差绝对值的最大值，可以表达为

$$D(X,Y)=\mathrm{Max}(|x_2-x_1|,|y_2-y_1|) \tag{2-14}$$

以图 2-9 为例，两点P_1与P_2之间的切比雪夫距离为$D(P_1,P_2)=\mathrm{Max}(10-1,4-0)=9$。

5. 闵可夫斯基距离（Minkowski distance）

在爱因斯坦提出狭义相对论之后，他在瑞士苏黎世联邦科技大学时期的数学老师赫尔曼·闵可夫斯基于 1907 年将爱因斯坦与亨德里克・洛伦兹的理论结果重新表述成三维空间加上时间维的（3+1）维的时空，其中光速在各个惯性参考系皆为定值，这样的时

空称为闵可夫斯基时空，或称闵可夫斯基空间。

闵可夫斯基距离是定义在闵可夫斯基空间上的距离，有时称为时空间隔。设N维空间中有两点X、Y，p为常数，则闵可夫斯基距离的定义为

$$D(X,Y)=\left(\sum_{i=1}^{N}|x_i-y_i|^p\right)^{\frac{1}{p}} \quad p=1 \tag{2-15}$$

由式（2-15）可以看出：

当$p=1$，闵可夫斯基距离变成了曼哈顿距离。

当$p=2$，闵可夫斯基距离变成了欧氏距离。

当$p=\infty$，闵可夫斯基距离变成了切比雪夫距离。

另外，需要注意的是：

（1）闵可夫斯基距离与特征参数的量纲有关，有不同量纲的特征参数的闵可夫斯基距离常常是无意义的。

（2）闵可夫斯基距离没有考虑特征参数间的相关性，而马哈拉诺比斯距离解决了这个问题。

6. 汉明距离（Hamming distance）

在信息编码中，两个合法代码对应位上编码不同的位数之和称为码距，又称为这两个编码的汉明距离。

例如，编码 101010 和编码 000000，其第 2、第 4、第 6 位编码不同，所以这两个编码的汉明距离为 3。

7. Fréchet 距离

Fréchet 距离由法国数学家 Maurice René Fréchet 于 1906 年提出，适用于描述路径空间相似性（Conway，1990），可以直观地理解为狗绳距离，如图 2-10 所示，主人走路径A，狗走路径B，各自走完这两条路径过程中所需要的最短狗绳长度L。

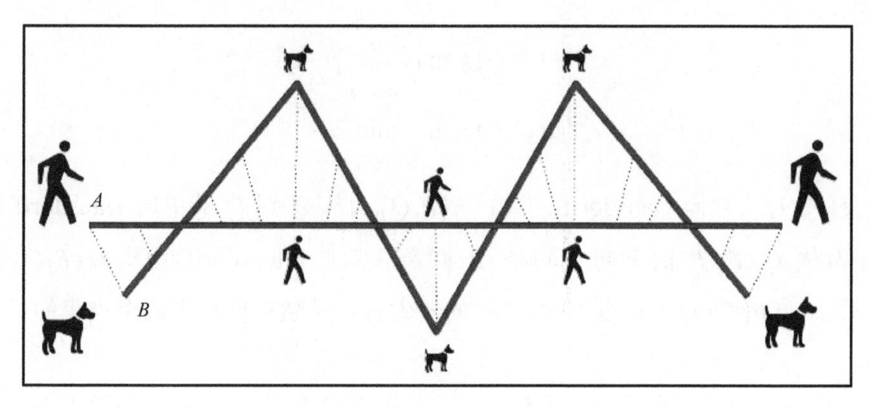

图 2-10　Fréchet 距离示意图

Fréchet 距离有严格的数学定义，此处不再赘述。下面讨论计算机科学中常用的离散状态下的 Fréchet 距离。

假设把图 2-10 中的路径（即曲线）A、B 离散化。设想在时刻 $t\in[0,1]$ 曲线 A 上的采样点为 $A[\alpha(t)]$，曲线 B 上的采样点为 $B[\alpha(t)]$。如果应用欧氏距离，容易定义距离关系 $D_F\{A[\alpha(t)],B[\alpha(t)]\}$。在每次采样中 t 离散地遍历区间为 $[0,1]$，得到该采样下的最大距离 $\max\limits_{t\in[0,1]} D_F\{A[\alpha(t)],B[\alpha(t)]\}$，Fréchet 距离就是使该最大距离最小化的采样方式下的值。

显然，在离散方式下，不可能得到真实的 Fréchet 距离值，而只能无限地逼近，但是越精确的 Fréchet 距离值需要越大的计算量。其计算公式如下：

$$
\begin{aligned}
F(A,B) &= \lim_{\substack{n\to\infty \\ \max|t_k-t_{k-1}|\to 0}} \tilde{F}^n(A,B) \\
&= \lim_{\substack{n\to\infty \\ \max|t_k-t_{k-1}|\to 0}} \operatorname{Inf}\max_{\alpha,\beta,t\in\{t_k\}}\left(D\{A[\alpha(t)],B[\alpha(t)]\}\right)
\end{aligned}
\tag{2-16}
$$

8. Hausdorff 距离

Hausdorff 距离是在度量空间定义的两个集合之间的距离（James，1999）。

设 X、Y 是度量空间（M,d）的两个非空子集，这两个子集之间的 Hausdorff 距离定义为

$$
D_H=\max\left\{\operatorname{Sup}\operatorname{Inf}_{x\in X,y\in Y} d(x,y),\operatorname{Sup}\operatorname{Inf}_{y\in Y,x\in X} d(x,y)\right\}
\tag{2-17}
$$

式中，Sup 表示上确界（supremum）；Inf 表示下确界（infimum）。

如果 P、Q 是欧氏空间上的两个点集，则 $P=\{p_1,p_2,\cdots\}$，$Q=\{q_1,q_2,\cdots\}$。

$$
H(P,Q)=\max[h(P,Q),h(Q,P)]
\tag{2-18}
$$

其中，

$$
\begin{cases}
h(P,Q)=\max\min\limits_{p\in P,q\in Q}\|p-q\| \\
h(Q,P)=\max\min\limits_{q\in Q,p\in P}\|q-p\|
\end{cases}
\tag{2-19}
$$

式中，$H(P,Q)$ 为双向 Hausdorff 距离；$h(P,Q)$ 为从 P 到 Q 的单向 Hausdorff 距离；$h(Q,P)$ 为从 Q 到 P 的单向 Hausdorff 距离。双向 Hausdorff 距离 $H(P,Q)$ 是单向 Hausdorff 距离 $h(P,Q)$ 和 $h(Q,P)$ 两者中的较大者，显然它度量了两个点集的最大不匹配程度。

Hausdorff 距离可以直观地被解释如下：如图 2-11 所示，有 X、Y 两个目标，X 上每一点到 Y 的最短路径构成了一个最短路径集合，设该集合中元素的最大值为 A。同样地，

Y上每一点到X的最短路径也构成了一个最短路径集合，该集合中元素的最大值为B。这里，把A、B中的较大者称为X、Y两个目标之间的Hausdorff距离。

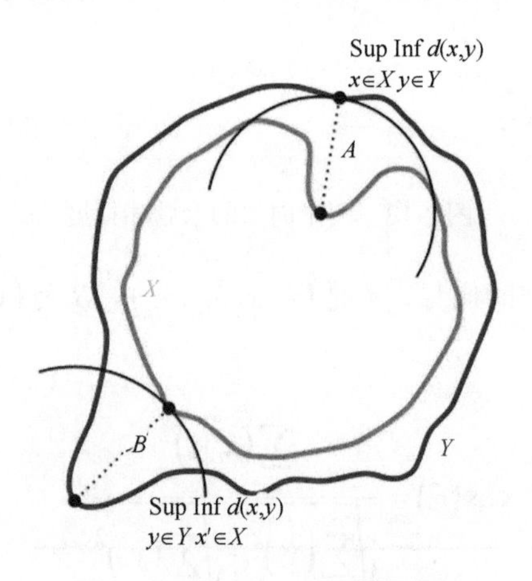

图 2-11 Hausdorff距离示意图

如果P、Q都是闭集，它们之间的Hausdorff距离满足度量的三个定理：

（1）$H(P,Q)\geqslant 0$，$H(P,Q)=0$，当且仅当$P=Q$；

（2）$H(P,Q)=H(Q,P)$；

（3）$H(P,Q)+H(Q,R)\geqslant H(P,R)$。

2.5.2 相似度计算方法

1. 余弦相似度（cosine similarity）

余弦相似度用向量空间中两个向量夹角的余弦值作为衡量两个个体间差异的大小。相比距离度量，余弦相似度更加注重两个向量在方向上的差异，而非距离或长度上的差异。夹角越小，余弦值越接近于1，它们的方向越吻合，则越相似。0°角的余弦值是1，表示两个向量有完全相同的指向；而其他任何角度的余弦值都不大于1，并且其最小值是–1。两个向量夹角为90°时，余弦相似度的值为0；两个向量指向完全相反的方向时，余弦相似度的值为–1。

如图2-12所示，设有两个向量A、B，夹角为θ，它们的余弦相似度可以表示为

$$\mathrm{S}(A,B)=\cos(\theta)=\frac{A\cdot B}{\|A\|\cdot\|B\|} \tag{2-20}$$

用坐标进行计算的公式为

$$\cos(\theta)=\frac{x_1x_2+y_1y_2}{\sqrt{x_1^2+x_2^2}\times\sqrt{y_1^2+y_2^2}} \tag{2-21}$$

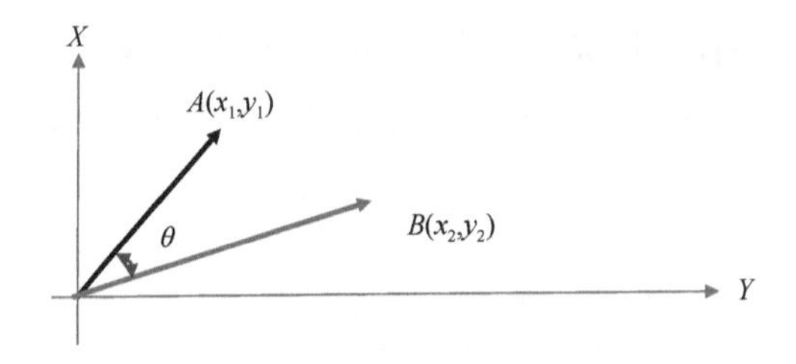

图 2-12　两个向量的余弦相似度

如果 A、B 均为 n 维空间向量，A 是 $\left(x_1,x_2,\cdots,x_n\right)$，$B$ 是 $\left(y_1,y_2,\cdots,y_n\right)$，则其余弦相似度计算公式是

$$\cos\left(\theta\right)=\frac{\sum_{i=1}^{n}\left(x_i y_i\right)}{\sqrt{\sum_{i=1}^{n}\left(x_i\right)^2}\cdot\sqrt{\sum_{i=1}^{n}\left(y_i\right)^2}} \tag{2-22}$$

余弦相似度（也可以称为余弦距离）不同于欧氏距离，它们各自有不同的计算方式和衡量特征，各自适用于不同的数据分析模型：①欧氏距离能够体现个体数值特征的绝对差异，所以更多地用于需要从维度的数值大小中体现差异的分析，如使用用户行为指标分析用户价值的相似度或差异。②余弦距离更多的是从方向上区分差异，而对绝对的数值不敏感，它用于根据用户对内容评分来区分兴趣的相似度和差异，同时修正用户间可能存在的度量标准不统一的问题（因为余弦距离对绝对数值不敏感）。

余弦距离被广泛应用于计算两个句子词频的相似度。在此应用中，为了克服余弦相似度对绝对数值不敏感的缺陷，有人提出了改进的余弦相似度计算方法。

2. 皮尔森相关系数（Pearson correlation coefficient）

皮尔森相关系数用于衡量两个事物（在数据中称为变量）线性关联性的程度，更确切地说，它是用来衡量定距变量间的线性关系的。它的一个几何解释是其代表两个变量的取值根据均值集中后构成的向量之间夹角的余弦。

设 X、Y 是两个连续变量，则皮尔森相关系数的计算公式为

$$S\left(X,Y\right)=P\left(X,Y\right)=\frac{\mathrm{Cov}\left(X,Y\right)}{\delta_X\delta_Y}=\frac{E\left(XY\right)-E\left(X\right)E\left(Y\right)}{\sqrt{E\left(X^2\right)-E^2\left(X\right)}\cdot\sqrt{E\left(Y^2\right)-E^2\left(Y\right)}} \tag{2-23}$$

即两个连续变量 X、Y 的皮尔森相关系数 $P\left(X,Y\right)$ 等于它们之间的协方差 $\mathrm{Cov}\left(X,Y\right)$ 除以它们各自标准差 $\delta_X\delta_Y$。该系数的取值总是在–1.0～1.0，接近 0 的变量被认为无相关性，而接近 1 或者–1 的变量被认为具有强相关性。

从式（2-23）可以知道，皮尔森相关系数是协方差与标准差的比值，所以它对数据是有比较高的要求的：

第一，实验数据通常假设成对地来自正态分布的总体。因为在求得皮尔森相关系数以后，通常还会用 t 检验之类的方法来进行皮尔森相关系数检验，而 t 检验是基于数据

呈正态分布的假设的。

第二，实验数据之间的差距不能太大，或者说皮尔森相关系数受异常值的影响比较大。例如，心跳与跑步的例子。一个人的心脏不太好，跑到一定速度后万一承受不了，突发心脏病，那这时候我们会测到一个偏离正常值的心跳（过快或者过慢，甚至为0）。如果我们把这个值也放进去进行相关性分析，它的存在会大大干扰计算结果。

3. Jaccard 相似系数（Jaccard similarity coefficient）

Jaccard 相似系数用于比较有限样本集之间的相似（或差异）性，它可以计算符号度量或布尔值标识的个体间的相似度。因为个体的特征属性都是由符号度量或者布尔值标识，故而 Jaccard 相似系数无法衡量差异具体值的大小，只能获得“是否相同”这个结果，所以 Jaccard 相似系数只关心个体间共同具有的特征是否一致这个问题。

给定两个集合 A、B，Jaccard 相似系数定义为 A 与 B 交集的大小和 A 与 B 并集的大小的比值：

$$S(A,B)=J(A,B)=\frac{|A\cap B|}{|A\cup B|} \tag{2-24}$$

Jaccard 相似系数值越大，说明 A 与 B 的相似度越高。当 A 与 B 均为空时，$J(A,B)=1$。

Jaccard 相似系数相对应的是 Jaccard 距离，其用于表示两个集合 A 与 B 之间的差异或非相似性。

$$D(A,B)=1-J(A,B)=1-\frac{|A\cap B|}{|A\cup B|} \tag{2-25}$$

4. Tanimoto 相似系数（广义 Jaccard 相似系数）

设 A、B 是两个向量，A 为 $(x_1,x_2,\cdots,x_n)$，B 为 $(y_1,y_2,\cdots,y_n)$。$x_i>0$，$y_i>0$，$x_i\in \mathrm{R}$，$\mathrm{y}_i\in \mathrm{R}$，此处 i=1，2，…，n。A 和 B 的 Tanimoto 相似系数（又称为广义 Jaccard 相似系数）定义为

$$S(A,B)=T(A,B)=\frac{\sum_{i=1}^{n}\min(x_i,y_i)}{\sum_{i=1}^{n}\max(x_i,y_i)} \tag{2-26}$$

对应地，表示 A、B 差异的 Tanimoto 距离定义为

$$D(A,B)=1-T(A,B) \tag{2-27}$$

5. 词语相似度

词语相似度，顾名思义，即指两个词语的相似程度。词语相似度在自然语言处理、智能检索、文本聚类、自动应答、词义排歧和机器翻译等领域都有广泛的应用。

根据本体知识来计算词语相似度是传统的方法，主要是按照概念间结构层次关系组织

的语义词典，根据概念之间的关系来计算词语的相似度。它通常依赖于一个比较完备的语义词典，将词语组织在一棵或几棵树状的层次结构中。就一棵树形图而言，任何两个节点之间有且只有一条路径，这条路径的长度就可以作为这两个概念的语义距离的一种度量。

基于本体的词语相似度计算模型主要有3类：基于距离的语义相似度计算模型、基于内容的语义相似度计算模型和基于属性的语义相似度计算模型。

6. 词频–逆文档频率

词频–逆文档频率（term frequency-inverse document frequency，TF-IDF）技术是一种用于信息检索与文本挖掘的常用加权技术，它可以用来评估一个词语在一个文档中的重要程度。

词语的重要性随着它在文件中出现的次数成正比增加，但同时会随着它在语料库中出现的频率成反比下降。如果某个词语比较少见，但是它在给定的一篇文章中多次出现，那么它很可能就反映了这篇文章的特性，其正是这篇文章的关键词。

以统计一篇文档的关键词为例，最简单的方法就是计算每个词语的词频（term frequency，TF），即某一个给定的词语在该文件中出现的次数，出现频率最高的词就是这篇文档的关键词。第 i 个词语在第 j 个文档中的词频计算公式为

$$\mathrm{TF}_{ij}=\frac{N_{ij}}{\sum_k N_{kj}} \tag{2-28}$$

式中，N_{ij} 为第 i 个词语第 j 个文档中出现的次数；分母则是第 j 个文档中所有词出现的次数之和。

但是一篇文章中出现频率最高的词一般是“的”“是”“也”等，这些词语通常并非文章的关键词。此时，单纯使用TF来表达词语的重要程度是不适合的，需要对每个词语加一个权重。例如，对常见的词语（如“的”）给予较小的权重，对较少见但能反映这篇文章核心思想的词语给予较大的权重。相反，在所有统计的文章中，有些词语只在其中很少几篇文章中出现，那么这样的词语对文章主题的作用很大，应该被赋予较大权重。此处，把给定的这个权重叫作逆文档频率（inverse document frequency，IDF）。可见，逆文档频率是一个对词语普遍重要性的度量，它的大小与一个词语的常见程度成反比。某一个特定词语的IDF可以由总文件数除以包含该词语的文件数，再将得到的商取对数得到：

$$\mathrm{IDF}_i=\log\frac{|D|}{\left|\{j:t_i\in d_j\}\right|} \tag{2-29}$$

式中，$|D|$ 为语料库中的文件总数；$\left|\{j:t_i\in d_j\}\right|$ 为包含词语 t_i 的文件数。

得到了某个词语的TF和IDF以后，将这两个值相乘，就得到了这个词的TF-IDF值。某个词对文章的重要性越大，它的TF-IDF值就越大。所以，TF-IDF值排在最前面的几个词语，就是这篇文章的关键词。

$$\mathrm{TF}-\mathrm{IDF}_i=\mathrm{TF}_i\cdot\mathrm{IDF}_\mathrm{i} \tag{2-30}$$

如果某个词语或短语在一篇文章中出现的频率高，并且在其他文章中很少出现，则认为该词或短语具有很好的类别区分能力，适合用来分类。

7. 动态时间规整度量

动态时间规整（dynamic time warping，DTW）度量是衡量两个时间序列之间的相似度的一种方法，主要应用在语音识别领域来识别两段语音是否表示同一个单词，其基本原理是：对于需要比较相似性的两段时间序列而言，其长度可能并不相等。例如，对于语音识别而言，可能不同人讲话时的语速不同，也可能对同一个词内的不同音素的发音速度不同。例如，对于一个单词，其发音音调为2-3-1-4。有两个人来阅读这个单词时，一个人把前半部分的读音拉长，发音为序列2-2-3-3-1-4；而另一个人把后半部分读音拉长，发音为 2-3-1-1-4-4。要计算两个发音的相似性，就要计算两个序列 2-2-3-3-1-4 和 2-3-1-1-4-4 的距离。它们之间的距离越小，代表两个发音的相似度越高。既然两个序列代表了同一个单词的发音，当然希望计算出的两个序列的距离越小越好，因为这样把两个序列识别为同一单词的概率就越大。

DTW 度量通过把时间序列进行延伸和缩短，来计算两个时间序列之间的相似性。直观地理解，DTW 度量将两个形状相似、位置不同的数据对齐，并计算对齐后数据的相似性。如图 2-13 所示，上下两条实线代表两个时间序列，时间序列之间的虚线代表两个时间序列之间相似的点。DTW 度量使用所有这些相似点之间的距离的和［称为规整路径距离（warp path distance）］，来衡量两个时间序列之间的相似性。

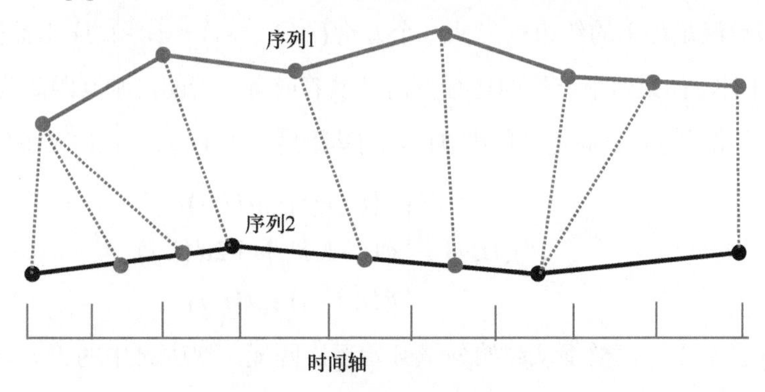

图 2-13 DTW 度量的基本原理

DTW 度量的基本思想是：假设在模板数据库中有一个标准参考模板 R，它是一个 M 维的向量，可表示为：$R=\{R(1),R(2),\cdots,R(m),\cdots,R(M)\}$，每个分量 $R(m)$ 可以是一个数或者是一个更小的向量。现在有一个待测试的模板 T，它是一个 N 维向量，可表达为：$T=\{T(1),T(2),\cdots,T(n),\cdots,T(N)\}$，同样，其中的每个分量可以是一个数或者是一个更小的向量。需要注意的是：M 不一定等于 N，但是每个分量的维数应该相同。

因为 M 不一定等于 N，所以要计算 R 和 T 的相似度，就不能直接用经典的欧氏距离来直接度量，而 DTW 度量则可以解决这个问题。首先需要明确的是：R 中的一个分量 $R(m)$和 T 中的一个分量 $T(n)$的维数是相同的，它们之间可以计算相似度（即距离）。

在运用 DTW 度量计算 R 和 T 的相似度前，首先需要计算 R 的每一个分量和 T 中的每一个分量之间的距离，形成一个 $M\times N$ 的矩阵。显然，这个矩阵的行数是标准模板的维数 M，列数是待测模板的维数 N。

为了解释得方便，下面用一个具体实例来描述 DTW 的计算过程和原理。这个例子中假设标准模板 R 为字母 $ABCDEF$（6 个），测试模板 T 为 1234（4 个）。R 和 T 中各元素之间的距离已经给出，如图 2-14 所示。现在的目标是计算出测试模板 T 和标准模板 R 之间的距离。因为 2 个模板的长度不同，所以其对应匹配的关系有很多种，需要找出其中距离最短的那条匹配路径，此即为两个模板的最佳匹配。

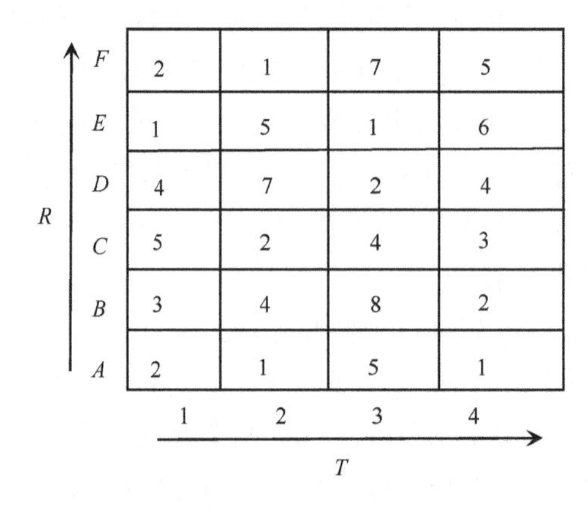

图 2-14　标准模板和测试模板各元素距离矩阵

为此，假设满足如下的约束：当从一个方格 $(i-1,j-1)$、$(i-1,j)$ 或者 $(i,j-1)$ 到下一个方格 (i,j) 时，如果两个方格的运行方向是横着或者竖着的，则其距离为 $d(i,j)$；反之，如果两个方格的运行方向是对角线方向，则其距离为 $2d(i,j)$。该约束条件可以表示为

$$g(i,j)=\begin{cases}g(i-1,j)+d(i,j)\\ g(i-1,j-1)+2d(i,j)\\ g(i,j-1)+d(i,j)\end{cases}\tag{2-31}$$

式中，$g(i,j)$ 表示 2 个模板都从起始分量开始逐次匹配，到达 R 中的第 i 个分量和 T 中的第 j 个分量。

以图 2-14 为例来说明计算过程。

计算的前提是假设 $g(0,0)=0$。如何得到 $g(1,1)$？

根据式（2-31）有

$$g(1,1)=\mathrm{Min}\begin{cases}g(0,1)+d(1,1)\\ g(0,0)+2d(1,1)\\ g(1,0)+d(1,1)\end{cases}$$

式中，$d(1,1)$=2；$g(0,0)=0$；$g(0,1)$ 与 $g(1,0)$ 不存在。所以有

$$g(1,1) = \text{Min}\{g(0,0) + 2d(1,1)\} = \text{Min}\{0 + 2 \times 2\} = \text{Min}\{4\} = 4$$

$$g(2,2) = \text{Min}\begin{cases} g(1,1)2 + d(2,2) \\ g(1,1) + 2d(2,2) \\ g(2,1) + d(2,2) \end{cases}$$

式中，$d(2,2)$=4。

如果用$g(1,2)$来计算（是竖着上去的）：$g(2,2) = g(1,2) + d(2,2) = 5 + 4 = 9$。

如果用$g(2,1)$来计算（是横着往右走的）：

$g(2,2) = g(2,1) + d(2,2) = 7 + 4 = 11$。

如果用$g(1,1)$来计算（是斜着过去的）：

$g(2,2) = g(1,1) + 2d(2,2) = 4 + 2 \times 4 = 12$。

取三者的最小值，得到：$g(2,2) = 9$。

当然，进行此计算之前需要计算出$g(1,2)$、$g(1,1)$和$g(2,1)$。可见，计算$g(i,j)$是要遵循一定的顺序的。其第一排元素的基本计算顺序如图 2-15 中的红线箭头所示。

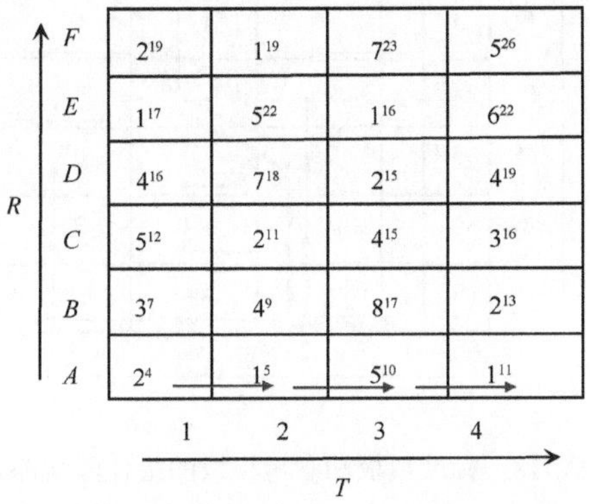

R \ T	1	2	3	4
F	2^{19}	1^{19}	7^{23}	5^{26}
E	1^{17}	5^{22}	1^{16}	6^{22}
D	4^{16}	7^{18}	2^{15}	4^{19}
C	5^{12}	2^{11}	4^{15}	3^{16}
B	3^{7}	4^{9}	8^{17}	2^{13}
A	2^{4}	1^{5}	5^{10}	1^{11}

图 2-15　标准模板和测试模板匹配中第一排元素的计算顺序

第二排计算后的结果如图 2-16 所示，其中每一个红色的箭头表示最小值来源的方向。

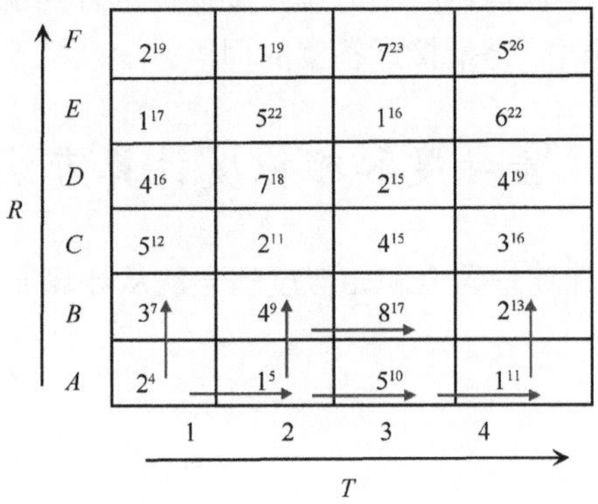

R \ T	1	2	3	4
F	2^{19}	1^{19}	7^{23}	5^{26}
E	1^{17}	5^{22}	1^{16}	6^{22}
D	4^{16}	7^{18}	2^{15}	4^{19}
C	5^{12}	2^{11}	4^{15}	3^{16}
B	3^{7}	4^{9}	8^{17}	2^{13}
A	2^{4}	1^{5}	5^{10}	1^{11}

图 2-16　标准模板和测试模板匹配中前两排元素的计算顺序

整个矩阵的计算过程如图 2-17 所示。

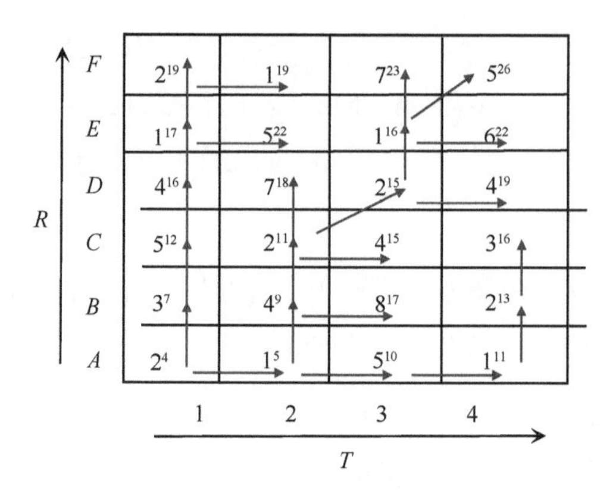

图 2-17 标准模板和测试模板匹配中各元素的计算顺序

到此为止，已经得到了 2 个模板直接的距离为 26。由此，还可以通过回溯找到最短距离的路径，通过箭头方向反推回去，如图 2-18 所示。

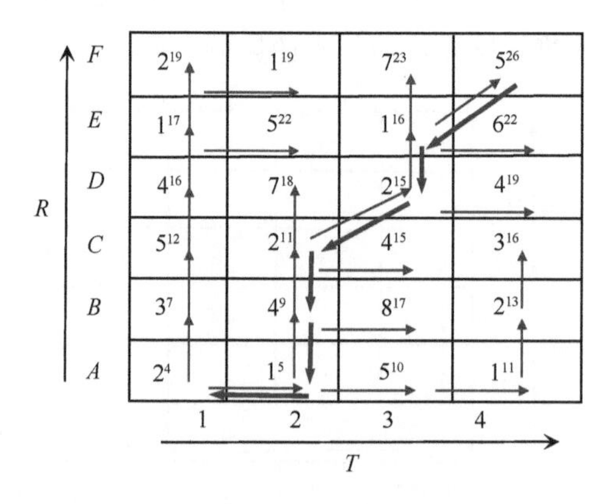

图 2-18 标准模板和参考模板的最佳匹配路径

在实际语音识别中，当识别一个孤立词，首先训练好常见字的读音，提取它们的特征后作为模板保存，建立读音的模板数据库。当需要识别一个新词时，同样提取该词的特征，然后和训练得到的模板数据库中的每一个模板进行匹配，计算它们之间的距离，得到的最短距离的那个词语就是最接近答案的词语。

2.5.3 差异度和相似度计算方法比较

表 2-2 对常见的几种计算差异度和相似度的方法从计算原理和适用范围方面进行了对比。

表 2-2 差异度和相似度计算方法比较

计算方法	原理与适用范围
欧氏距离	用于度量两个事物的绝对距离
马哈拉诺比斯距离	欧氏距离的更一般形式，用于度量两个事物的绝对距离
曼哈顿距离	又称为邮递员距离或街区距离或棋盘距离，是纵、横向距离之和，用于度量两个事物的绝对距离
切比雪夫距离	选取街区式距离度量中纵、横方向上的较大者，用于度量绝对距离
闵可夫斯基距离	曼哈顿距离、欧氏距离和切比雪夫距离的普遍形式，用于度量绝对距离
汉明距离	用于计算信息编码的对应位上的不同，是对绝对距离的度量
Fréchet 距离	用于计算空间路径的相似，是最大距离的最小化
Hausdorff 距离	是两个集合对比中最大的最小距离
余弦相似度	度量两个对象在方向上的距离或相似程度，修正度量不统一问题，对绝对距离变化不敏感
皮尔森相关系数	度量两个变量线性关联性的程度，要求实验数据之间的变化不能太突兀
Jaccard 相似系数	用于比较有限样本集之间的相似（或差异）性。个体的特征属性由符号度量或者布尔值标识，故该系数无法衡量差异的具体值的大小，只能获得“是否相同”这个结果
Tanimoto 相似系数	是改进的 Jaccard 相似系数，可以定量地描述两个变量之间的相似度或差异度
词语相似度	计算两个词语的相似度，有语义、内容、属性等各个方面的相似度或差异度
词频–逆文档频率	用于信息检索与文本挖掘的常用加权技术，可以用来评估一个词语在一个文档中的重要程度
DTW 度量	用于计算两个时间序列的相似性，本质是把两个序列缩放到相同长度的时间轴上，然后计算其相似性，可以计算两个长度不一样的时间序列的相似度

2.6 本章小结

本章阐释了普遍意义上的相似的基础性理论，主要包括如下内容：

（1）总结了数学、计算机科学、工程学、心理学、音乐学、化学、地理（地图）学中对相似的定义，并对这些定义的优劣进行了分析。

（2）回顾并分析了计算机科学、心理学、地理（地图）学中给出的相似的性质。

（3）论述了分类的一般原则，即完备性和排他性，并据此给出了对相似进行分类的几种方法，有按学科、按描述方法、按对照的客体、按时间点、按时间尺度、按空间尺度等。

（4）探讨了影响人类判断目标相似与否的因子，认为不易给出普遍性的因子，而应针对不同情况进行分析，且给出了确定影响相似性判断的因子的原则。

（5）综述了常用的计算差异度和相似度的方法，包括计算差异度的 8 种方法（即欧氏距离、马哈拉诺比斯距离、曼哈顿距离、切比雪夫距离、闵可夫斯基距离、汉明距离、Fréchet 距离、Hausdorff 距离）和计算相似度的 7 种方法（即余弦相似度、皮尔森相关系数、Jaccard 相似系数、Tanimoto 相似系数、词语相似度、词频–逆文档频率、DTW 度量），并总结和分析了这些方法的使用范围。

这一章的内容是后续章节论述空间相似关系的基础。

第 3 章　空间相似关系的基本问题

空间相似关系，与空间拓扑关系、空间距离关系、空间方向关系一起，构成了空间关系的主体（郭仁忠，1997；闫浩文，2002；Yan，2010；Yan and Li，2014）。

空间拓扑关系是指满足拓扑几何学原理的各空间实体之间的相互关系（陈军和赵仁亮，1999），通常是指用结点、弧段和多边形所表示的实体之间的邻接、关联、包含、相离等关系，如点与点的邻接关系、点与面的包含关系、线与面的相离关系、面与面的重合关系等（图 3-1）。

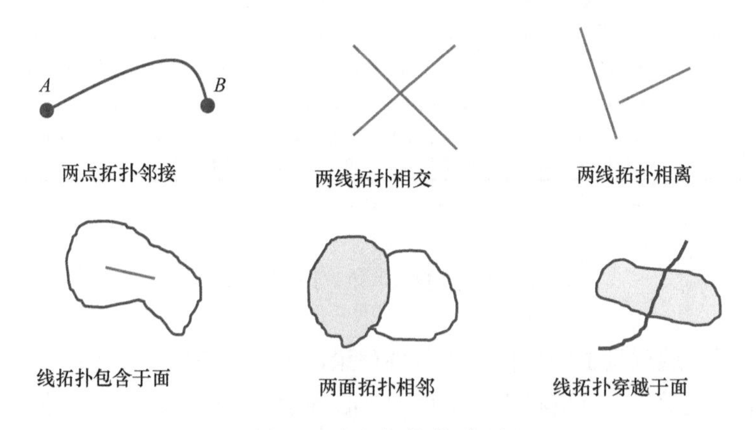

图 3-1　空间拓扑关系示例

空间距离关系是指某个空间中的实体之间的远近、亲疏关系（Deza E and Deza M，2006），通常用特定度量空间的数量值来表示，如欧氏距离、切比雪夫距离（图 3-2）、曼哈顿距离、循环距离（circular distance，即车轮或齿轮跑过的距离）、编辑距离（edit distance 或 levenshtein distance，即两个字符串的差异）、Hausdorff 距离、Fréchet 距离等。有意思的是，空间距离关系还可以被用来表达人类在社会空间中的关系的远近，也可以用来描述两个家族在血缘上的亲疏（可以借助于图论中的距离关系）。

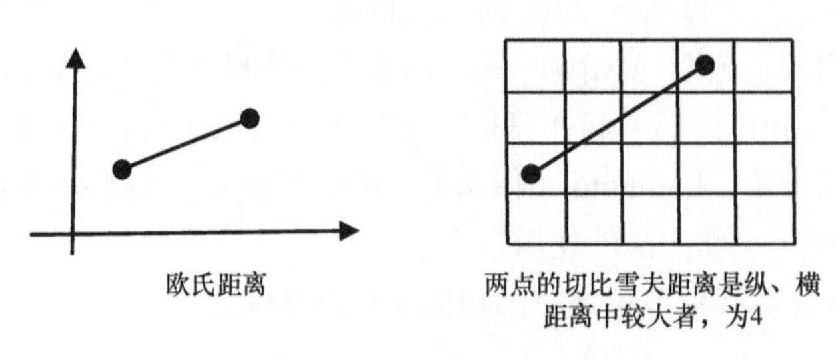

图 3-2　空间距离关系示例

空间方向关系是指在一定的方向参考系统中，从一个空间目标到另一个空间目标的指向关系，通常用角度（定量）或东、南、西、北等（定性）术语表示。指向出发的目标称为参考目标（reference object）或者源目标（primary object），被指向的目标称为目的目标（target object）。参考目标、目的目标和空间方向的参照系统是空间方向的三个要素。在此基础上，空间方向关系定义为两个空间目标之间互为源目标和目的目标的相互指向关系（图 3-3）。

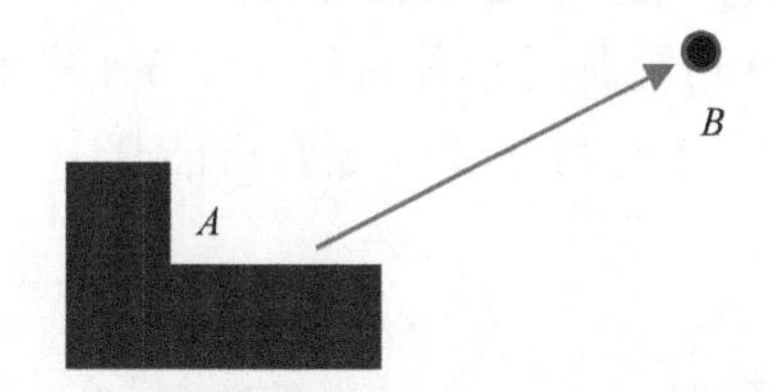

图 3-3　空间方向关系示例：*B* 在 *A* 的东北方向

与空间拓扑关系、空间距离关系和空间方向关系相比，空间相似关系的可计算性差，也即计算难度大，导致到目前为止学者们在空间相似关系上的研究成果甚少；但空间相似关系可以揭示和描述空间目标之间潜在的更深层次的、更有价值的信息和知识（郭仁忠，1997），使空间查询、检索、推理和空间认知问题的研究处于更高的层次和水平。因此，本章将专注于空间相似关系的基础理论问题，目的是理清空间相似关系的内涵、外延、性质、分类体系、影响空间相似关系判断的因子及各个因子权重的确定方法等，为研究空间相似关系的计算、推理等问题奠定理论和方法基础。

3.1　空间相似关系的定义

若非特殊说明，本书中的空间相似关系是指地图空间的相似关系。

由第 2 章中关于相似的定义可知，已有的定义存在缺陷。为了克服这些缺陷，对地图空间的相似关系进行定义时，需要注意如下 3 个问题：

（1）定义要有理论上的严谨性和合理性，因此，对空间的相似的定义要基于数学和认知心理学。运用数学对概念进行定义的优点是使定义具有定量化的描述基础，也有利于相似度等的量化计算，如此一来空间相似的概念更加严谨。把认知纳入相似的定义中，可以使相似度的计算结果更符合人类的直觉。

（2）空间相似的定义要有普遍性和形式化。此处的“普遍性”表示空间相似关系的定义能够适用于地图空间的各种场合。“形式化”指的是这个定义不是来自个人经验，而是建立在大众调查的基础上的。

（3）空间相似的定义如果建立在某个假设的基础上，则这个假设必须是明确的。如果可能的话，它尽量要用数学的形式表达出来。

定义 3-1： 假定 A 与 B 是某一地图空间 S 中的两个目标，它们在空间 S 中有 n 个 $(n>0, n \in I)$ 属性，可以表示为 $P=\{p_1,\ p_2,\cdots,p_n\}$。其中，目标 A 的属性值集合为

$P_A=\{P_{A1},P_{A2},\cdots,P_{An}\}$，目标 B 的属性值集合为 $P_B=\{P_{B1},P_{B2},\cdots,P_{Bn}\}$，这 n 个属性在两个目标的空间相似关系判断中的权重依次为 $W_1,W_2,\cdots,W_n$，则 $\text{Sim}(A,B)=\sum_{i=1}^{n}W_i\cdot\text{Sim}^{P_i}(A,B)$ 被称为两个目标 A 与 B 的空间相似关系。其中，$\text{Sim}^{P_i}(A,B)$ 是 A 与 B 在属性 P_i 上的空间相似关系。

关于空间相似关系，有如下几个问题需要说明：

（1）定义 3-1 中的 A 与 B 可能都是单体目标（图 3-4 中的居民地 A 与 B），也可能都是群组目标（图 3-4 中的村庄 1 与村庄 2），还有可能其中一个是单体目标而另外一个是群组目标。

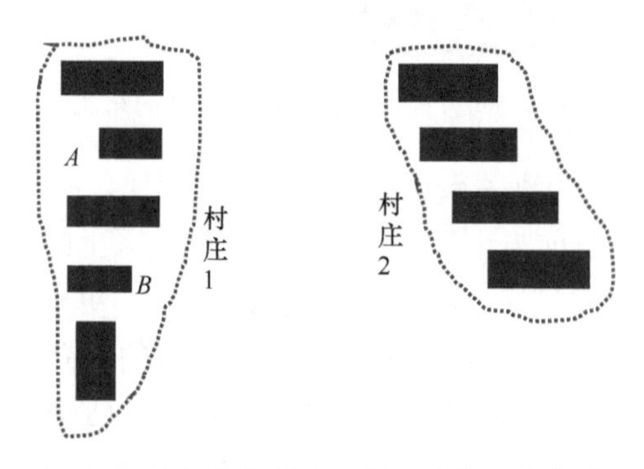

图 3-4　空间相似关系中目标对的 3 种情形

本书中的群组目标是与单体目标相对应的概念。单体目标即指一个目标，包括地图上独立的一个点状符号表示的目标、独立的一条曲线（直线是曲线的特殊形式）表示的目标、独立的一个多边形表示的目标共 3 类，它们分别称为单体点状目标、单体线状目标和单体面状目标。相应地，群组目标即指多于 1 个的单体目标组成的群体。在有的文献中，用空间场景来代替群组目标（Rodríguez and Egenhofer，2004；Li and Fonseca，2006；闫浩文和王家耀，2009），这两个概念的意义是一致的。除非特殊情况，本书只用群组目标的概念。

（2）空间相似关系中要比较的是两个目标的多个侧面，即定义 3-1 中所谓的属性。

（3）一般来说，每个要对比的两个目标的各个属性在空间相似关系中所起的作用有大小之分，可以用权重来衡量。权重的大小本质上由人类空间相似判断的思维过程中相应属性所起作用的大小来决定，其是一个主观性很强的因子。

（4）$\text{Sim}(A,B)\in[0,1]$；$\text{Sim}^{P_i}(A,B)\in[0,1]$；$\sum_{i=1}^{n}W_i=1$。

以图 3-4 中的居民地 A 与 B 为例来说明定义 3-1 的基本思想。

假设要比较的两个居民地的属性为 P={面积，周长，顶点数}，这 3 个属性在空间相似关系判断中的权重分别为 0.5、0.1、0.4，属性集 $P_A=\{8,12,4\}$，属性集 $P_B=\{10,14,4\}$。3 个属性相似度的计算方法为

$$\mathrm{Sim}^{P_1}(A,B)=f_1\left(p_{A_1},p_{B_1}\right)=\frac{\mathrm{Min}\left(p_{A_1},p_{B_1}\right)}{\mathrm{Max}\left(p_{A_1},p_{B_1}\right)}=\frac{\mathrm{Min}(8,10)}{\mathrm{Max}(8,10)}=\frac{8}{10}=0.800$$

$$\mathrm{Sim}^{P_2}(A,B)=f_2\left(p_{A_2},p_{B_2}\right)=\frac{\mathrm{Min}\left(p_{A_2},p_{B_2}\right)}{\mathrm{Max}\left(p_{A_2},p_{B_2}\right)}=\frac{\mathrm{Min}(12,14)}{\mathrm{Max}(12,14)}=\frac{12}{14}=0.857$$

$$\mathrm{Sim}^{P_3}(A,B)=f_2\left(p_{A_3},p_{B_3}\right)=\frac{\mathrm{Min}\left(p_{A_3},p_{B_3}\right)}{\mathrm{Max}\left(p_{A_3},p_{B_3}\right)}=\frac{\mathrm{Min}(4,4)}{\mathrm{Max}(4,4)}=\frac{4}{4}=1.000$$

如此可得 A 与 B 的相似度为

$$\mathrm{Sim}(A,B)=\sum_{i=1}^{3}W_i\cdot\mathrm{Sim}^{P_i}(A,B)=0.800\times0.5+0.857\times0.1+1.000\times0.4\approx0.886$$

需要注意的是，这里各属性的权重是笔者为了说明问题给出的经验值，各属性相似度的计算公式也是笔者给出的经验公式。当面对具体问题计算相似度时，属性的权重和属性相似度的计算方法是需要研究的核心问题。

人们在表述相似关系时，有时会用相似的反面即差异关系来表达，此处顺便对空间差异关系进行定义。

定义 3-2：空间差异关系是空间相似关系的反面，对于地图空间的两个目标 A 与 B，其空间差异关系可以表达为 $\mathrm{Dif}(A,B)=1-\mathrm{Sim}(A,B)$。

3.2　空间相似关系的性质

第 2 章阐释了相似关系在数学、计算机科学等学科中的性质，本节详细讨论了空间相似关系是否具有这些性质，即这些性质能否在地图空间起作用。

性质 1：等价性（equality）。

$$\forall(A),\mathrm{Sim}(A,A)=1 \tag{3-1}$$

这个性质在地图空间应该是毋庸置疑的，因为地图空间的任意一个目标与它自身的相似度是 100%。

性质 2：有限性（finiteness）。

$$\forall(A,B),\mathrm{Sim}(A,B)\leqslant1 \tag{3-2}$$

因为 $\mathrm{Sim}(A,B)\in[0,1]$，故在空间相似关系中 $\mathrm{Sim}(A,B)\leqslant1$ 的成立是显然的。

性质 3：极小性（minimality）。

$$\forall(A,B),\mathrm{Sim}(A,B)\leqslant\mathrm{Sim}(A,A) \tag{3-3}$$

无论在任何空间，由于 $\mathrm{Sim}(A,B)\leqslant1$，而 $\mathrm{Sim}(A,A)=1$，故式（3-3）总是成立的。

性质 4：极大性（maximality）。

$$\forall(A,B),\mathrm{Sim}(A,B)=1\leftrightarrow A=B \tag{3-4}$$

两个目标的相似度为 1，则这两个目标等价。这个性质是性质 1 的直接推论。

性质 5：对称性或反身性（symmetry or reflectivity）。

$$\forall(A,B),\mathrm{Sim}(A,B)=\mathrm{Sim}(B,A) \tag{3-5}$$

无论在任何空间，显然，目标 A 与 B 的相似度等于目标 B 与 A 的相似度。

性质 6：非传递性（non-transitivity）。

$\forall(A,B,C)$，如果 $\mathrm{Sim}(A,B)>0$， $\mathrm{Sim}(B,C)>0$，并非总有

$$\mathrm{Sim}(A,C)>0 \tag{3-6}$$

简言之，非传递性是指目标 A 与 B 具有相似性且目标 B 与 C 具有相似性，并不能推导出目标 A 与 C 具有相似性。下面通过地图空间的两个例子进行说明。

示例 1：地图空间有 3 个目标 A、B、C，A 为城市、B 为村庄、C 为绿地（图 3-5），欲从“目标的大小”“目标的地表覆盖”两个属性来比较它们的相似性，其属性权重、各目标的属性值如下：

$W=\{0.5,0.5\}$

$P_A=\{\text{large, built-up area}\}$

$P_B=\{\text{small, built-up area}\}$

$P_C=\{\text{small, green land}\}$

则有

$\mathrm{Sim}(A,B)=0\times 0.5+1\times 0.5=0.5$

$\mathrm{Sim}(B,C)=1\times 0.5+0\times 0.5=0.5$

但是，$\mathrm{Sim}(A,C)=0\times 0.5+0\times 0.5=0$

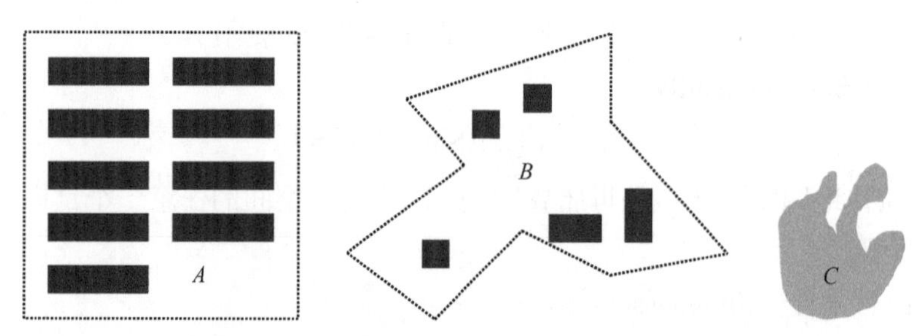

图 3-5　地图空间相似关系的非传递性示例 1

可见，地图空间目标 A 与 B 具有相似性且目标 B 与 C 具有相似性，但目标 A 与 C 的相似度为 0，即该情况下地图空间的相似关系没有传递性。

示例 2：如图 3-6 所示，地图上有 3 个线状目标 A、B、C，A 为道路、B 为沟渠、C 为河流。地物目标之间要比较相似关系的两个属性是“是否人工形成”“是否直线目标”，其属性权重、各目标的属性值如下：

$W=\{0.5,0.5\}$

$P_A=\{\text{man-made,straight line}\}$

$P_B = \{\text{man-made,curve}\}$

$P_C = \{\text{natural,curve}\}$

则有

$\text{Sim}(A,B) = 1 \times 0.5 + 0 \times 0.5 = 0.5$

$\text{Sim}(B,C) = 0 \times 0.5 + 1 \times 0.5 = 0.5$

但是，$\text{Sim}(A,C) = 0 \times 0.5 + 0 \times 0.5 = 0$

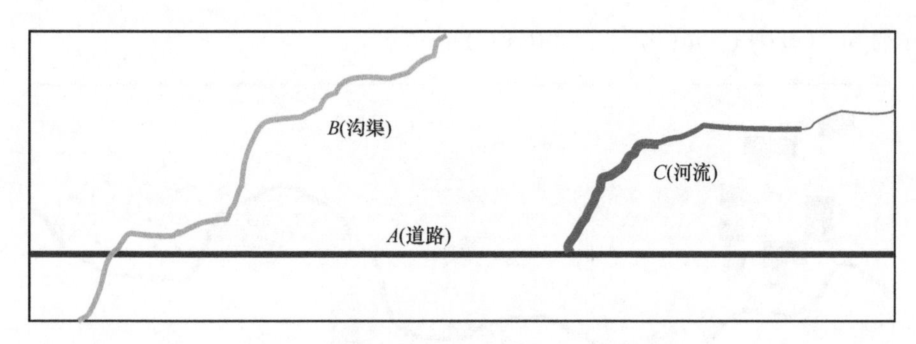

图 3-6　地图空间相似关系的非传递性示例 2

可见，地图空间目标 A 与 B 具有相似性且目标 B 与 C 具有相似性，但目标 A 与 C 的相似度为 0，即该情况下地图空间的相似关系没有传递性。

性质 7：弱对称性或非对称性（weak symmetry or asymmetry）。

$$\exists(A,B), \text{Sim}(A,B) \neq \text{Sim}(B,A) \tag{3-7}$$

地图空间的相似关系纷繁复杂。尽管对称性是空间相似关系性质中的主流，但在许多情况下，空间相似关系也可能是弱对称的或非对称的。

在日常生活中，我们会说“张三长得非常像张爸爸”，但很少说“张爸爸长得非常像张三”，这就是相似的弱对称性或非对称性。同样，在地图空间也有相似关系的弱对称性或非对称性。例如，人们可能说“中国的国家地图边界图形像只大公鸡”，但很少有人说“这只大公鸡的形状像中国的国家地图边界图形”。

性质 8：三角不等性（triangle inequality）。

$$\forall(A,B,C), \text{Sim}(A,B) + \text{Sim}(B,C) \geqslant \text{Sim}(A,C) \tag{3-8}$$

地图空间相似关系的三角不等性可以描述为：地图空间目标 A 与 B 的相似度加上目标 B 与 C 的相似度之和大于等于目标 A 与 C 的相似度。

下面以地图空间的实例来阐释该性质。如图 3-7 所示，在某条河流的一侧有 A（村庄）、B（灌木）、C（沙漠）3 个目标，要比较它们在历史远近、面积大小、所有者属性 3 个方面的相似性。其中，历史远近分为古代、近代、现代 3 类，面积大小分为大、中、小 3 类，所有者属性分为私有、公有 2 类。各属性的权值、各目标的属性值如下：

$W = \{0.2, 0.5, 0.3\}$

$P_A = \{\text{现代}, \text{小}, \text{公有}\}$

$P_B = \{当代,小,私有\}$

$P_C = \{古代,小,公有\}$

则有

$\text{Sim}(A,B) = 0 \times 0.2 + 1 \times 0.5 + 0 \times 0.3 = 0.5$

$\text{Sim}(B,C) = 0 \times 0.2 + 1 \times 0.5 + 0 \times 0.3 = 0.5$

$\text{Sim}(A,C) = 0 \times 0.2 + 1 \times 0.5 + 1 \times 0.3 = 0.8$

故有 $\text{Sim}(A,B) + \text{Sim}(B,C) > \text{Sim}(A,C)$ 成立

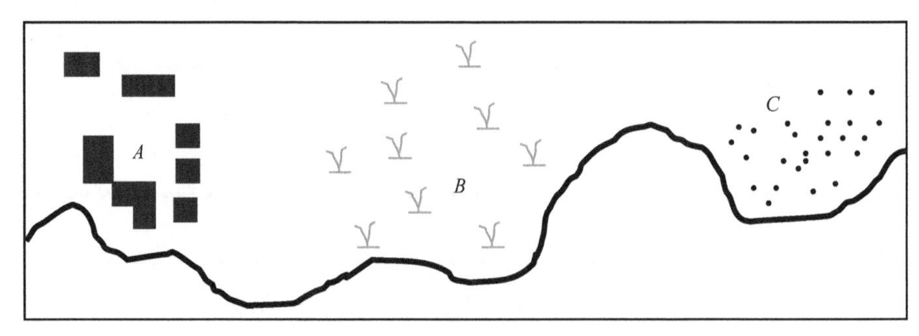

图 3-7　地图空间相似关系的三角不等性示例

性质 9：尺度依赖性（scale dependence）。

尺度依赖性可以描述为：比例尺为 S 的地图空间的目标 A 被逐步化简为更小比例尺 S_1，S_2，…，S_n 上地图空间的目标 A_1，A_2，…，A_n，其中 $n \geqslant 2$。如果 $S \geqslant S_1 \geqslant S_2 \geqslant \cdots \geqslant S_n$，则有

$$\text{Sim}(A,A_1) \geqslant \text{Sim}(A,A_2) \geqslant \cdots \geqslant \text{Sim}(A,A_n) \tag{3-9}$$

例如，图 3-8 中所示的比例尺为 1∶1000 地图上的线状目标被逐步化简为比例尺为 1∶5000、1∶25000、1∶100000 和 1∶500000 地图上的线状目标，化简后线状目标与初始线状目标的相似度随着比例尺的变小而逐步变小。同样地，这个规律也适用于图 3-9 中地图上线状目标和图 3-10 中地图上点群状分布目标。

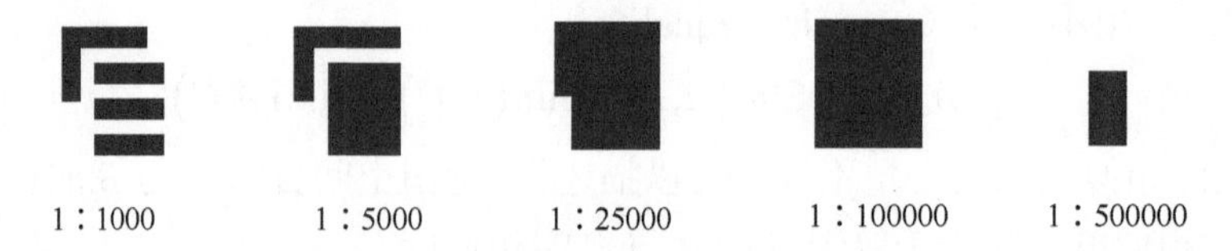

图 3-8　地图上居民地目标空间相似关系的尺度依赖性

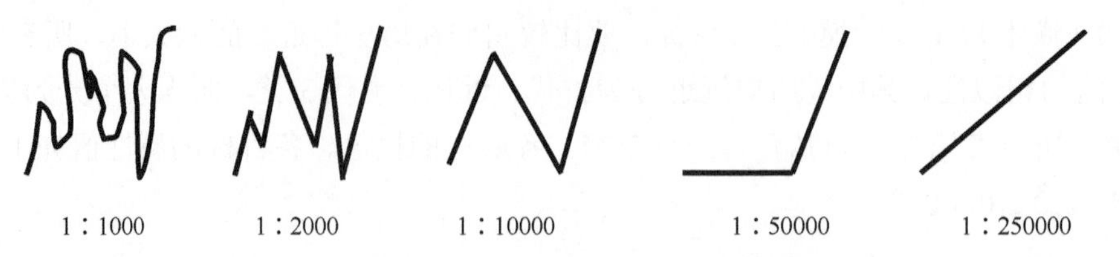

图 3-9　地图上线状目标空间相似关系的尺度依赖性

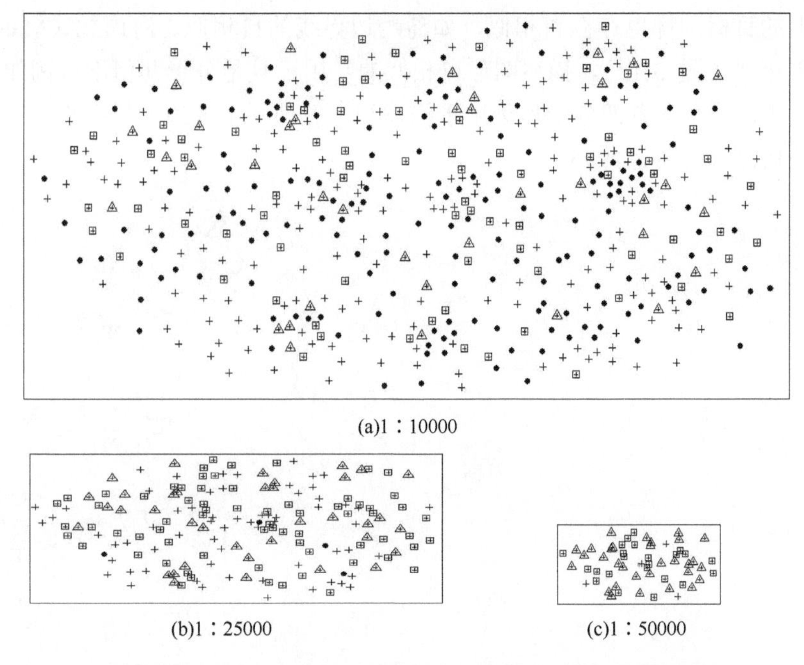

(a)1：10000

(b)1：25000　　(c)1：50000

图 3-10　地图上点群状分布目标空间相似关系的尺度依赖性

性质 10：自相似性（self-similarity）。

所谓自相似性是指一个图案往往和它自身的一部分相似。换言之，如果把图案的一部分按照一定的尺度放大，就又会得到它自身，确切地说，也可能得到其自身的近似表达。我们把这种部分与整体以某种形式相似的形称为分形。

现实地理空间自相似的例子很多，如起伏的云彩、层峦叠嶂的山脉、地面龟裂的裂缝图案、不规则的地形表面（李旭涛等，2007）等。图 3-11 中具有各向异性的地形表面和似乎杂乱无章的干裂地面，其各自的细部和整体均存在相似，即自相似。

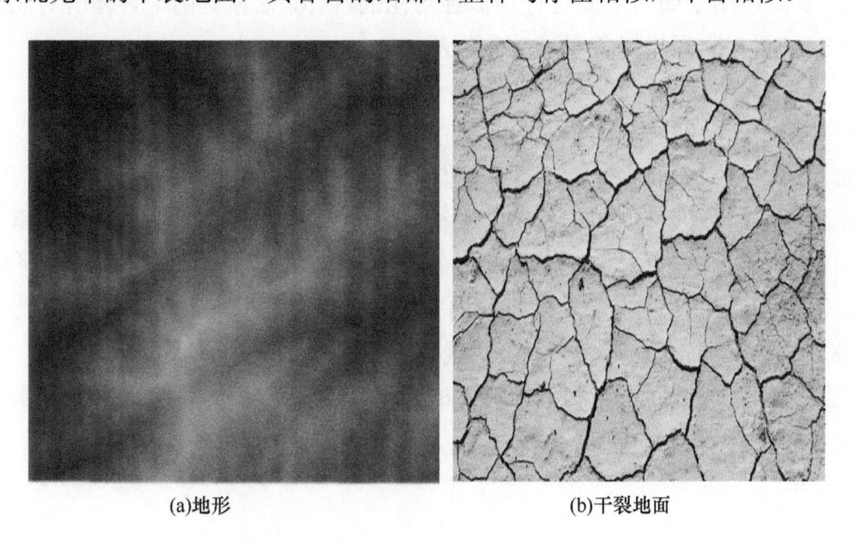

(a)地形　　(b)干裂地面

图 3-11　现实地理空间目标的自相似性

地图上的目标同样也存在自相似，如岛屿边界线的自相似、海岸线（Mandelbrot，1967）的自相似（图 3-12）。描述图形自相似的常用工具是分形几何学。例如，地图自动综合研究中，曾有学者把分形理论用于描述和计算地图上曲线的复杂性，进而实现了曲线目标的化简（王桥，1995）。

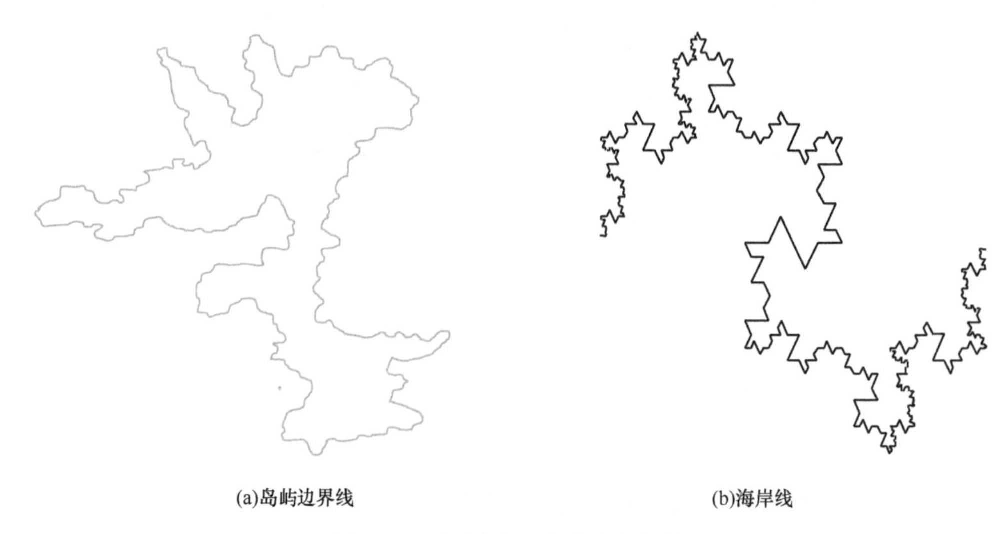

图 3-12　地图空间目标的自相似性

3.3　空间相似关系的分类

为了方便研究空间相似关系，本节给出其分类方法，弄清其外延是必要的。下面就依据不同的标准对空间关系进行分类。

方法 1：按所对比的客体的时间属性划分。

设 *A*、*B* 是地图空间两个要进行相似性对比的客体，依据这两个客体所对比的状态、性质所处的时间，空间相似关系可以分为两类：

（1）基于同一时间的空间相似关系；

（2）基于不同时间的空间相似关系。

例如，对比 *A*、*B* 两条河流，要对它们的河流长度、宽度、水深、水量进行相似性衡量。如果所用的数据是同一年份的，则得到的是 *A* 与 *B* 在同一时间的空间相似关系。反之，如果 *A* 河流缺失所需年份的数据，则只能用与 *B* 河流临近年份的数据与 *A* 河流进行对比，得到的是 *A* 与 *B* 在不同时间的空间相似关系。

方法 2：按所对比的客体的空间尺度划分。

设地图空间有两个要进行相似性对比的客体，依据这两个客体尺度的不同，空间相似关系可以分为两种类型（图 3-13）：

(a)同一空间尺度的两棵树

(b)不同空间尺度的两棵树

图 3-13　图像空间目标在两种尺度上的相似性

（1）同一空间尺度上的相似；

（2）不同空间尺度上的相似。

图像空间的尺度通常用分辨率表示。例如，一个人比较他附近数米远近的两棵树的相似性，可以归为同一空间尺度上的相似（此处忽略两棵树与人距离差异产生的分辨率的不同）。当一个人比较的是数米远的一棵树和数十米远的一棵树的相似性，则这个相似关系归为不同空间尺度上的相似，因为人观察二者的分辨率具有显著的差异。

地图空间的尺度一般用比例尺表示。人们可以比较同一比例尺地图上不同目标之间的相似性（图 3-14 中 A_1 与 B_1 的相似性、A_2 与 B_2 的相似性），也可以比较不同比例尺地图上不同目标（图 3-14 中 A_1 与 B_2 的相似性）或相同目标之间的相似性（图 3-14 中 A_1 与 A_2 的相似性、B_1 与 B_2 的相似性）。

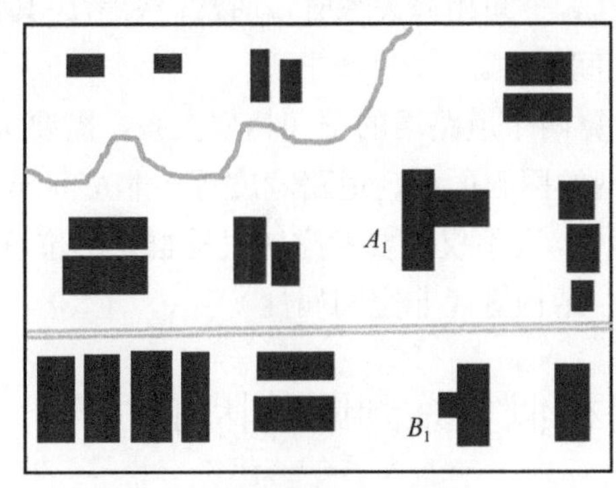

(a)比例尺为S的地图

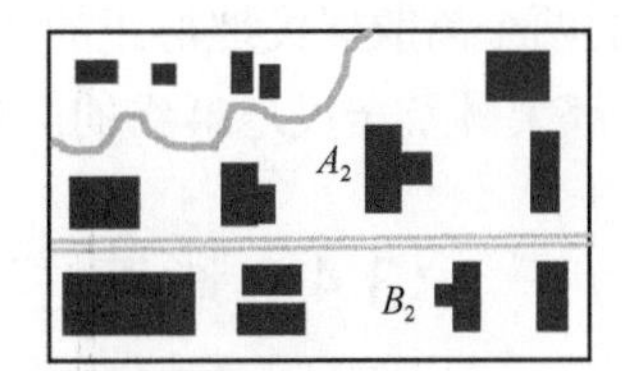

(b)比例尺为S/2的地图

图 3-14　地图空间目标在两种尺度上的相似性

方法 3：按所对比的客体的数量划分。

按所对比的地图空间客体的数量划分，空间相似关系可以分为 3 类：

（1）两个单体目标的空间相似关系；

（2）两个群组目标的空间相似关系；

（3）一个单体目标和一个群组目标的空间相似关系。

例如，在图 3-15 中，可以比较两个单体目标 A 与 B 的相似性，也可以比较两个群组目标 G_1 与 G_2 的相似性或 G_1 与 G_3 的相似性，还可以比较单体目标 A 与群组目标 G_1 的相似性。需要注意的是，构成群组目标的目标类型可以不同，如 G_1 由居民地和道路组成。

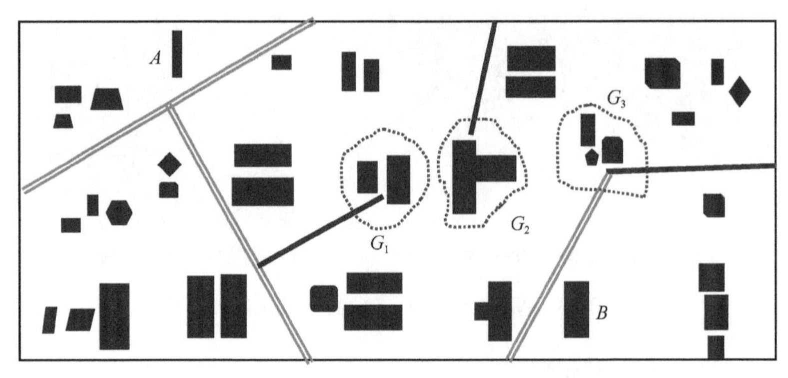

图 3-15　依据空间目标数量划分的相似性

方法 4：按所对比的客体的空间和非空间属性划分。

按照地图空间目标的复杂程度可以分为单体目标和群组目标。无论是一对单体目标还是两个群组目标，在计算其相似关系时要考虑对比的属性均包括空间属性和非空间属性。值得注意的是，单体目标可以分为点、线、面、体目标，群组目标可以分为点群、线簇、线网、离散面群、连续面群等，在计算空间相似关系时应针对对各类单体目标和群组目标的考虑选取不同的空间属性和非空间属性。

例如，对于地图上的纪念碑（简单的点目标）而言，在计算两座纪念碑的空间相似关系时，一般需要考虑纪念碑的位置、高度等空间属性和年代、历史价值等非空间属性。对于两条河流（简单的线目标），在计算其空间相似关系时，通常需要考虑其地理位置、海拔等空间属性和径流量、水质等非空间属性。

同样，对于群组目标而言，如要计算两个道路网的空间相似关系，需要考虑道路网的位置（空间属性），还需要考虑道路网的网眼面积、道路宽度等（非空间属性）。而要比较农村的两个离散居民地群组的相似性，则不仅需要考虑居民地群组的位置、海拔（空间属性），还要顾及居民地群组的面积、结构等（非空间属性）。

3.4　影响空间相似关系判断的因子

影响空间相似关系判断的因子是指在人们判断地图空间两个或两组目标的相似关系时起作用的因素，是构建空间相似关系计算模型的关键。两个（组）目标之间的空间相似度与影响人们的空间相似关系判断的因子之间存在如下函数关系：

$$\mathrm{Sim}(A,B)=f(x_1,x_2,\cdots,x_n) \tag{3-10}$$

式中，A、B 为地图空间的两个目标；$\mathrm{Sim}(A,B)$ 为 A、B 之间的相似度；$f(x_1,x_2,\cdots,x_n)$ 为 A、B 之间相似度计算公式；$x_1,x_2,\cdots,x_n$ 为影响人们判断 A、B 之间相似度的因子。

已有学者研究过影响空间相似度的因子（Rodríguez and Egenhofer，2004；Li and Fonseca，2006），但成果是初步的。因此，本节系统探讨影响空间相似度的因子，为构建空间相似关系的计算模型提供理论依据。

因为人们在进行目标之间的相似关系判断时，在二维地图上可能考虑的目标对通常有两个单体目标、两个群组目标或者一个单体目标与一个群组目标，所以下面将分别论述影响各类目标对的空间相似关系判断的因子。

3.4.1　影响单体目标对的空间相似关系判断的因子

二维地图上表达地物、地貌的地图符号按照几何特征可以分为点状符号、线状符号和面状符号，因此地图上两个单体目标之间的空间相似关系有如下 6 类。

（1）点状目标对：两个点状目标组成的目标对。

（2）线状目标对：两个线状目标组成的目标对。

（3）面状目标对：两个面状目标组成的目标对。

（4）点、线目标对：一个点状目标和一个线状目标组成的目标对。

（5）点、面目标对：一个点状目标和一个面状目标组成的目标对。

（6）线、面目标对：一个线状目标和一个面状目标组成的目标对。

下面分别讨论影响这 6 类目标对之间空间相似判断的因子。

1. 点状目标对

地图上的点状目标往往对应于地理空间的那些面积和体积不大但具有重要意义、价值的目标，如亭子、庙宇、宝塔、纪念碑、路标、邮筒、油井、干旱区的水井、打谷场、无人区的独立房屋。人们经常会比较地图上两个同类点状目标的相似性，如两个庙宇相似度如何；但人们比较不同的点状目标相似性的情况也一样存在，如独立房屋和庙宇的相似度。

比较点状目标对相似性时可能考虑的目标属性有几何属性和专题属性。

（1）位置特征：根据所比较的点状目标对的特点，其所要比较的位置特征可能有各种分类，如位置特征可以分为山地、丘陵、平原、盆地，也可以分为热带、亚热带、温带、寒带。

（2）形状：指点状目标所对应的地理空间实体的形状，如柱状、长方体、圆锥体等。

（3）大小：指点状目标所对应的地理空间实体的面积、体积、高度等。

（4）历史价值：指点状目标所对应的地理空间实体蕴含的历史意义，可能分为巨大、重大、普通等。

（5）拥有者：指点状目标所对应的地理空间实体的所有者。

人们比较点状目标对的相似性时，往往应用几何属性和专题属性的组合。如图 3-16 所示，人们可能用属性集{初建是否早于公元 1000 年，占地面积}比较两个石窟 G_1 和 G_2 的空间相似关系，用属性集{占地面积，建造年代}比较两个历史文化遗迹 R_1 和 R_2 的空间相似关系，也可以用属性集{价值，建造年代是否在 200 年前，占地面积是否大于 10 亩[①]}来比较两个不同类型目标 R_1 和 G_2 的空间相似关系。

① 1 亩≈666.67m^2，全书同。

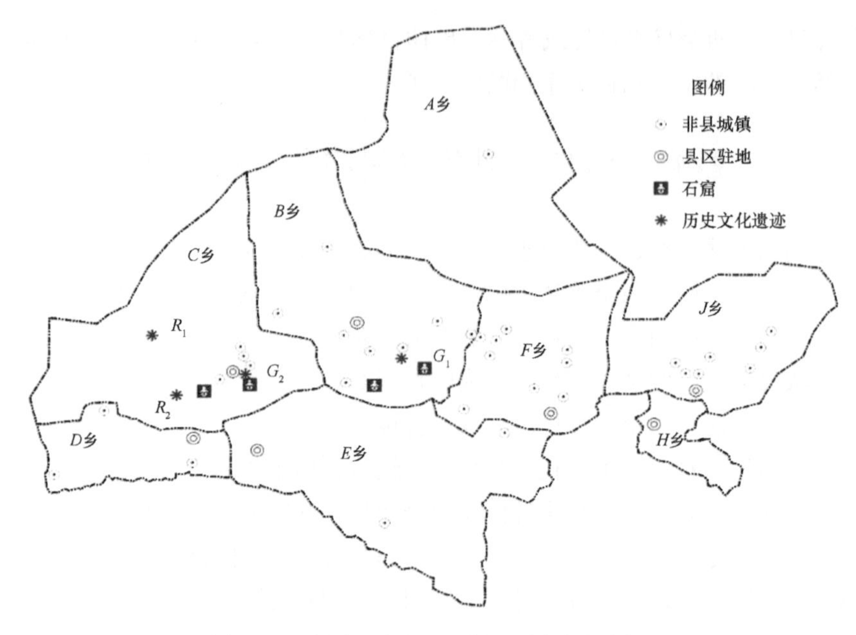

图 3-16　地图上的点状目标对的相似性判断

2. 线状目标对

地图上的线状目标种类很多，如铁路、公路、乡村路、沟渠、河流、地类界、境界线、等高线等（表 3-1）。人们通常会拿语义相同或相近的两个线状目标进行相似性比较，在少数情况下也会比较语义上差别较大的两个线状目标。

表 3-1　地图上的单体线状目标类型示例

线状目标符号	线状目标名称	线状目标符号	线状目标名称
	计曲线		高速公路
	首曲线		次级高速公路
	助曲线		普通公路
	洼地		大车路
	防洪堤		人行小道
	国境线		河流
	省界线		季节性河流

比较两个线状目标的相似性时要考虑到它们的几何属性和专题属性。

位置属性：指线状目标所处的或所占据的地点、区域等。

类型：指线状目标的不同语义，如道路分为铁路、公路、乡村路等类型，河流分为常年河、时令河等类型。

等级：指线状目标质量优劣的分级，如公路分为一级公路、二级公路等，铁路分为高速铁路、普通铁路等。

大小：包括线状目标的长度、宽度、深度、高度等。

年代：指线状目标建造或出现的年代。

在计算空间相似关系时，非空间属性的选取会因线状目标的类型不同而有差别。例如，对于道路，属性可能有长度、宽度、交叉道口数量、道路弯曲度、道路等级、道路材质、车道数、单向还是双向、车辆优先级（哪类车辆优先通行）、路面状况、限速要求等；对于河流，属性可能有河流的宽度、长度、曲率、高程、支流数、通航能力、其上的港口数、河流的历史、河流所有者等。

要比较两个同类线状目标的相似性，如两条河流或两条道路，可以选取其几何属性和专题属性，然后计算它们的空间相似关系。

以图 3-17 为例，可以用属性集合{道路等级，道路长度}计算两条国道 R_1（即 ABC）和 R_2（即 DEF）的空间相似关系，也可以用属性集合{路面宽度，路面状况，是否允许 15t 以上车辆通行}来计算国道 R_1 与县乡道 R_3 的空间相似关系。

图 3-17　地图上的线状目标对的相似性判断

3. 面状目标对

地图上的面状目标类型繁多，常见的有居民地、湖泊、河流、菜地、煤田、森林、沙地、灌木丛等，如表 3-2 所示。当然，地物是否在地图上以面状符号来表示往往取决于地图比例尺。在某个大比例尺地图上用面状符号表示的目标，到中、小比例尺地图上可能就变为用点状符号表示。例如，1∶10000 地形图上的县城，通常用聚集的多边形来表示，但到了 1∶100 万地形图上，县城可能就化简为一个圆圈形的点状符号。

表 3-2　地图上的单体面状目标类型示例

面状目标符号	目标类型名称	面状目标符号	目标类型名称
	林地		沙砾地
	灌木丛		尾矿池
	菜地		常年河
	葡萄园	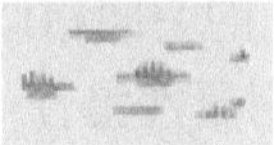	沼泽地
	热带森林		稻田
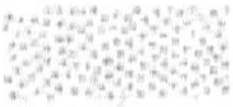	沙地		永久湖
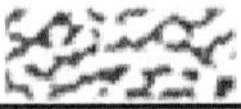	破碎地表		干湖床

比较两个面状目标的相似性时要考虑到它们的几何属性和专题属性。

位置属性：指面状目标所占据的区域。

类型：指面状目标的不同语义，如地面覆盖的地块可以分为森林、草地、耕地等，地表水体表面可以分为河流、湖泊、沼泽地等。

大小：指面状目标的面积、体积等。

长度：面状目标的长度。

宽度：面状目标的宽度。

在计算空间相似关系时，几何属性和专题属性的选取会因面状目标的类型不同而有差别。例如，对于建筑物，其属性可能有面积、体积、高度、层数、所居住人口数、屋顶类型、建筑物材料、价格、当前可用性状况等；对于湖泊，其属性可能有位置、面积、深度、周长、状态（常年湖泊或季节性湖泊）、通航能力、水源地、湖底状况等；对于森林，可考虑的属性有面积、周长、树种、森林寿命、所有者、价值、树冠平均高度、森林降水量、所在地气温等。

要比较两个同类面状目标的相似性，如两个居民地或两块林地，可以选取其几何属性和专题属性，然后计算它们的空间相似关系。

以图 3-18 为例，可以用属性集合{草地面积，草地类型}计算两块草地 V_1 和 V_2 的空间相似关系，也可以用属性集合{是否国有，面积宽度}来计算草地 V_1 与住宅区 B_2 的空间相似关系。

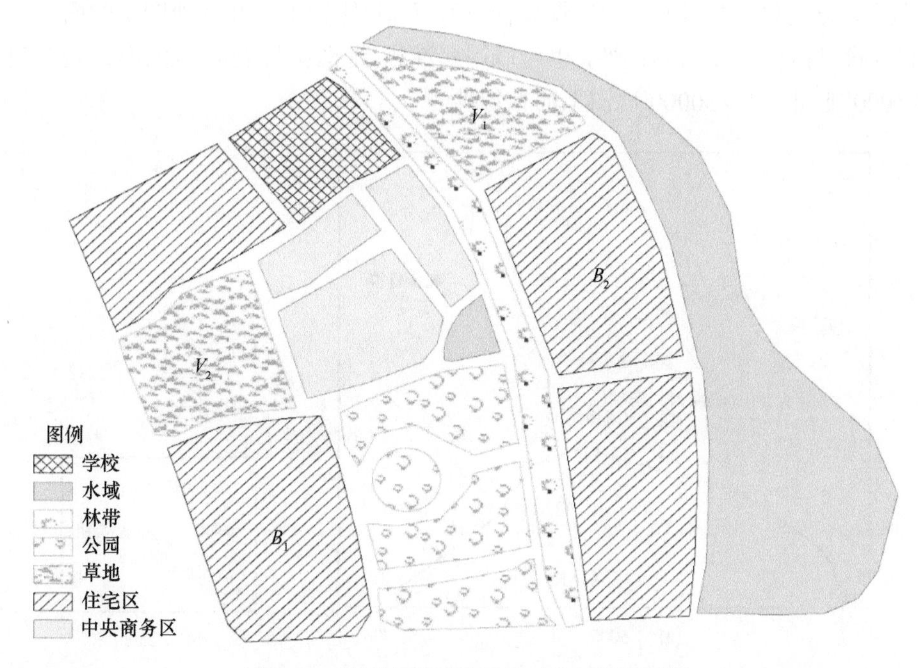

图 3-18　地图上的面状目标对的相似性判断

4. 点、线目标对

通常人们不会把完全不相关的事物放在一起比较。从这个意义上来看，对于地图上的点、线目标而言，人们有可能比较的是同一类型的一个点目标和一个线目标。这种情况又可以分为两种情形：

（1）相同比例尺地图上的一个点目标和一个线目标；

（2）同一目标在两个不同比例尺的地图上具有不同的表现形式，在一个比例尺的地图上表现为线目标，在另一个比例尺的地图上表现为点目标。

人们在比较线目标和点目标的相似性时，无论在同一比例尺地图上还是在不同比例尺地图上，要比较的属性都包括几何属性和专题属性。

以图 3-19 为例，人们可以用属性集{所在地高程，初建年代，目前状况}比较 1∶5000 地图上的线状目标悬臂长城和点状目标魏晋墓群的相似性，也可能用属性集{地图符号类型，初建年代}比较悬臂长城在 1∶5000 地图和 1∶25000 地图上的相似性。

5. 点、面目标对

人们要比较的地图上的点、面目标对分为两种情形：

（1）相同比例尺地图上的一个点目标和一个面目标一般是同类型的地物；

（2）同一目标在两个不同比例尺的地图上具有不同的表现形式，其在一个比例尺的地图上表现为面目标，在另一个比例尺的地图上表示为点目标。

人们在比较面目标和点目标的相似性时，无论是在同一比例尺地图还是在不同比例尺地图上，要比较的属性都有几何属性和专题属性两类。

以图 3-20 为例，人们可以用属性集{面积，人口}比较 1∶5000 地图上的面状目标村庄 *B* 和点状目标村庄 *A* 的相似性，也可以用属性集{地图符号表达，面积}比较兰州西站在 1∶5000 地图和 1∶50000 地图上的相似性。

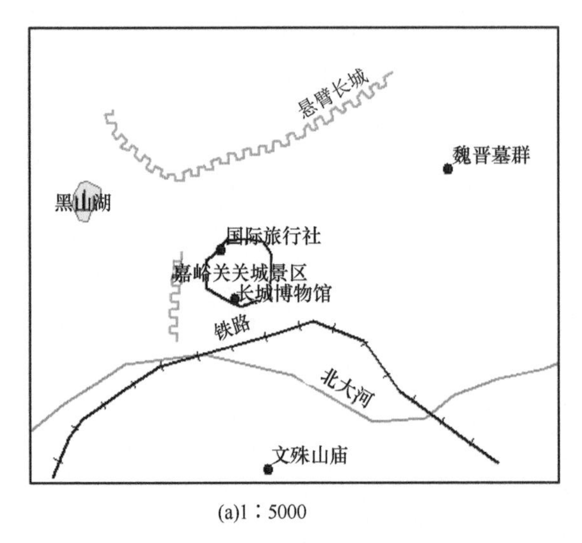

(a)1∶5000

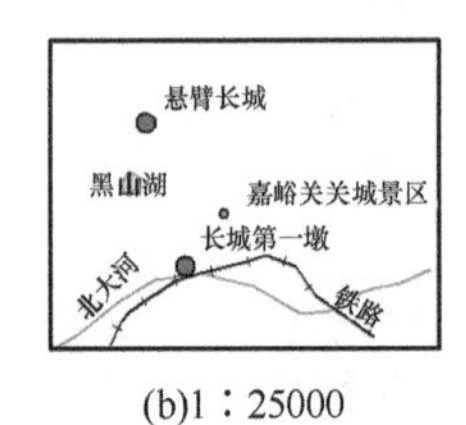

(b)1∶25000

图 3-19　地图上的点、线目标对的相似性判断

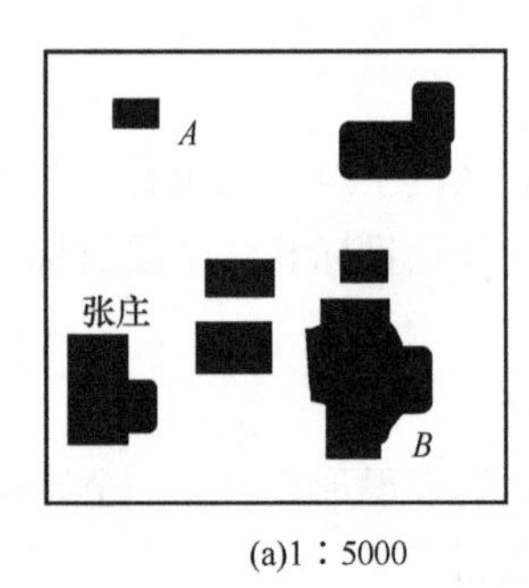

(a)1∶5000

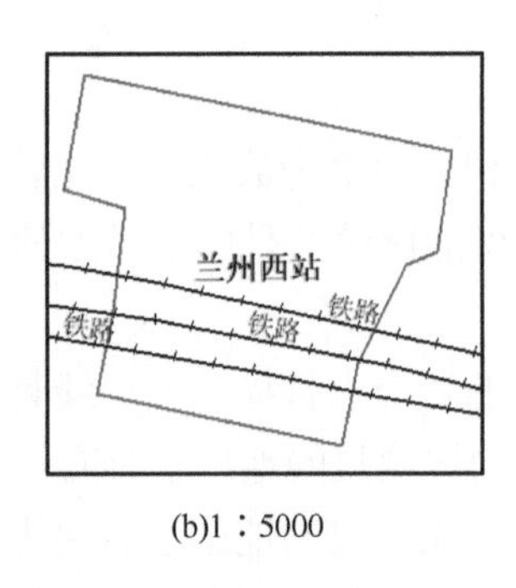

(b)1∶5000

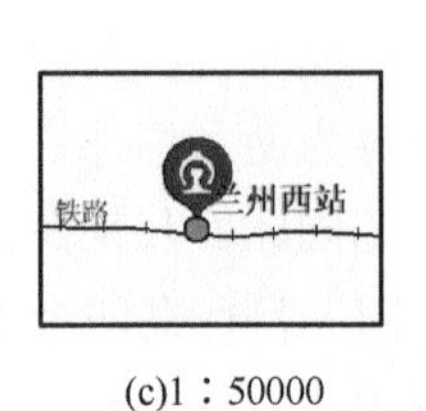

(c)1∶50000

图 3-20　地图上点、面目标对的相似性判断（地图并非严格按比例显示）

6. 线、面目标对

人们通常要比较的地图上的线、面目标对可以分为两种情形：

（1）相同比例尺地图上的一个面目标和一个线目标，面目标和线目标一般是同类型的地物；

（2）同一目标在两个不同比例尺的地图上具有不同的表现形式，其在一个比例尺的地图上表现为面目标，在另一个比例尺的地图上表示为线目标。

人们在比较面目标和线目标的相似性时，无论是在同一比例尺地图上还是在不同比例尺地图上，要比较的属性都有几何属性和专题属性两类。

以图 3-21 为例，人们可以用属性集{宽度，可否通航}比较 1∶5000 地图上的面状目

标河流 A 和线状目标河流 B 的相似性，也可以用属性集{地图符号表达，宽度}比较 1∶5000 地图上的面状目标河流 A 和 1∶10000 地图上线状目标河流 A 的相似性。

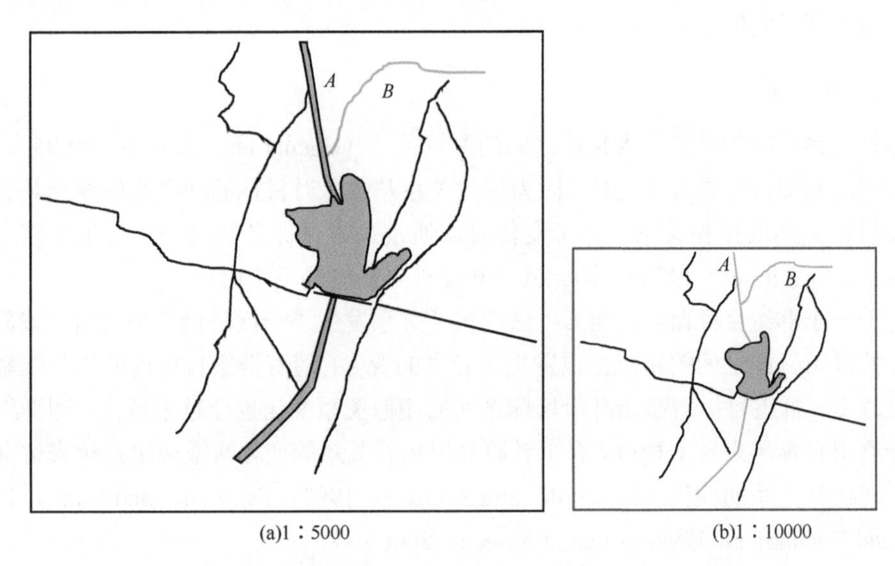

图 3-21　地图上线、面目标对的相似性判断（地图并非严格按比例显示）

7. 对影响单体目标对的空间相似关系判断的因子的总结

综合以上影响 6 类单体目标对的空间相似关系判断的因子可知，影响因子可以分为几何属性和专题属性两大类（图 3-22），在相似关系计算中选用哪些因子需要根据具体的单体目标和空间相似关系的用途而确定。

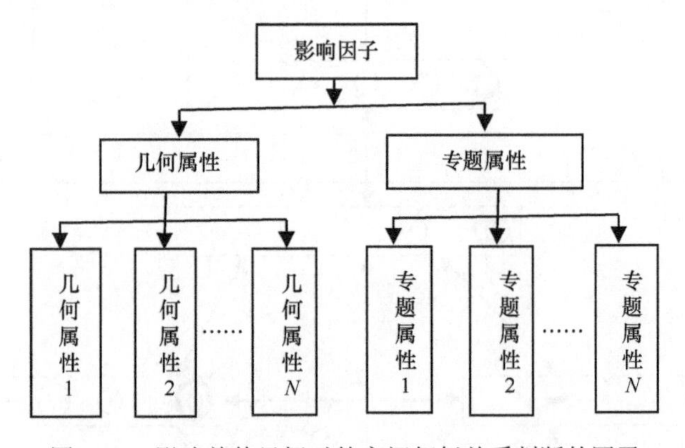

图 3-22　影响单体目标对的空间相似关系判断的因子

3.4.2　影响群组目标对的空间相似关系判断的因子

与判断单体目标之间的空间相似关系不同，人们在判断群组目标之间的空间相似关系时，更多受到群组内的目标之间的空间关系的影响，而被组成群组目标的单体目标的几何属性、专题属性等细节所吸引（Li and Fonseca，2006）。通常，人们在进行空间相似判断时会考虑到空间关系因子（共 3 类，即拓扑关系、方向关系和距离关系）和非空间因子（即群组目标的属性）。

下面分别对它们进行论述。

1. 拓扑关系

拓扑关系反映的是群组内目标之间的配置关系（Egenhofer and Mark，1995）。拓扑关系对空间相似认知具有重要性，因为拓扑关系基本上对目标的细微几何变化具有不变性。当目标之间的拓扑关系发生了变化时，通常认为目标之间的关系发生了重大变化（Bruns and Egenhofer，1996），因此其在相似性判断时需要考虑。

对于一个群组目标而言，当其内部的拓扑关系发生了一次轻微的变化时，该群组目标与原始群组目标之间的相似性也发生了轻微的变化。随着群组目标内的拓扑关系的变化越来越多，群组目标与原始群组目标之间的相似关系变化也会越来越大，即群组目标与原始群组目标越来越不相似。有学者研究用拓扑关系的变化次数来定量化表达群组内目标之间拓扑关系的变化（Egenhofer and Al-Taha，1992；Egenhofer and Mark，1995；Bruns and Egenhofer，1996；Li and Fonseca，2006）。

图 3-23 给出了拓扑关系“逐渐变化”（gradual change）的多种类型及各种变化的代价或权值（Bruns and Egenhofer，1996；Yan and Li，2014），任何两种拓扑关系之间变换的代价是形成一个对称矩阵，如表 3-3 所示。

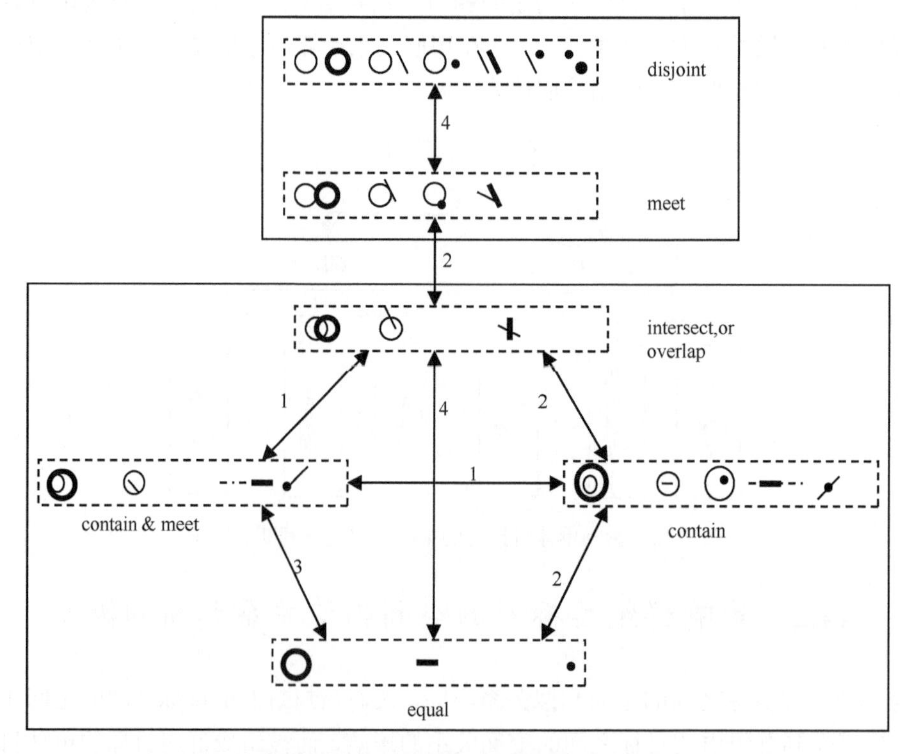

图 3-23　拓扑关系变换及其代价（修改自 Yan and Li，2014）

注：图中数字表示两种拓扑关系之间变换的代价。

表 3-3　拓扑关系变换中的代价矩阵（修改自 Yan and Li，2014）

	disjoint	meet	intersect, or overlap	contain & meet	contain	equal
disjoint	0	4	6	7	8	10
meet	4	0	2	3	4	6
intersect, or overlap	6	2	0	1	2	4
contain & meet	7	3	1	0	1	3
contain	8	4	2	1	0	2
equal	10	6	4	3	2	0

2. 方向关系

两个目标之间的空间方向关系发生变化会使人们感觉到图形位置、结构的变化，从而使人们认为该图形与原始图形的相似性发生了变化。因此，在空间相似性判断中，空间方向关系通常是一个需要考虑的因子。

考虑群组目标之间的空间方向关系时，为目标选取一个合适的方向系统是关键。尽管已有学者提出了表达空间方向关系的 16 方向系统（Bruns and Egenhofer，1996）和 9 方向系统（Li and Fonseca，2006），但是在实践中针对某一空间相似关系计算问题时，预先指定方向系统是不合适的，因为待计算的空间相似关系往往需要与具体问题的分辨率或尺度相适应（Yan and Li，2014）。换言之，用于空间相似关系计算的空间方向关系也应该被表达在不同的分辨率上。诚然，目前常用的空间方向关系至少可以被表达在 4 方向、8 方向和 16 方向（图 3-24）甚至 32 方向等不同分辨率的方向系统中。

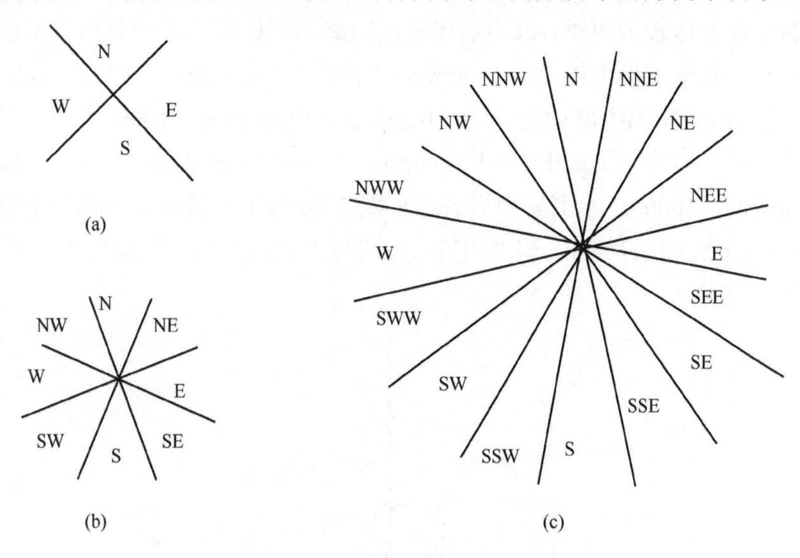

图 3-24　不同分辨率下的方向系统

可以设计一些规则实现空间方向关系的量化，以便用于计算目标在方向关系上的空间相似性（Yan and Li，2014）。以 8 方向系统为例，可以有如下规则。

规则 1：任何相邻方向的变换代价为 1。

例如，在图 3-24（b）中，S 与 SW 的变换代价为 1，因为它们是相邻的。同样，S

与 SE 的变换代价也为 1。

规则 2：任何两个方向之间的变换代价是其相邻方向逐渐变换的代价之和，但该和不能大于总方向数的一半，即 4 方向系统、8 方向系统、16 方向系统中，方向之间的最大变换代价不能大于 2、4、8。

例如，在 8 方向系统中，S 与 SW 的变换代价如果由 S→SE→E→NE→N→NW→W→SW 计算得到 7，由 S→SW 计算得到 1，最后结果为 1，因为前者结果 7 大于总方向数的一半 8/2=4。

3. 距离关系

地图上目标之间的距离对空间相似关系的影响是显然的。如图 3-25 所示，两个目标的距离发生变化导致图形与原始图形的相似性发生了改变。

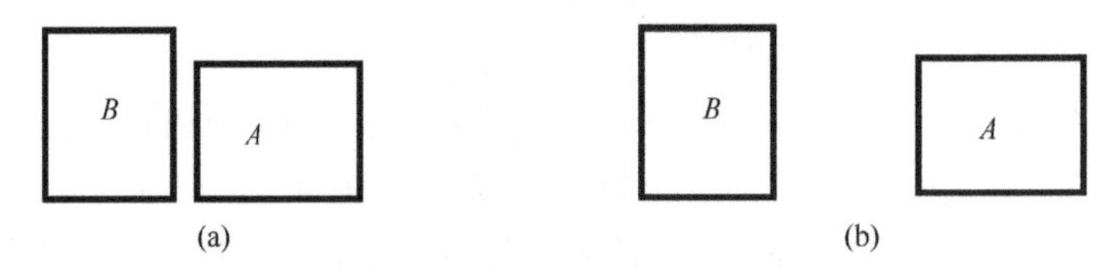

图 3-25　距离变化对空间相似关系判断的影响

在计算空间距离关系的相似性时，有定量和定性两种方式。定量的方式比较常用，其原理是把目标之间的距离用欧氏距离、街区距离等量化表达，然后进行归一化处理得到目标之间距离的相似度，此处不赘述。下面重点阐述定性方式的距离相似度计算。

距离的定性表达较为困难，因为描述定性距离的词语相当主观且对目标所在的空间尺度非常敏感。有学者提出用“零”（zero）、“很近”（very close）、“近”（close）、“远”（far）来表达目标之间的距离远近顺序（Bruns and Egenhofer，1996）；也有学者提出了类似的想法，用“相等”（equal）、“近”（near）、“中间”（medium）、“远”（far）来表示（Li and Fonseca，2006）。本书采用后者，如图 3-26 所示，且定义任何两个定性描述的相邻距离之间的变换代价为 1，即“相等”与“近”、“近”与“中间”、“中间”与“远”的变换代价均为 1。

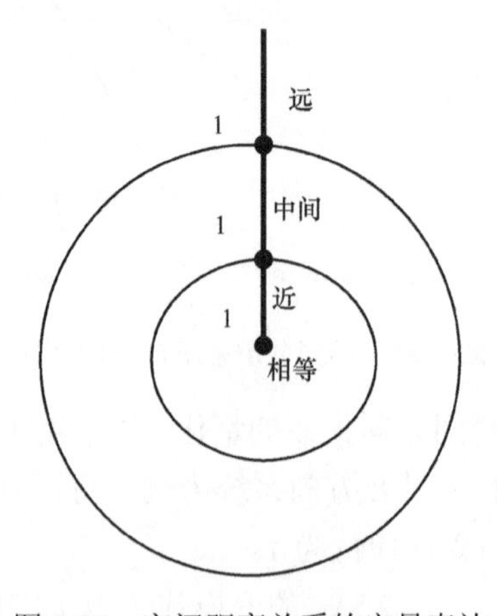

图 3-26　空间距离关系的定量表达

下面从基本概念定义开始，逐步说明地图上群组目标定性距离描述的基本原理。

定义 3-1 直接临近：假定地图空间有两个目标 A、B，当且仅当连接 A、B 上的任意两点形成的线段都不会与地图上的任何目标相交，则认为 A、B 是直接临近的，否则认为 A、B 非直接临近。

以图 3-27 为例，A、B 是直接临近的，因为它们之间任何两点的连线显然不与其他任何目标相交；C、E 是非直接临近的，因为它们存在两点的连线与另一个目标 B 相交。

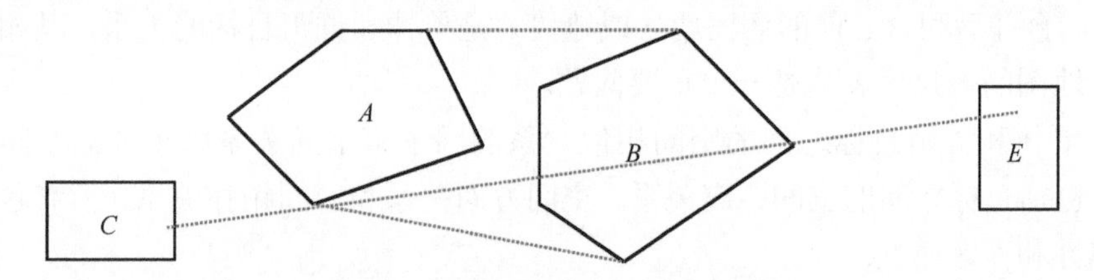

图 3-27　目标的直接临近与非直接临近

定义 3-2 群组内直接临近目标的平均距离：某群组内有 N 对直接相邻的目标对，则 $\overline{D}=\sum_{i=1}^{N} d_i \Big/ N$ 称为该群组内直接临近目标的平均距离。式中，$\overline{D}$ 是平均距离，d_i 是第 i 对目标之间的距离。

假设两个目标 A、B 之间的距离为 d_{AB}，对定性描述空间距离关系相似性的相等、近、中间、远定义如下。

相等：A、B 完全一样，或者 A、B 相交（或叠置），此时 $d_{AB} \leqslant 0$，则 A、B 距离为相等。

近：如果 $0 < d_{AB} \leqslant \overline{D}$，则 A、B 距离为近。

中间：如果 $\overline{D} < d_{AB} \leqslant 2\overline{D}$，$A$、$B$ 距离为中间。

远：如果 $d_{AB} > 2\overline{D}$，A、B 距离为远。

在空间相似关系计算中，在获得目标之间空间距离关系的这 4 类定性描述后，可以计算得到距离的变换代价，进而运用一定的方法得到距离的空间相似度。

4. 非空间因子

群组目标的非空间因子即指群组目标的属性，包括几何属性和专题属性。

几何属性：指群组目标的总长度、平均长度、总面积、平均面积、单体目标最大面积、单体目标最小面积等。

专题属性：指目标的类型、等级等。

在计算空间相似关系时，需要根据相似关系的用途来选取合适的非空间因子。

3.4.3 影响单体与群组目标对的空间相似关系判断的因子

单体和群组目标对之间的空间相似关系多存在于多尺度地图空间，如大比例尺地图上的数个拓扑临近的地块在小比例尺地图上被合并为一个地块、数个离散但距离临近的居民地被合并为 1 个居民地。如图 3-28 所示，1∶10000 地图上的 4 个居民地合并为 1∶50000 地图上的 1 个居民地，1∶10000 地图上的 3 个地块合并为 1∶50000 地图上的 1 个地块，合并后和合并前的居民地（或地块）是单体和群组目标的关系，其相似性如何计算对地图的多尺度表达是一个重要问题。

影响单体和群组目标之间的空间相似关系的因子有空间关系因子和非空间关系因子。前者包括目标之间的空间距离关系、空间方向关系和空间拓扑关系，后者包括目标的几何属性和专题属性。

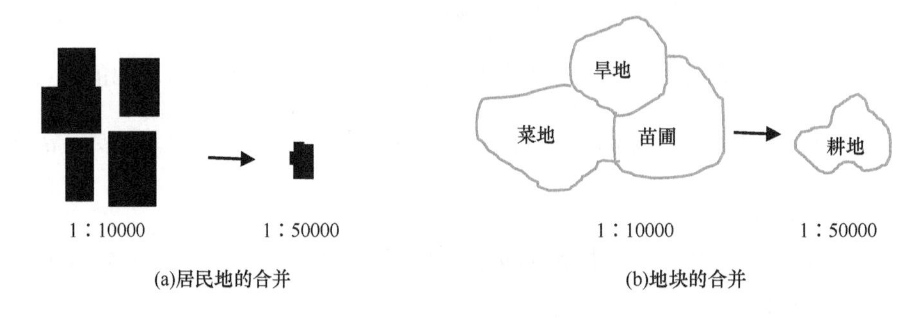

图 3-28　多尺度地图空间的单体与群体目标

3.5 空间相似关系影响因子权重的确定

根据定义 3-1 中的公式 $\mathrm{Sim}(A,B)=\sum_{i=1}^{n}W_i\cdot\mathrm{Sim}^{P_i}(A,B)$，要计算目标之间的空间相似关系，前提是要回答如下 3 个问题：

（1）影响空间相似关系判断的因子有哪些？

（2）各种因子如何表达？

（3）各个因子所起的作用有多大，即其权重值是多大？

前面已经分单体目标对、群组目标对、单体和群组目标对 3 种类型讨论了各类型中影响空间相似关系判断的因子及其量化表达方式，下面就分别讨论这些因子在空间相似关系判断中的权重问题。

要得到判断空间相似关系的因子的权重，借助于心理学实验应该是一个直接且自然的设想，因为这些权重只能来自人类的判断。所以，本节关于获取权重过程的描述主要围绕着心理学的实验设计而展开。其中，关于群组目标对、单体目标对的实验是笔者于 2013 年 12 月组织实施的（Yan and Li，2014）；关于单体与群组目标对的实验非常复杂，尚在研究之中，故此处不做介绍。

3.5.1　群组目标对

1. 实验基本信息描述

实验时间：2013 年 10 月 12 日。

2. 实验地点：兰州交通大学，位于甘肃省兰州市安宁区。

被试人员：52 人，由地理及相关专业的本科生和硕士研究生组成，其中男生 28 人、女生 24 人，年龄为 17～27 岁。

3. 实验目的

得到空间相似关系判断中群组目标对的空间拓扑关系、空间方向关系、空间距离关系和目标属性这些影响因子的权重。

4. 实验步骤

第一步：确定要测试的因子，包括目标之间的空间拓扑关系、空间方向关系、空间距离关系和目标属性。

第二步：设计实验样例，即用于实验的图形。因为一共有 6 类群组目标对：面–面（图 3-29）、线–面（图 3-30）、点–面（图 3-31）、点–线（图 3-32）、线–线（图 3-33）、点–点（图 3-34），所以构造相应的 6 个样例图形。在每个样例图形中，均需要设置空间拓扑关系、空间方向关系、空间距离关系和目标属性的变化，以测试 4 个因子的权重。

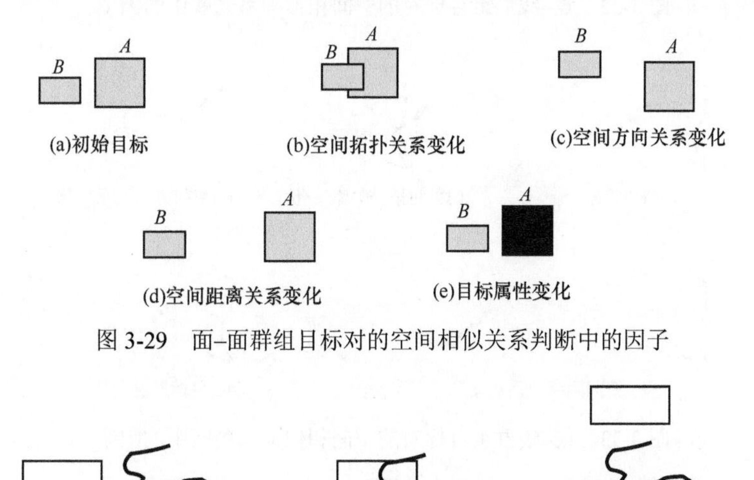

图 3-29　面–面群组目标对的空间相似关系判断中的因子

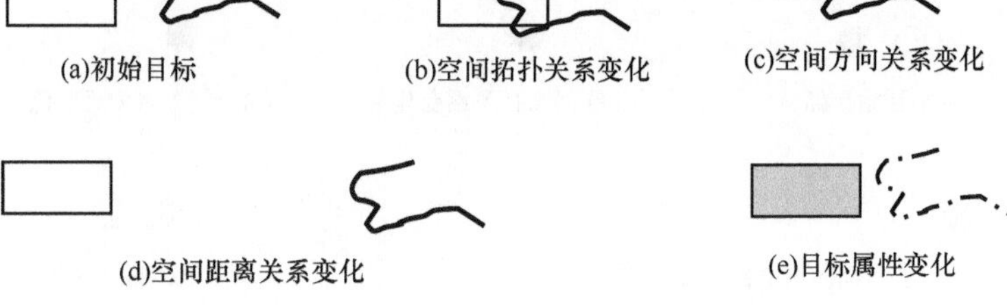

图 3-30　线–面群组目标对的空间相似关系判断中的因子

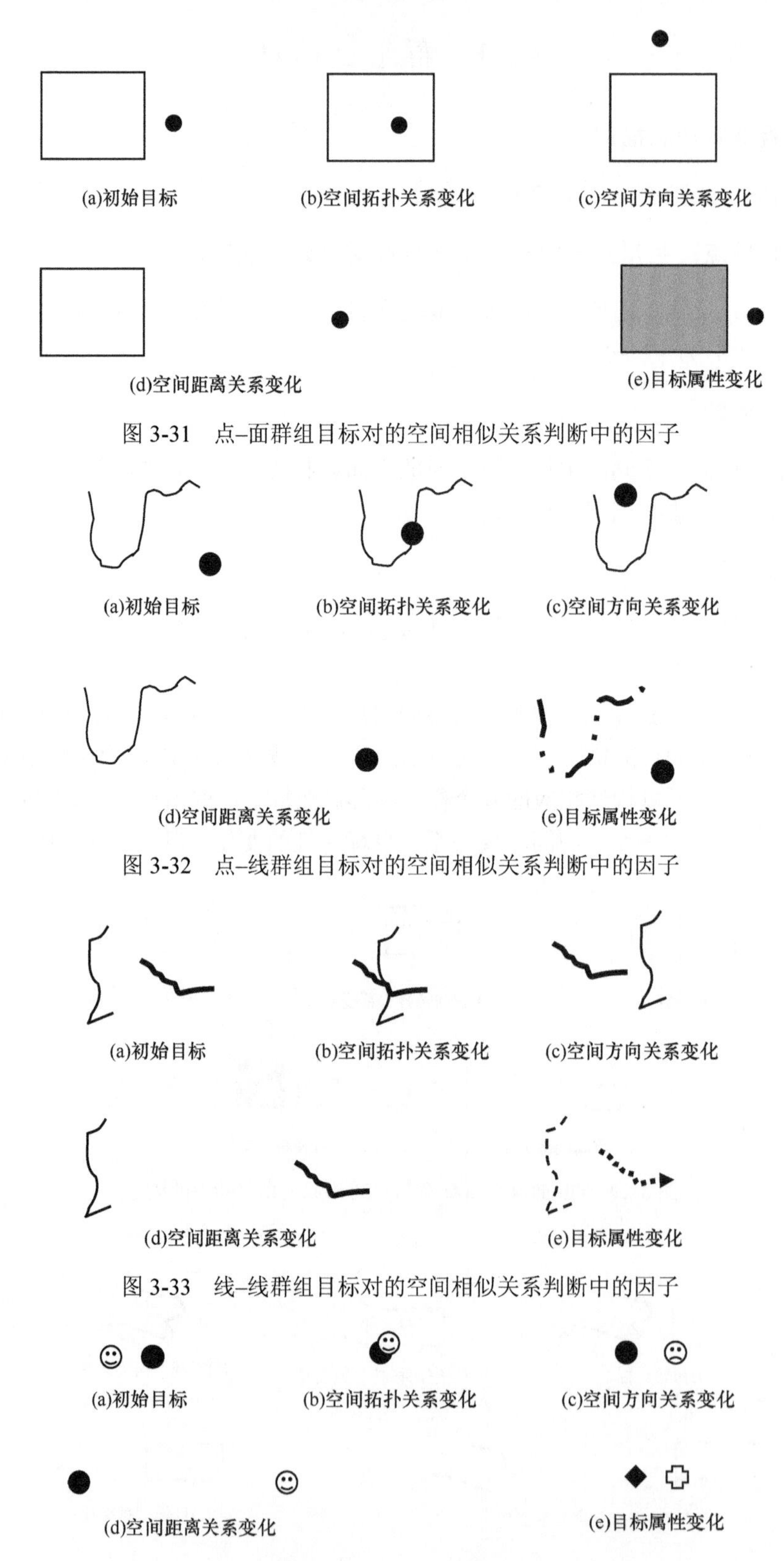

图 3-31　点–面群组目标对的空间相似关系判断中的因子

图 3-32　点–线群组目标对的空间相似关系判断中的因子

图 3-33　线–线群组目标对的空间相似关系判断中的因子

图 3-34　点–点群组目标对的空间相似关系判断中的因子

第三步：设计实验表格，记录被试者对每个图形中每个因子的权重（表 3-4）。

第四步：把实验图形和实验表格发放给每一个被试者，向被试者详细解释实验目的和表格填写说明。

表 3-4　影响群组目标对空间相似关系判断的因子的权重调查表

因子名称	权重
空间拓扑关系	
空间方向关系	
空间距离关系	
目标属性	

注：各个权重在［0，1］，保留 2 位小数；同一图形的 4 个权重之和为 1。

第五步：收集表格，统计实验数据，得到的结果如表 3-5 所示。

表 3-5　影响群组目标对空间相似关系判断的因子的权重调查结果

	统计 52 人被试后各因子的总权重			
	空间拓扑关系	空间方向关系	空间距离关系	目标属性
图 3-29	13.00	10.92	16.12	11.96
图 3-30	13.00	11.44	16.64	10.92
图 3-31	10.92	12.48	15.60	13.00
图 3-32	11.44	13.52	16.64	10.40
图 3-33	10.92	13.00	16.12	11.96
图 3-34	10.92	15.60	15.60	9.88

第六步：对表 3-5 中实验调查得到的数据进行简单的算术平均值计算，可得空间拓扑关系、空间方向关系、空间距离关系和目标属性因子的权重，依次如下：

$$W_{拓扑}=0.22$$

$$W_{方向}=0.25$$

$$W_{距离}=0.31$$

$$W_{属性}=0.22$$

3.5.2　单体目标对

1. 实验基本信息描述

实验时间：2013 年 10 月 12 日。

实验地点：兰州交通大学，位于甘肃省兰州市安宁区。

被试人员：52 人，由地理及相关专业的本科生和硕士研究生组成，其中男生 28 人、女生 24 人，年龄为 17～27 岁。

2. 实验目的

得到空间相似关系判断中单体目标对的几何属性和专题属性因子的权重。

3. 实验步骤

第一步：确定要测试的因子，包括单体目标的几何属性和专题属性两个因子。

第二步：设计实验样例，即用于实验的图形。单体目标为面、线、点共 3 类，故设计了 3 个实验图形，见图 3-35～图 3-37。

(a)初始目标　　(b)几何属性变化　　(c)专题属性变化

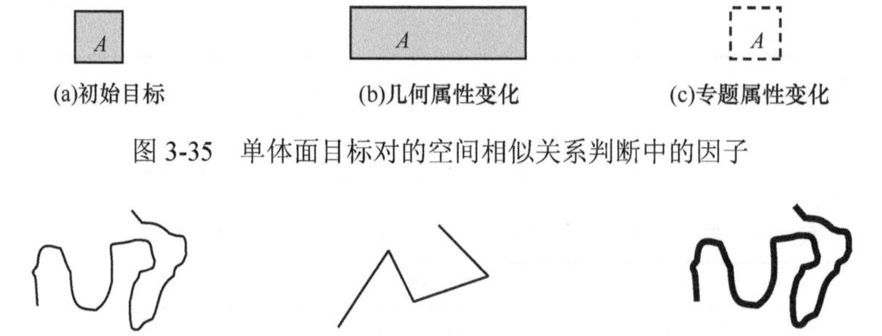

图 3-35　单体面目标对的空间相似关系判断中的因子

(a)初始目标　　(b)几何属性变化　　(c)专题属性变化

图 3-36　单体线目标对的空间相似关系判断中的因子

(a)初始目标　　(b)几何属性变化　　(c)专题属性变化

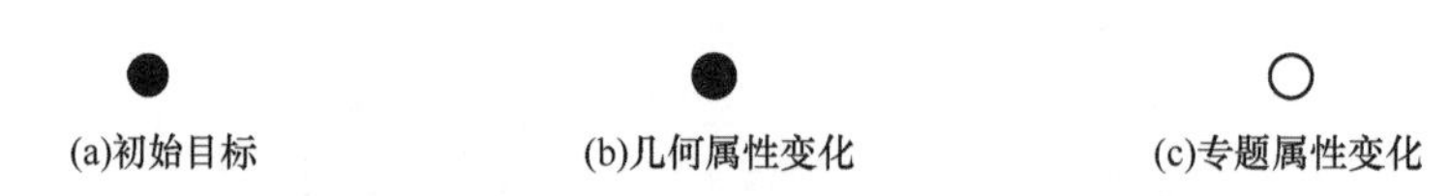

图 3-37　单体点目标对的空间相似关系判断中的因子

第三步：设计记录各因子权重的表格，见表 3-6。

第四步：把图形和表格分发给各个被试人员，为他们解说实验目的和填表要求，让被试人员根据图形填写表格。

表 3-6　影响单体目标对空间相似关系判断的因子的权重调查表

因子名称	权重
几何属性	
专题属性	

注：各个权重在［0，1］，保留 2 位小数；同一图形的 2 个权重之和为 1。

第五步：收集表格，统计实验数据，得到表 3-7。

表 3-7　影响单体目标对空间相似关系判断的因子的权重调查结果

	统计 52 人被试后各因子的总权重	
	几何属性	专题属性
图 3-35	27.56	24.44
图 3-36	32.24	19.76
图 3-37	22.36	29.64

第六步：由表 3-7 中实验调查得到的数据进行简单的算术平均值计算，可得几何属性和专题属性因子的权重，依次如下：

$$W_{几何}=0.53$$

$$W_{专题}=0.47$$

3.6 本 章 小 结

本章承接第 2 章，在相似基本理论的基础上，主要阐释地图空间相似关系的基本理论问题。

本章从空间关系谈起，说明空间相似关系与空间拓扑关系、空间方向关系、空间距离关系一起构成了空间关系的核心内容，然后对空间相似关系进行了严格的数学定义。这个定义是基于集合论的，定义的目的是给出地图空间相似的计算思路。接着，借鉴其他学科中关于相似性质的论述，总结和描述了地图空间相似关系的 10 个性质。对于这些性质，本章尽力给出了其数学表达，以方便空间相似关系的定量化描述、计算和推导。进而，根据所对比客体的时间属性、空间尺度、数量、空间和非空间属性，给出了空间相似关系的 4 种分类方法。最后，围绕影响人们判断空间相似关系的影响因子及各因子的权重进行了系统的阐述，给出了多种情况下影响空间相似关系判断的因子及其权重的获取方法。

本章的内容为空间相似关系计算的研究奠定了基础，其与第 2 章内容作为后续空间相似计算、推理与应用的前导。

第4章　同尺度空间相似关系计算

按照要对比的两个目标所处的尺度来划分，空间相似关系可以存在于同尺度的目标之间，也可以存在于不同尺度的目标之间。

本章论述同尺度地图目标之间的空间相似关系计算方法，其基本思路是：首先概述同尺度地图上的空间相似关系；然后，把地图上的目标分为单体目标和群组目标，分别论述其在同尺度地图空间中的语义相似关系、几何相似关系、拓扑相似关系、距离相似关系和方向相似关系的计算方法。

4.1　同尺度地图空间相似关系概述

人们对目标相似与否的判断大都在同一个尺度空间进行，如两个人的体型、面貌的相似，两棵树外形的相似，两片树叶的相似，两片雪花的相似等。在地图空间，人们可能会比较两个单体目标的相似与否，如两条道路的相似、两条河流的相似、两栋房屋的相似；人们也可能会比较两个群组目标（或场景）的相似，如两个火车站（由候车室、广场、道路等构成）的相似，两个水系（由主流、支流、滩涂等构成）的相似，两个村子（由居民地、道路、耕地、沟渠等构成）的相似等。此处的同一尺度地图空间可以是“实”地图空间，包括模拟地图空间和数字地图空间，也可以是“虚”地图空间，即心象地图（mental map）空间（陈毓芬，1995；侯璇等，2003）。心象地图也称为认知地图（cognitive map），是表征环境信息的一种心象形式，是人们通过多种手段获取空间信息后，头脑中形成的关于认知环境（空间）的抽象替代物，是空间环境信息在人脑中的反映。心象地图具有内容不完整、表达有变形、个体有差异等特点或弱点，人们对其认知的层次还很低，故这里不再讨论其上目标的空间相似关系。本章专注于实地图（后面的地图专指实地图），即传统实物地图和数字地图，讨论其上目标的空间相似关系计算问题。

本章把同一尺度地图空间相似关系的研究对象分为单体目标和群体目标进行论述。就两个单体目标而言，影响它们之间的空间相似关系的因子有其几何属性和专题属性；就两个群组或场景而言，影响它们之间的空间相似关系的因子有其空间距离关系、空间方向关系和空间拓扑关系和目标属性。

因此，如果 A、B 是地图空间的两个单体目标，则其空间相似度 $\mathrm{Sim}(A, B)$的计算公式可以表达为

$$\mathrm{Sim}(A,B)=W_{\mathrm{Att}}\cdot\mathrm{Sim}^{\mathrm{Att}}(A,B)+W_{\mathrm{Geo}}\cdot\mathrm{Sim}^{\mathrm{Geo}}(A,B) \tag{4-1}$$

式中，W_{Geo}、W_{Att} 分别为这两个目标的几何属性、专题属性在空间相似度计算中的权重；$\mathrm{Sim}^{\mathrm{Geo}}(A,B)$、$\mathrm{Sim}^{\mathrm{Att}}(A,B)$ 分别为 A、B 之间的几何属性相似度和专题属性相似度。

如果 A、B 是地图空间的两个群组目标或两个场景，则其空间相似度 $\mathrm{Sim}(A, B)$的计算公

式可以表达为

$$\begin{aligned}\mathrm{Sim}(A,B)=&W_{\mathrm{Att}}\cdot\mathrm{Sim}^{\mathrm{Att}}(A,B)+W_{\mathrm{Top}}\cdot\mathrm{Sim}^{\mathrm{Top}}(A,B)\\&+W_{\mathrm{Dis}}\cdot\mathrm{Sim}^{\mathrm{Dis}}(A,B)+W_{\mathrm{Dir}}\cdot\mathrm{Sim}^{\mathrm{Dir}}(A,B)\end{aligned}\tag{4-2}$$

式中，W_{Att}、W_{Top}、W_{Dis}、W_{Dir} 分别为两个目标之间专题属性、空间拓扑关系、空间距离关系、空间方向关系在它们的空间相似度计算中的权重；$\mathrm{Sim}^{\mathrm{Att}}(A,B)$、$\mathrm{Sim}^{\mathrm{Top}}(A,B)$、$\mathrm{Sim}^{\mathrm{Dis}}(A,B)$、$\mathrm{Sim}^{\mathrm{Dir}}(A,B)$ 分别为 A、B 在专题属性、空间拓扑关系、空间距离关系、空间方向关系方面的相似度。

根据式（4-1）和式（4-2），要计算同尺度目标之间的空间相似度，就需要给出专题属性相似度、几何属性相似度、空间拓扑关系相似度、空间距离关系相似度、空间方向关系相似度的计算方法，同时需要获得它们各自在空间相似度计算中的对应权重。由于这 5 个权重的获取方法在第 3 章已进行了论述，这里分别论述以上 5 种空间相似度的计算方法。

无论单体目标还是群组目标（或是场景），专题属性相似度在概念上可以看作语义相似度。因此，在下文的论述中，用语义相似度来代替专题属性相似度。

本章的后续内容分别论述同尺度地图空间的语义相似度（适用于单体目标和群组目标）和几何相似度（仅适用于单体目标），以及仅适用于群组目标的空间拓扑关系相似度、空间距离关系相似度和空间方向关系相似度的计算方法。

4.2　同尺度地图空间语义相似度计算

语义相似度的研究在计算机、认知语义学等领域一直是热点，被应用到自动问答、信息检索、文本分类、数据匹配、数据挖掘、语义 Web、专门行业等方面（徐德智和郑春卉，2006；刘紫玉和黄磊，2011；张艳霞等，2012）。最近 20 年来，学者们把语义相似的概念引入地理信息领域，研究地理空间目标之间的语义相似度计算方法，并把空间语义相似关系应用到土地分类、地理信息服务、地图目标等方面（李红梅等，2009；柳佳佳和葛文，2013；杨娜娜等，2015）。

到目前为止，计算语义相似度的方法基本上是借助于本体（ontology）的概念来完成的。在 GIS 领域，依据语义相似度可以对空间实体进行匹配，或者对相似的空间实体进行合并，从而实现空间数据查询或数据库综合。总体来看，GIS 领域主要依据本体的概念属性评价空间实体的语义相似性。所以，本节的空间语义相似度计算就围绕本体来展开，由此来具体实现式（4-1）和式（4-2）。

4.2.1　本体的概念

本体原是哲学上的概念，是指事物的本质及规律，后来被引入人工智能领域用于解决知识重用和共享。本体通常被认为是由概念组成的高级描述，是表述特殊知识领域的形式化语言。概念则是用来对知识库进行组织的上层部分，一个本体由有限个概念以及概念之间的关系组成。概念之间的关系通常包括层次、属性及约束等（李文杰和赵岩，2010）。

近年来，本体作为一种信息科学研究的方法论被引入 GIS 领域，主要是为了解决地理信息系统的共享、集成与互操作等问题。地理信息本体（geo-ontology）用于研究地理信息科学领域内不同层次和不同应用方向上的地理空间信息概念的详细内涵和层次关系，并给出这些概念的语义标识。它一般由五个组成元素：概念、概念之间的关系以及概念的属性、性质和个体实例，其中前两个元素非常重要。地理信息本体关注的焦点在于实体本身，包括实体的属性和实体之间的关系，而不是对实体的操作。地理信息本体的概念构成层次结构，该层次结构可以来源于地理信息领域已有的概念分类体系。当前建立本体大部分还是采用手工方式，其遵循一个重要原则，就是逐步把用自然语言描述的隐含的或默认的知识形式化和显式地表达出来（李红梅等，2009）。

4.2.2　语义相似度的定义

概念间语义相似度的计算在信息检索领域起着重要的作用。

语义相似度是指概念之间词语的可替换度以及词义的符合程度（李文杰和赵岩，2010）。当 2 个概念之间具有某些相同属性时，称它们在语义上是相似的。

设两个概念 X、Y 之间的相似度为 $\mathrm{Sim}(X,Y)$，则它们的语义相似度的计算需要满足如下 4 个条件：

（1）相似度的值为［0，1］中的一个实数，即 $\mathrm{Sim}(X,Y)\in[0,1]$；

（2）如果 2 个概念是完全相似的，则相似度为 1，即 $\mathrm{Sim}(X,Y)=1$，当且仅当 $X=Y$；

（3）如果 2 个概念之间没有任何相同属性，那么其相似度为 0，即 $\mathrm{Sim}(X,Y)=0$；

（4）概念间相似关系是对称的，即 $\mathrm{Sim}(X,Y)=\mathrm{Sim}(Y,X)$。

4.2.3　影响语义相似度的因素

根据本体不同结构的特点，影响相似度的因素主要有语义重合度，语义距离，概念宽度、深度及密度，概念之间的关系、结构相似度、概念属性的相似度等（李文杰和赵岩，2010；杨娜娜等，2015）。

1. 语义重合度

语义重合度是指本体内部概念之间包含相同上位概念的个数，语义重合度可以表明 2 个概念之间的相同程度。在实际应用过程中，通常用概念间公共节点的个数来衡量语义重合度。

假定有两个概念 X、Y，它们之间的语义重合度 $\mathrm{ContactRatio}(X,Y)$ 可以用如下公式计算：

$$\mathrm{ContactRatio}(X,Y)=\frac{\mathrm{Count}(S_X\cap S_Y)+\varepsilon}{\mathrm{Max}\left[\mathrm{Count}(S_X),\mathrm{Count}(S_Y)\right]+\varepsilon} \tag{4-3}$$

式中，ε 为大于 0 的实数；S_X 为从概念 X 到根节点的最短路径上遍历到的元素；S_Y 为从概念 Y 到根节点的最短路径上遍历到的元素；Count（x）为集合 x 中的元素个数；Max（a，b）

为 a、b 中的最大值。

以图 4-1 中的元素 12 和 7 为例，有

$S_X=\{7,3,1\}$，$S_Y=\{3,1\}$，$S_X\cap S_Y=\{3,1\}$；

$\text{Count}(S_X)=\{3\}$，$\text{Count}(S_Y)=\{2\}$；

$\text{Count}(S_X\cap S_Y)=\{2\}$，$\text{Max}\left[\text{Count}(S_X),\text{Count}(S_Y)\right]=\{3\}$。

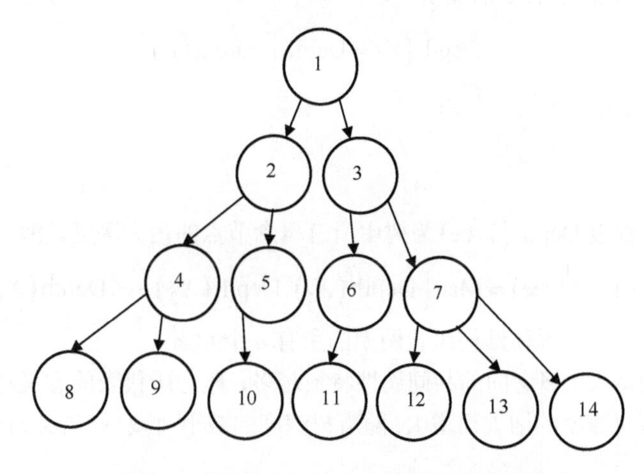

图 4-1　表达概念间语义关系的本体结构图

2. 语义距离

2 个概念 X、Y 之间的语义距离是指在本体结果图中连接这 2 个概念节点的通路中最短路径的长度，记为 Distance（X，Y）。

语义距离的特点是：如果 2 个概念的语义距离越大，则其相似度越小；相反，如果 2 个概念的语义距离越小，则其相似度越大。

特别地，当 $\text{Distance}(X,Y)=0$ 时，$\text{Sim}(X,Y)=1$；相反，当 $\text{Distance}(X,Y)=1$ 时，$\text{Sim}(X,Y)=0$。

显然，一个概念节点在本体结构图中与根节点的距离越大，其概念所表达的意义就越具体。概念之间所具有的共同特征越多，概念之间的语义相似度就越大。运用语义距离计算 X、Y 之间的语义相似度的方法是

$$\text{Sim}(X,Y)=\frac{\sigma}{\text{Distance}(X,Y)+\sigma} \tag{4-4}$$

式中，σ 为大于 0 的实数。

3. 概念宽度

概念 X 的宽度是指在本体结构图中概念 X 的直接子节点的个数，记为 $\text{Width}(X)$。概念的宽度越大，说明对该概念进行的细化工作越具体，在本体结构图中所占比重越大，在其他因素相同的前提下，子概念之间的相似度越小。

考虑概念宽度对语义相似度的影响，可以得到概念 X、Y 在概念宽度方面的语义相似度：

$$\text{Sim}\left[\text{Width}(X),\text{Width}(Y)\right]=\frac{1}{\text{Width}(X)}\cdot\frac{1}{\text{Width}(Y)} \tag{4-5}$$

4. 概念深度

假设概念 X 的深度为 $\text{Depth}(X)$。在本体结构图中，根节点的深度为 1，即 $\text{Depth}(\text{Root})=1$，非根节点 Y 的深度可以定义为

$$\text{Depth}(Y)=\text{Depth}\left[\text{Parent}(Y)\right] \tag{4-6}$$

式中，$\text{Parent}(Y)$ 为节点 Y 的父节点。

5. 概念深度

本体结构树的深度 $\text{Depth}(\text{Tree})$ 为树中所有概念节点的最大深度，即

$$\text{Depth}(\text{Tree})=\text{Max}\left[\text{Depth}(X_1),\text{Depth}(X_2),\cdots,\text{Depth}(X_n)\right] \tag{4-7}$$

式中，X_1，X_2，…，X_n 为本体结构树状图中的所有 n 个元素。

随着树深度的增大，概念间的共同属性特征越多，概念所代表的意义越具体。两个概念的语义相似度随着树深度的增大而增大，随着树深度的减小而减小。语义相似度与概念深度、树的深度成正比关系。

考虑概念深度对语义相似度的影响，得出 X、Y 在概念深度方面的语义相似度计算公式：

$$\text{Sim}\left[\text{Depth}(X),\text{Depth}(Y)\right]=\frac{\text{Depth}(X)+\text{Depth}(Y)}{\text{Depth}\left(X^*\right)\cdot\text{Depth}\left(Y^*\right)} \tag{4-8}$$

式中，Depth（X^*）为 X 所在分支上所有节点的最大深度；Depth（Y^*）为 X 所在分支上所有节点的最大深度。

6. 概念密度

概念密度指以概念节点为根节点所组成的子树在整个本体结构树状图中所占的比重。计算语义相似度时，要考虑子树深度的影响。子树深度越大，其含有的节点数越多，在整个本体结构树中所占比重就越大，各节点所承担的语义信息就越少。因此，语义相似度会随着比重的增大而减小。

概念节点 X 的密度记为 Density（X），以 X 为根节点的子树节点数记为 Count［Tree（X）］，子树深度记为 Depth［Tree（X）］，本体结构树状图中总节点数记为 Count［Tree（Root）］，则有

$$\text{Density}(X)=\frac{\text{Count}\left[\text{Tree}(X)\right]}{\text{Count}\left[\text{Tree}(\text{Root})\right]} \tag{4-9}$$

与非叶节点相比而言，处在叶节点位置的概念具有划分更具体、表达内容更详细的特点，语义相似度也更大。概念密度与语义相似度成反比关系，2 个概念节点密度越大，其语义相似度越小。考虑概念密度对语义相似度的影响，计算两个概念 X、Y 在概念密度上的语义相

似度的公式为

$$\mathrm{Sim}\left[\mathrm{Density}(X),\ \mathrm{Density}(Y)\right]=\left\{\mathrm{Depth}\left[\mathrm{Tree}(Y)\right]\right\}^2 \cdot\sqrt{\frac{\mathrm{Count}\left[\mathrm{Tree}(X)\right]\cdot\mathrm{Count}\left[\mathrm{Tree}(Y)\right]}{\left\{\mathrm{Count}\left[\mathrm{Tree}(\mathrm{Root})\right]\right\}^2}} \tag{4-10}$$

7. 概念之间的关系

每对概念之间都存在一定的关系，如果在计算结构相似度时不考虑这个因素，就可能对结构相似度计算中的权重产生影响。因此，探究权重对结构相似度的影响时，应充分考虑概念间的关系类型。同义、继承、整体与部分这 3 种基本关系在基于土地利用类型的本体结构关系中出现的频率较高，并且这 3 种关系能很好地反映人类对本体结构的认知，因此被广泛研究和应用。概念之间的相似度随着其关系的不同而存在一定差别，当两个概念间具有同义关系时，它们具有相同的语义相似度，而同义关系对语义相似度的贡献明显强于继承关系、整体与部分关系。假设有两个概念 X、Y，它们之间的关系权重可用式（4-11）给出。其中，权重的大小一般由专家打分决定（杨娜娜等，2015）：

$$\mathrm{Sim}\left[\mathrm{Type}(X),\mathrm{Type}(Y)\right]=\begin{cases}1.0, & \text{同义关系}\\ 0.8, & \text{继承关系}\\ 0.5, & \text{整体与部分关系}\\ 0.1, & \text{其他关系}\end{cases} \tag{4-11}$$

8. 结构相似度

如前所述，概念间的关系、深度差异和密度差异都对概念间的有向边权重产生影响，据此将以上 3 种因子统一归为结构相似度的影响指数，用加权求和的方式计算有向边的总权重，具体计算公式如下：

$$\begin{aligned}\mathrm{Sim}\left[\mathrm{Struct}(X,Y)\right]=&\alpha\cdot\mathrm{Sim}\left[\mathrm{Tpye}(X),\mathrm{Tpye}(Y)\right]+\beta\cdot\mathrm{Sim}\left[\mathrm{Depth}(X),\mathrm{Depth}(Y)\right]\\&+\gamma\cdot\mathrm{Sim}\left[\mathrm{Width}(X),\mathrm{Width}(Y)\right]\end{aligned} \tag{4-12}$$

式中，$\alpha+\beta+\gamma=1.0$。

9. 概念属性的相似度

事物本身是由其属性标识的，依据属性的差别可区分事物。在本体树状结构图中，概念的属性是计算语义相似性的重要因素之一。事物之间的相同属性越多，相似性越大。因此，可以将概念的相同属性的个数作为相似性的度量指标，得到两个概念 X、Y 的属性相似度 $\mathrm{Sim}\left[\mathrm{Att}(X),\mathrm{Att}(Y)\right]$ 的具体计算公式：

$$\mathrm{Sim}\left[\mathrm{Att}(X),\mathrm{Att}(Y)\right]=\frac{\mathrm{Count}\left[\mathrm{Att}(X)\cap\mathrm{Att}(Y)\right]}{\mathrm{Count}\left[\mathrm{Att}(X)\cup\mathrm{Att}(Y)\right]} \tag{4-13}$$

式中，函数 $\mathrm{Att}(X)$、$\mathrm{Att}(Y)$ 分别为实体 X、Y 的属性的集合；函数 $\mathrm{Count}\left[\mathrm{Att}(X)\right]$、

$\text{Count}\left[\text{Att}(Y)\right]$ 分别为实体 X、Y 的属性的个数。需要指出的是，当所计算的地理实体的某种相应的性质不存在时，那么讨论 X、Y 在该性质上的相似度就失去了意义，此时不用表示 X、Y 在该性质上的相似度。

4.2.4　语义相似度的计算方法

在对语义相似度的影响因素进行分析的基础上，采用加权求和方式计算属性和结构的总体相似度，即两个实体 X、Y 的综合语义相似度 Sim（X，Y），其计算公式为

$$\text{Sim}(X,Y)=\omega\cdot\text{Sim}\left[\text{Att}(X),\text{Att}(Y)\right]+(1-\omega)\cdot\text{Sim}\left[\text{Struct}(X,Y)\right] \tag{4-14}$$

式中，$\omega\in(0,1)$ 为实数。

4.3　同尺度地图空间几何相似度计算

本节几何相似度的讨论只限于两个单体目标之间。

此处分单体点状目标、单体线状目标、单体面状目标 3 类分别讨论它们之间几何相似度计算方法。单体目标的概念在第 3 章已给出，此处不再赘述。

4.3.1　单体点状目标的几何相似度

地图上的两个点状目标 X、Y 之间的几何相似度可以表示为

$$\text{Sim}^{\text{Geo}}(A,B)=\begin{cases}0, & \text{两个目标的符号不同}\\ 1, & \text{两个目标的符号不同}\end{cases} \tag{4-15}$$

以图 4-2 中的单体点状目标为例，有

$$\text{Sim}^{\text{Geo}}(A,B)=0$$
$$\text{Sim}^{\text{Geo}}(C,B)=0$$
$$\text{Sim}^{\text{Geo}}(C,D)=0$$
$$\text{Sim}^{\text{Geo}}(E,D)=1$$

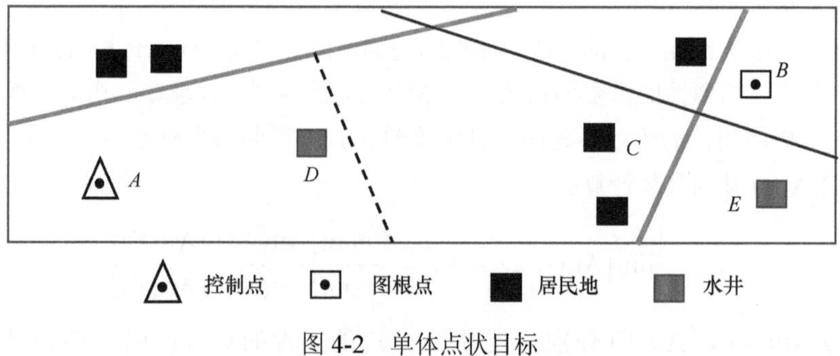

图 4-2　单体点状目标

4.3.2　单体线状目标的几何相似度

地图空间的 2 个单体线状目标 X、Y 之间的几何相似度计算比 2 个单体点状目标的几何相似度计算要复杂得多，这个问题还有其他多种表述，如 2 维空间两条线性轨迹的相似度度量、两个时间序列的相似度计算、两条曲线的匹配等。本书第 2 章已经对一般性的相似度计算方法进行了概述。这里专门针对单体线状目标的相似度计算方法进行详细论述。

通常在几何空间问题讨论中认为，两条曲线形状越相似、距离越相近，则它们越相似。如图 4-3 中的 3 条形状完全一样的曲线，从几何意义上看认为 L_2 与 L_3 更相似，因为它们的空间距离更近。在地图空间，我们要讨论的曲线相似主要是指其形状相似，即所谓的几何相似度（语义相似度已在本章前文讨论），而通常忽略曲线相似计算中的两条曲线的距离相近。

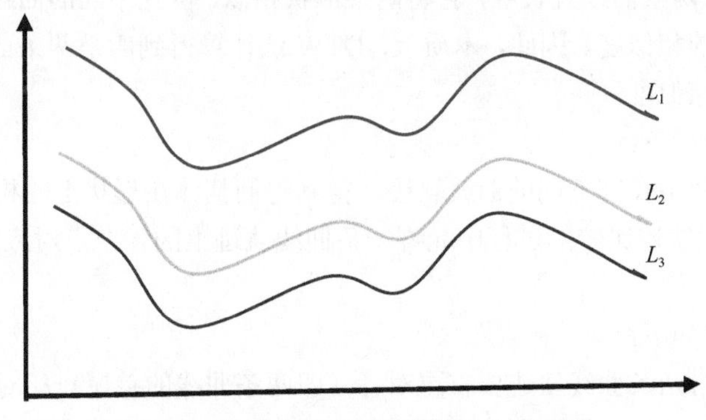

图 4-3　几何意义上两条曲线相似的概念

计算曲线相似的方法很多，可以分为基于点的方法、基于形状的方法、基于分段的方法、基于特定任务的方法等。

1. 基于点的方法

因为这些方法的共同特征为它们是基于两条曲线轨迹（或两个时间序列）上的点与点的对应关系来计算曲线轨迹或时间序列之间的相似度的，故把它们统一归类为基于点的方法，包括欧氏距离法、动态时间规整法、最长公共子序列（longest common sub-sequence，LCSS）法等。

1）欧氏距离法

运用欧氏距离法计算两条曲线轨迹的相似度时，要求曲线轨迹的长度相同，计算曲线上每两点之间的距离，然后求和，距离之和越小表示这两条曲线的相似度越高（图 4-4）。

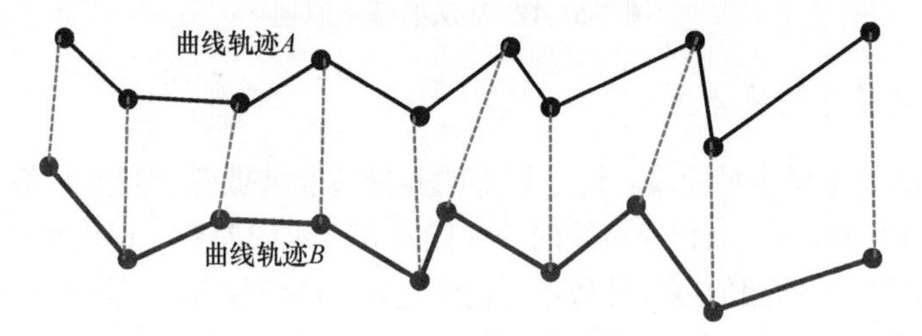

图 4-4　采用欧氏距离法计算相似度的基本原理

欧氏距离法的优点如下：

（1）计算方法容易理解。

（2）点对点计算距离，然后求和，计算过程简单。

但是，用欧氏距离法来计算曲线轨迹之间的相似度时有以下4个缺陷（Dong et al., 2007）：

（1）它不能辨别形状相似度。

（2）它不能反映趋势动态变化幅度的相似度。

（3）它是一种基于点距离的计算，不能反映曲线频率的不同。

（4）要求两条曲线轨迹是等长度的。

2）动态时间规整法

DTW 法不要求两条曲线等长度，它将两条形状相似、位置不同的曲线经过缩放后对齐，并计算对齐后数据的相似度。因此，本质上，DTW 法计算得到的是两条曲线的形状相似度，而没有考虑其长度相似度。

DTW 法的优点如下：

（1）可以比较两条长度不同的曲线轨迹，得到它们整体在形状上的相似度。

（2）在两条曲线轨迹比较的过程中允许一条曲线轨迹上的一个点对应另一条曲线轨迹上的多个点。

DTW 法的缺点如下：

（1）要求对比时两条曲线轨迹要首尾对齐（即两条曲线的首尾点相对应）。

（2）曲线轨迹的拉伸，导致不能度量两条曲线之间的长度相似度（图 4-5）。

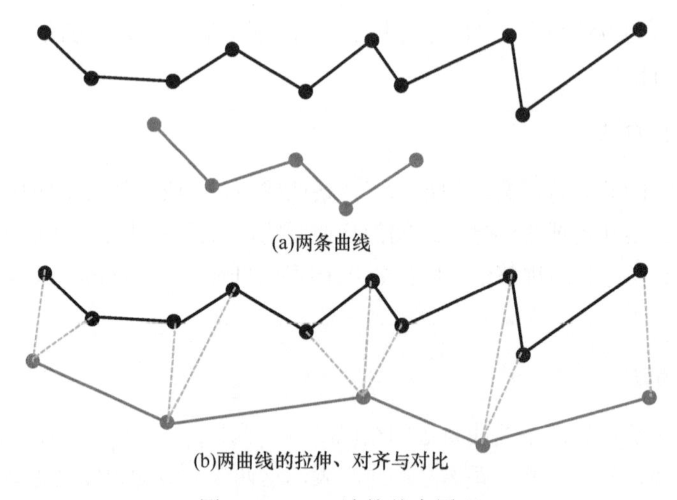

图 4-5　DTW 法的基本原理

3）最长公共子序列法

DTW 法和欧氏距离法对曲线轨迹上局部的差异性非常敏感。假如两条曲线轨迹在大多数曲线段具有相似的形态，而仅在很短的曲线段具有一定的差异，运用欧氏距离法或 DTW 法计算得到的曲线轨迹的相似度往往较小。也就是说，这两种方法无法准确衡量这类曲线轨迹的相似度。但是，LCSS 法能处理这种情形的相似问题。

LCSS 法的基本原理是：对于不同长度的两条曲线轨迹，可以通过找出长曲线中与短曲线最相似的部分来计算二者的相似度，即把较短曲线与较长曲线的不同段对照，计算每种对照中两条曲线之间的距离，其中最小的距离对应的两条曲线之间的位置关系就可以被定义为这两条曲线之间的距离。

LCSS 法原本是用于比较两个字符串的相似度，这里是把这个思想移植了过来，用于比较两条曲线轨迹的相似度，即用两条曲线轨迹的最长公共曲线段在曲线总长中的比例来度量两条曲线的相似度（图 4-6）。

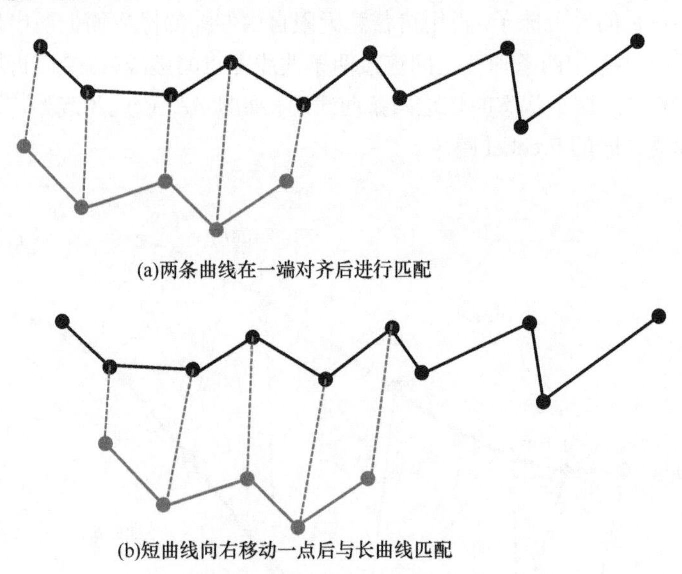

(a)两条曲线在一端对齐后进行匹配

(b)短曲线向右移动一点后与长曲线匹配

图 4-6　LCSS 法的基本原理

2. 基于形状的方法

这类方法主要用于计算两条曲线轨迹在形状上的相似度，常见的有 Fréchet 距离（Fréchet，1906）和 Hausdorff 距离（Huttenlocher et al.，1993）。

1）Fréchet 距离

Fréchet 距离俗称狗绳距离，其严格的数学定义如下。

定义 4-1： 设 A 和 B 是 S 上的两条连续曲线，即 $A:[0,1]\to S$，$B:[0,1]\to S$；又设 α 和 β是单位区间的两个重参数化函数，即 $\alpha:[0,1]\to[0,1]$，$\beta:[0,1]\to[0,1]$；则曲线 A 与曲线 B 的 Fréchet 距离 F（A，B）定义为

$$F(A,B)=\inf_{\alpha,\beta}\max_{t\in[0,1]}\left(d\left\{A\left[\alpha(t)\right],B\left[\beta(t)\right]\right\}\right) \tag{4-16}$$

式中，d 为 S 上的度量函数。

根据式（4-16），在 $F(A,B)$ 的计算公式中，先固定最外层的α与β，也就是对每一个选定的 α 与 β 的组合，有如下的计算公式：

$$F_{\alpha,\beta}(A,B)=\max_{t\in[0,1]}\left(d\left\{A\left[\alpha(t)\right],B\left[\beta(t)\right]\right\}\right) \tag{4-17}$$

式中，d、A、α、B、β均被视为已知函数；t 为变量。由于变量 t 在单位区间［0，1］内遍历所有连续取值（无穷多个），为了便于直观理解，将该区间做离散化处理，即在该区间采样若干个点进行分析，通过逐渐增加采样点的个数来提高精度，运用求极限的思想来理解两条曲线的 Fréchet 距离。

将图 4-7 中的两条曲线 A、B 设想为两条坚硬的、被固定住的、不会变形的钢丝，每条钢丝都串上同样数目的 n 个珠子，再用可任意无限自由伸缩的橡皮筋把两串珠子上对应的珠子连接起来（即图 4-7 中两条曲线之间连接两条曲线上点的虚线），最后再用橡皮筋连接两条钢丝对应的端点，把这个状态叫作这两条曲线的初始状态。以此为起始，用如下算法可以计算得到两条曲线之间的 Fréchet 距离。

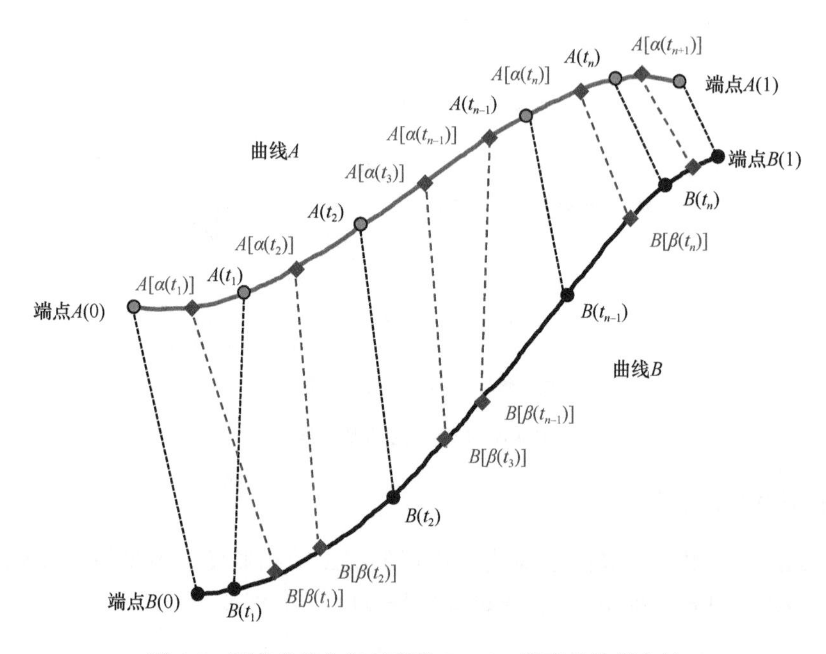

图 4-7　两条曲线之间的离散 Fréchet 距离的计算方法

第一步，测量初始状态下各条橡皮筋的长度，并记录下它们中的最大值 d_0。

第二步，用手任意挪动两条钢丝上的若干珠子使其到达新位置。注意：每条钢丝上的珠子之间都是不能相互跨越的。测量各条橡皮筋的长度，并记录下它们中的最大值 d_1。

第三步，重复第二步（N–1）次，N 要足够大。

第四步，共得到（N+1）个值$\left\{d_j\right\}_{j=0}^{N}$，它们的最小值$\min\limits_{j}\left\{d_j\right\}$即可作为曲线 A 与曲线 B 的 Fréchet 距离 F（A，B）的近似值。

为了提高 Fréchet 距离的准确度，可以增大 n 与 N 的值。

在实际应用中，如果 Fréchet 距离是用于代表两条曲线的形状相似度，则通常需要把计算得到的多条曲线对的 Fréchet 距离进行归一化处理，即使 Fréchet 距离位于［0，1］。根据实际需要，归一化可以有不同的方法，此处不再赘述。

2）Hausdorff 距离

与 Fréchet 距离类似，Hausdorff 距离也是度量两条曲线相似度的一种常用方法，且在应用中有许多改进型（秦育罗等，2020）。其基本原理和定义在第 2 章有比较详细的论述，故此处仅就其在曲线相似度度量中的应用进行阐述。

假设有两条曲线 A、B 各由顺次连接的折线构成，A 上的折线转折点（包括曲线 A 的首末点）顺次有 a_1，b_2，…；B 上的折线转折点（包括曲线 B 的首末点）有 b_1，b_2，…；则两条曲线的 Hausdorff 距离的定义为

$$H(A,B)=\max\left[h(A,B),h(B,A)\right] \tag{4-18}$$

式中，

$$h(A,B)=\max_{a\in A}\min_{b\in B}\|a-b\|\text{，}\ h(B,A)=\max_{b\in B}\min_{a\in A}\|b-a\| \tag{4-19}$$

H（A，B）称为双向 Hausdorff 距离；h（A，B）叫作从 A 到 B 的 Hausdorff 距离；相应地，h（B，A）叫作从 B 到 A 的 Hausdorff 距离。双向 Hausdorff 距离是两个单向 Hausdorff 距离中的最大者，它反映了两条曲线的最大不匹配度。

3. 基于分段的方法

这类方法一般把曲线轨迹按照条件或规则（如两条曲线的交点）分成若干段，然后计算两条曲线的相似度，故把它们叫作基于分段的方法。

1）单向距离

点 p 到曲线（也即轨迹）T 的距离定义为

$$d(p,T)=\min_{q\in T}\left[d_{\mathrm{ED}}(p,q)\right] \tag{4-20}$$

式中，q 为 T 上的点；d_{ED}（p，q）为 p 与 q 之间的欧氏距离。

两条曲线 T_1 与 T_2 之间的单向距离定义为

$$d_{\mathrm{owd}}(T_1,T_2)=\frac{1}{N_{T_1}}\left[\!\left[\int_{p\in T_1}\mathrm{d}(p,T_2)\,\mathrm{d}p\right]\!\right] \tag{4-21}$$

式中，N_{T_1} 为曲线 T_1 上点的个数；$d_{\mathrm{owd}}(T_1,T_2)$ 为一个有向距离，也称为单向距离（one-way distance）。

从式（4-21）可以看出，单向距离实际上是一条曲线上各个点到另一条曲线上的点的最小距离的平均值，所以对曲线轨迹点中的噪声具有较强的抗干扰能力（马文耀等，2015）。单向距离的基本思想是基于两条轨迹围成的面积（图 4-8）：当围成的面积较大时，说明轨迹之间距离较远，相似度就较低；相反，当围成的面积较小时，说明轨迹之间距离较近，相似度就较高。若围成的面积为 0，则说明两条轨迹重合，相似度最高。

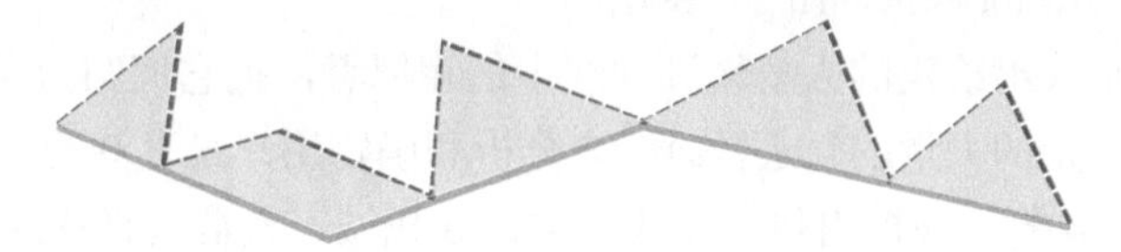

图 4-8　两条曲线（蓝色实线和橙色虚线）之间的单向距离相当于两条曲线轨迹围成的面积

距离 $d_{\text{owd}}\left(T_1,T_2\right)$ 与距离 $d_{\text{owd}}\left(T_2,T_1\right)$ 的物理意义是不同的，其值通常也是不相等的。所以，两条曲线轨迹之间的距离用它们的平均值来表示：

$$d\left(T_1,T_2\right)=\frac{1}{2}\left[d_{\text{owd}}\left(T_1,T_2\right)+d_{\text{owd}}\left(T_2,T_1\right)\right] \tag{4-22}$$

两条曲线之间的相似度函数为

$$\text{Sim}\left(T_1,T_2\right)=\mathrm{e}^{-\left[d\left(T_1,T_2\right)/2\delta^2\right]} \tag{4-23}$$

式中，δ 为尺度参数，表示相似度随着距离增大而衰减的程度，可采用信息熵计算得到。轨迹间距离越大，其相似度就越低。

2）多线位置距离

多线位置距离（locality in-between polylines，LIP）被定义为

$$d_{\text{LIP}}\left(T_1,T_2\right)=\sum_{\forall P_i,i=1}^{i=n}A_i\omega_i \tag{4-24}$$

式中，A_i 为两条曲线轨迹 T_1 与 T_2 围成的第 i 个多边形的面积；ω_i 为第 i 个多边形的权重，其计算方法如下：

$$\omega_i=\frac{L_{T_1}\left(I_i,I_{i+1}\right)+L_{T_2}\left(I_i,I_{i+1}\right)}{L_{T_1}+L_{T_2}} \tag{4-25}$$

ω_i 是两条曲线轨迹相交的第 i 段曲线长度之和与两条曲线长度之和的比值，详细的图示说明见图 4-9。

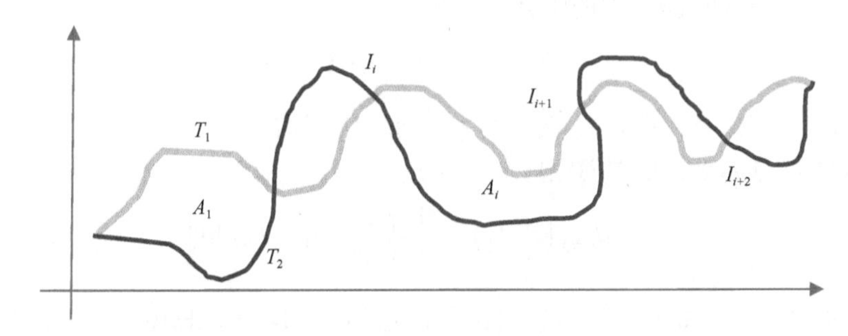

图 4-9　多线位置距离示意说明

4. 基于特定任务的方法

现实世界复杂多样，要计算曲线相似的情况众多，故面向具体问题的曲线轨迹相似度的计算方法不胜枚举（Han et al.，2014），如轨迹聚类的 CATS（clue-aware trajectory similarity）算法（Hung et al.，2015）、轨迹语义相似计算方法（Zhu et al.，2021）等。这里仅列举一类常见的轨迹聚类（trajectory clustering）算法。

轨迹聚类指的是找出给定的大量轨迹曲线中的相似者，把它们归为同类。利用 WIFI 收集的用户在商场内行走的大量的轨迹数据，来分析和确定用户最喜欢的行走路线，这就是一种典型的轨迹聚类。同样，根据出租车路线大数据寻找城市人群最喜欢的旅游路线也是常见的轨迹聚类问题。

轨迹聚类通常借助于度量两条线段之间差异性的 3 类距离，即垂直距离 $d_{\perp}$、平行距离 $d_{\parallel}$和角度距离 d_{θ}。如图 4-10 所示，以线段 L_i、L_j 为例，给出这 3 类距离的定义：

$$d_{\perp} = \frac{l_{\perp 1}^2 + l_{\perp 2}^2}{l_{\perp 1} + l_{\perp 2}} \tag{4-26}$$

$$d_{\parallel} = \mathrm{Min}\left(l_{\parallel 1}, l_{\parallel 2}\right) \tag{4-27}$$

$$d_{\theta} = \left\| L_j \right\| \cdot \sin\theta \tag{4-28}$$

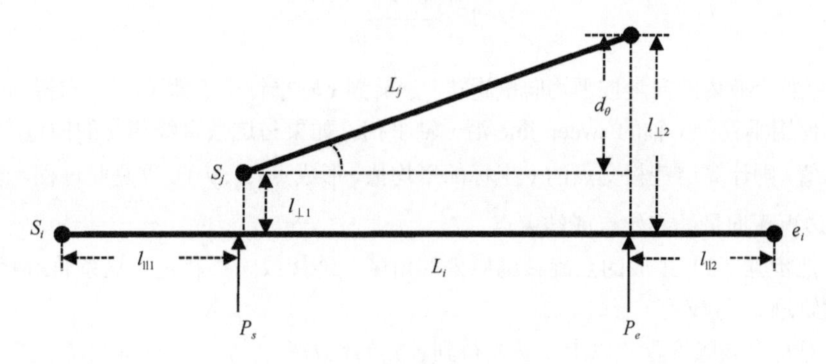

图 4-10　3 类距离的定义

轨迹聚类算法一般分为 3 个步骤：轨迹曲线分段、分段轨迹聚类、代表性轨迹的计算，下面分别进行论述。

1）轨迹曲线分段

这部分的主要任务是依据一定的标准或规则，按照相关算法把轨迹曲线分成若干段。这里的规则可以借助于轨迹上线段之间的垂直距离、平行距离、角度距离及其他参数来定义。图 4-11 是轨迹曲线分段的例子，这个轨迹被划分为 3 个子轨迹。

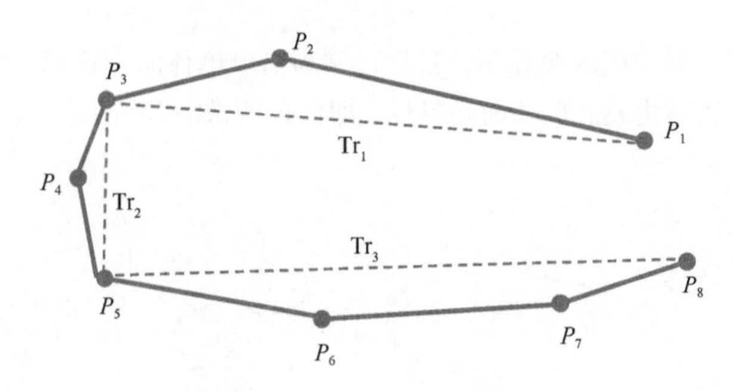

图 4-11　轨迹曲线分段

2）分段轨迹聚类

这部分的主要任务是使用 DBSCAN（density-based spatial clustering of application with noise）算法（郭乃琨等，2021）的思想把分段后的线段聚类。

此处的 DBSCAN 算法是指基于密度对噪声鲁棒的空间聚类算法。该算法最初主要用于点或可视为点对象的聚类，通过将簇定义为密度相连的点的最大集合，可以有效地找到样本点的全部密集区域，这些密集区域即被视为聚类簇。

3）代表性轨迹的计算

这部分即计算每个聚类簇中的代表性轨迹，主要任务是对聚类的结果进行计算，在每一个簇中，找出一条代表性轨迹，其算法流程如下：

（1）对一个簇中的所有向量（线段）求平均向量。

$$\overline{V} = \frac{\overline{v_1} + \overline{v_2} +, \cdots, \overline{v_n}}{|V|} \tag{4-29}$$

（2）把整个簇内的向量按平均向量旋转，旋转到 x 轴平行于步骤（1）中求得的平均向量。

（3）使用垂直于 x 轴的 sweep line 沿 x 轴平扫。如果与这条直线相交的向量大于等于设置的最小值，则计算这些相交点的 y 坐标的平均值，形成点 $(x_i, \overline{y}_i)$。重复此过程，直到 sweep line 的右边再无向量的起始点或结束点。

（4）把步骤（3）生成的点旋转到原来的角度，连接成一条轨迹，这条轨迹就是这个簇的代表性轨迹。

（5）对每个簇顺次重复以上步骤，得到各簇的代表性轨迹。

4.3.3　单体面状目标的几何相似度

几乎所有的图形都可以用多边形来表示，因此多边形形状的相似度量是学术界关注的一个重要问题（Avis and Gindy，1983；刘俊义和王润生，1998；樊凌涛等，2003；边丽华等，2008）。多边形相似度量技术可以应用于图像数据库检索、图形检索、脸谱识别、医学上染色体的识别等。

就二维空间的地图而言，根据几何结构复杂程度，地图上的单体面状目标可以分为 2 类，如图 4-12 所示：

（1）由一个多边形构成的单体面状目标，称为简单单体面状目标；

（2）由多个多边形构成的单体面状目标，即俗称的带洞多边形目标，称为复合单体面状目标。

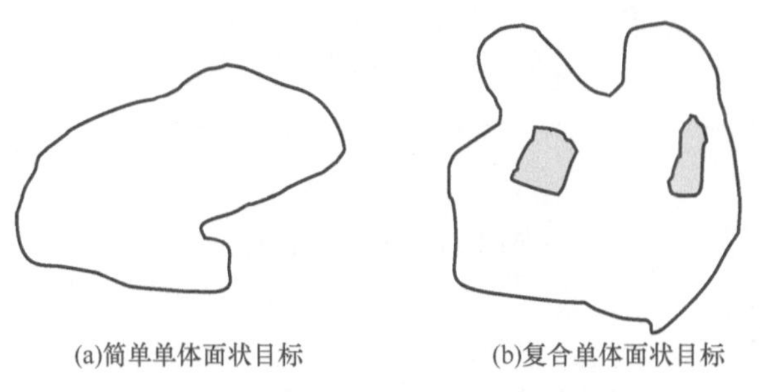

(a)简单单体面状目标　　(b)复合单体面状目标

图 4-12　地图空间的两类单体面状目标

由此，地图空间 2 个单体面状目标之间的几何相似度计算问题一共可以划分为 3 类：

（1）两个简单单体面状目标之间的几何相似度计算；

（2）两个复合单体面状目标之间的几何相似度计算；

（3）一个简单单体面状目标与一个复合单体面状目标之间的几何相似度计算。

目前已有的成果基本是针对第一类问题的。下面给出4个两个简单单体面状目标之间的几何相似度计算方法。

方法1：已有成果中关于两个多边形相似度计算的主要方法是建立在对两个多边形的顶点集之间的一一对应关系的基础上的（Werman and Weinshall，1995）。Zhang（1996）提出了多边形间的相似不变的相似度计算方法。该方法利用几何结构定义了两个三角形间的相似度度量，在此基础上定义多边形间的相似度度量，然后通过将一个多边形的顶点排列顺序轮转产生一组多边形，用其对应的相似度度量形成一个模糊集，并将最大的隶属度作为相似不变的相似度度量。显然，建立这个度量依赖于两个多边形顶点集之间的一一对应关系。实际上，当图像中的噪声发生变化时，用多边形近似算法检测到的多边形顶点的数目和位置会产生变化，其中的一些顶点的出没及位置具有某种随机性质，两个多边形顶点间的对应关系也会受到影响。由此，建立多边形的相似度度量的算法稳定性也比较差。

方法2：建立仿射不变的形状相似度度量是模式识别、计算机视觉和图像理解领域中的基本问题之一。有学者（刘俊义和王润生，1998）提出一种建立仿射不变的多边形相似度度量的新方法。这种度量建立在多边形间相同和相异部分的面积上，与基于多边形顶点对应关系的度量相比，在噪声环境中它具有更高的稳定性，可应用于2D目标识别，并可推广应用于3D目标识别。

方法3：这种方法是基于多边形的三角剖分的，它提出了多边形的三角形划分、三角形弱划分、保角划分的概念，然后运用这些划分来计算多边形的相似度。该方法具有旋转、变换、放大、缩小不变性（谭国真等，1995）。

方法4：该方法提出了一种基于力学的多边形描述方法，并根据多边形的力图投影变化曲线的匹配程度度量多边形之间的相似性，由此实现多边形的识别与检索。实验表明，这个方法较好地符合了人类心理感知的结果（樊凌涛等，2003）。

关于第二类和第三类问题，即带洞多边形的相似度计算问题，还没有学者涉猎。

4.4　同尺度地图空间群组目标拓扑相似度计算方法

地图上的拓扑关系反映的是地图空间群组内目标之间的配置关系（Egenhofer and Mark，1995）。拓扑关系对空间相似认知具有重要性，因为拓扑关系基本上对目标的细微几何变化具有不变性。当目标之间的拓扑关系发生变化时，通常认为目标之间的关系就发生了重大变化（Bruns and Egenhofer，1996）。因此，在地图空间群组目标之间的相似度判断和相似度计算中需要考虑拓扑关系。

对于一个群组目标而言，当其内部目标之间的拓扑关系发生了轻微的一次变化时，该群组目标与原始群组目标之间的相似性就发生了轻微的变化。随着群组目标内的拓扑关系的变化越来越多，群组目标与原始群组目标之间的相似关系的变化也会越来越大，即群组目标与原始群组目标越来越不相似。有学者曾经研究用拓扑关系的变化次数来定量化表达群组内目标之间的拓扑关系的变化（Egenhofer and Al-Taha，1992；Egenhofer and Mark，1995；Bruns and Egenhofer，1996；Li and Fonseca，2006）。

图 4-13 给出了地图上的不同目标对之间的拓扑关系逐渐变化的各种形式及其相应的量化表达（Bruns and Egenhofer，1996）。但是，这里给出的拓扑变化的量化表达有一些矛盾的地方。例如，在图 4-13（a）中，直接或间接地从“叠置”到“共位”的拓扑关系变化过程中出现了 3 种不同的量化结果。

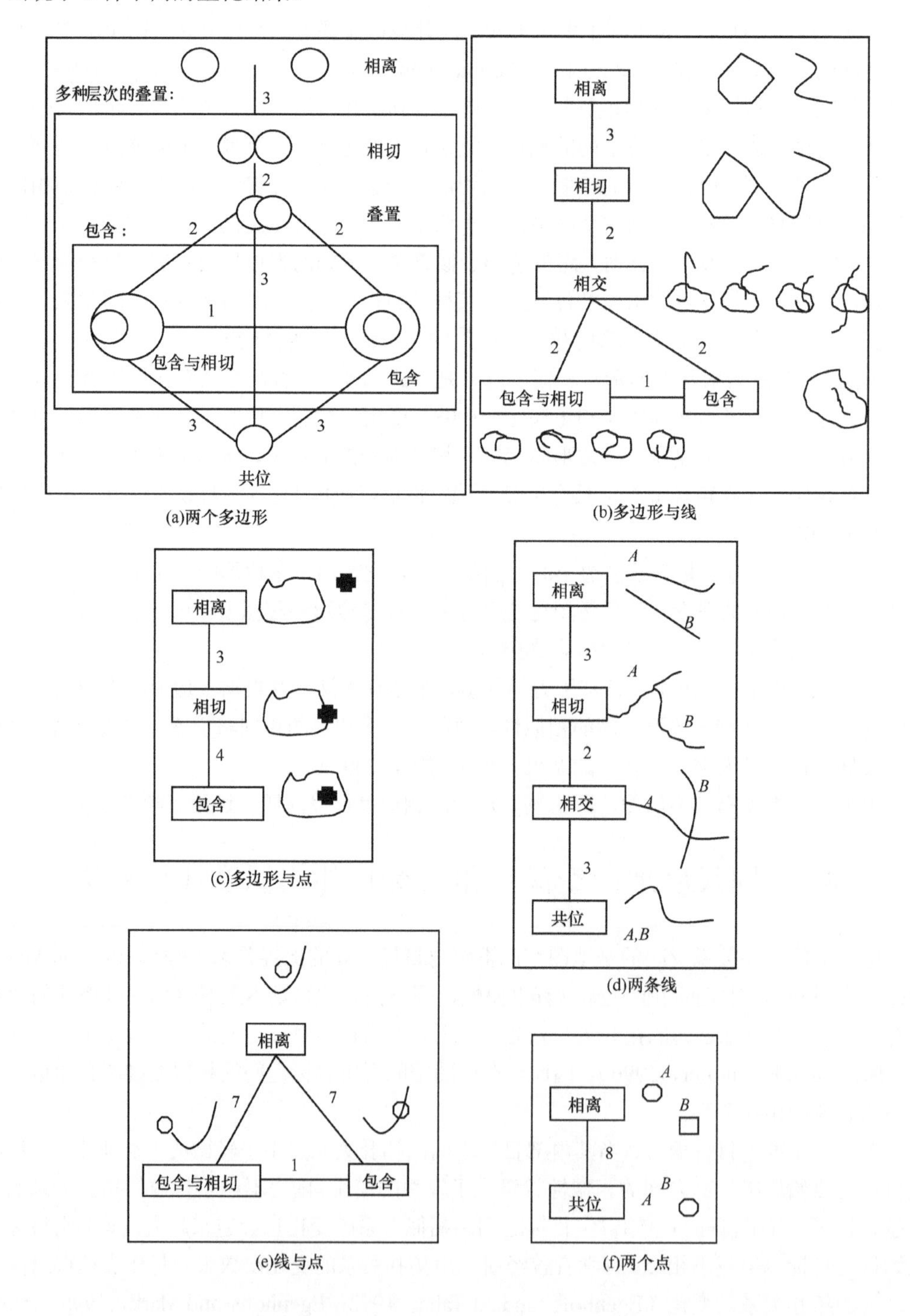

图 4-13　拓扑关系的逐渐变化及其相应的量化表达（修改自 Bruns and Egenhofer，1996）

（1）叠置→共位，拓扑关系变化的量化表达值为 3；

（2）叠置→包含→共位，拓扑关系变化的量化表达值为 5；

（3）叠置→包含与相切→共位，拓扑关系变化的量化表达值为 5；

（4）叠置→包含与相切→包含→共位，拓扑关系变化的量化表达值为 6；

（5）叠置→包含→包含与相切→共位，拓扑关系变化的量化表达值为 6。

显然，这拓扑关系变化的 3 种量化结果是矛盾的，因为对于人类的认知而言，它们应该是相同的。为了改正此错误，有学者提出了一个更精细、系统的拓扑关系变化的量化表达方法（Li and Fonseca，2006），主要思想如下：

（1）把“相离”与“相切”、“相交与叠置”与“共位”之间的拓扑关系变化看作重大变化，把每个重大变化的量化表达值定义为 4；把其他的拓扑关系变化看作次要变化，把它们的量化表达值定义为小于 4。

（2）一个直接的拓扑关系变化（*A*→*C*）和一个间接的拓扑关系变化（*A*→*B*→*C*）的量化表达值应该相等，其与拓扑关系的中间变化过程无关。

为了确保拓扑关系逐渐变化的量化表达方法的合理性，这个改进的方法继承了原来方法（Bruns and Egenhofer，1996）中关于拓扑关系逐渐变化量化表达的基本原则；另外，它确保了任何两个相同拓扑关系变化的量化表达值是相等的。例如，在图 4-14 中，从“叠置”到“共位”的拓扑关系变化的量化表达值总是为 4。

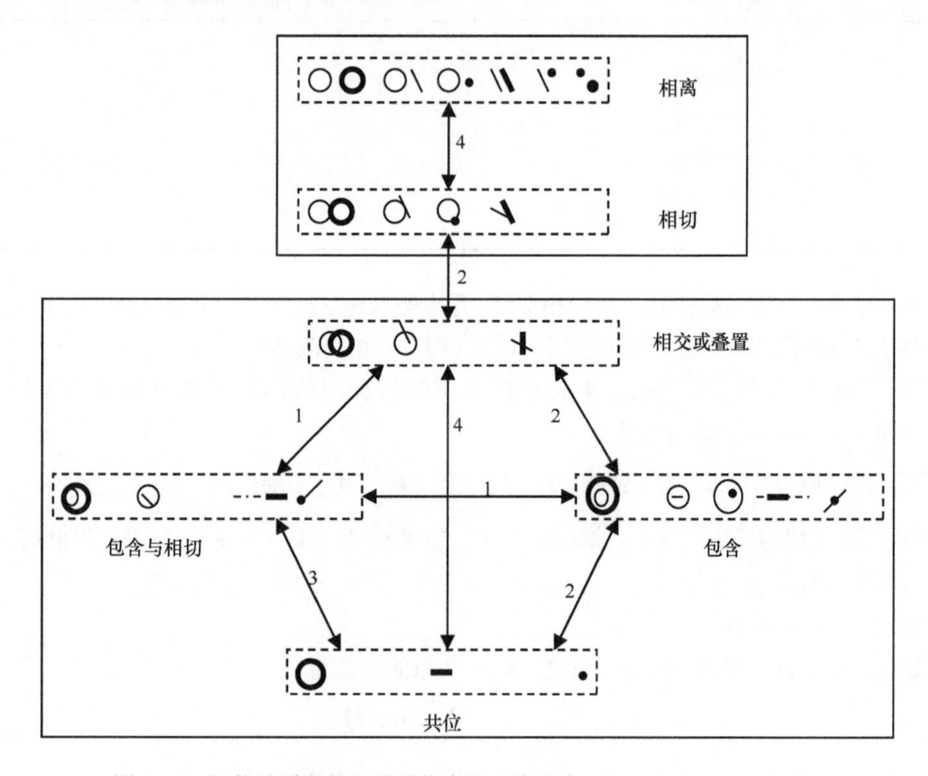

图 4-14　拓扑关系变化及其量化表达（修改自 Li and Fonseca，2006）

表 4-1 列出了地图上的群组目标的拓扑关系“逐渐变化”的多种类型及各种变化的量化表达值，从而形成了一个拓扑关系变化的代价对称矩阵。

表 4-1 拓扑关系变化中的代价矩阵（修改自 Yan and Li，2014）

	相离	相切	相交或叠置	包含与相切	包含	共位
相离	0	4	6	7	8	10
相切	4	0	2	3	4	6
相交或叠置	6	2	0	1	2	4
包含与相切	7	3	1	0	1	3
包含	8	4	2	1	0	2
共位	10	6	4	3	2	0

假设有一个由 N_1 个目标组成的群组目标，其变化后成为一个由 N_2 个目标组成的群组目标。此处的变化可能是目标的删除、移位、化简等地图综合操作。定义矩阵 $A_{N_1 \times N_1}$ 记录原始目标群内每两个目标之间的拓扑关系，定义矩阵 $B_{N_2 \times N_2}$ 记录变化后的目标群内每两个目标之间的拓扑关系。此处，两个数组 A、B 中记录的每个拓扑关系包括拓扑关系的类型和该拓扑关系所关联的两个目标；显然，这两个数组相应的矩阵为对称矩阵。其中，不同的拓扑关系类型用不同的整数来表示，如表 4-2 所示。

表 4-2 用不同的整数来表示不同的拓扑关系

拓扑关系	用于表示拓扑关系的整数
相离	1
相切	2
叠置或相交	3
包含与相切	4
包含	5
共位	6

要求得两个群组目标拓扑关系的相似度，重点是求得这两个群组目标之间的拓扑关系的差异部分（或相同部分），为此执行如下步骤（用 C++语言表达）。

第一步：用整数变量 N_{same} 来记录两个群组目标内的拓扑关系中相同的部分。令 $N_{\text{same}} = 0$，$i = 1$。i、j 均为整数。

第二步：遍历数组 B。如果数组 B 中有一个元素与 $A_{i,j}$ 完全相同，则 $N_{\text{same}}++$。

第三步：如果 $j < i$，$j++$，返回第二步；如果 $i < N_1 - 1$，$i++$，$j = 0$，返回第二步；否则，执行第四步。

第四步：结束运算。

显然，原始目标群内每两个目标之间拓扑关系的总数为

$$n_1 = \frac{N_1 \left(N_1 - 1\right)}{2} \tag{4-30}$$

这样就得到了两个群组目标的拓扑相似度的计算公式：

$$\text{Sim}^{\text{Topo}}\left(A, B\right) = \frac{N_{\text{same}}}{n_1} \tag{4-31}$$

4.5　同尺度地图空间群组目标距离相似度计算方法

表 4-3 给出了距离关系变换中的代价矩阵。

表 4-3　距离关系变换中的代价矩阵

	相等	近	中间	远
相等	0	1	2	3
近	1	0	1	2
中间	2	1	0	1
远	3	2	1	0

按照 3.4.2 节中距离关系的计算方法，根据距离关系变换中的代价矩阵，设计算法，可以计算一个群组目标及其变化后得到的另外一个群组目标之间的空间距离关系相似度。

假设有一个由 N_1 个目标组成的群组目标，其变化后变为一个由 N_2 个目标组成的群组目标。此处的变化可能是目标的删除、移位、化简等操作。定义矩阵 $A_{N_1 \times N_1}$ 记录原始目标群内每两个目标之间的距离关系，定义矩阵 $B_{N_2 \times N_2}$ 记录变化后的目标群内每两个目标之间的距离关系。此处，两个数组 A、B 中记录的每个距离关系包括距离关系的类型和该距离关系所关联的两个目标。显然，这两个数组相应的矩阵为对称矩阵。其中，不同的距离关系类型用不同的整数来表示：“相等”用 0 表示、“近”用 1 表示、“中间”用 2 表示、“远”用 3 表示。

要求得两个群组目标的距离关系的相似度，重点是求得这两个群组目标之间的距离关系的差异部分（或相同部分），为此执行如下步骤（用 C++语言表达）。

第一步：用整数变量 N_{same} 来记录两个群组目标内的距离关系中相同的部分。令 $N_{\text{same}}=0$，$i=1$，$j=0$。i、j 均为整数。

第二步：遍历数组 B。如果数组 B 中有一个元素与 $A_{i,j}$ 完全相同，则 $N_{\text{same}}++$。

第三步：如果 $j<i$，$j++$，返回第二步；如果 $i<N_1-1$，$i++$，$j=0$，返回第二步；否则，执行第四步。

第四步：结束运算。

显然，原始目标群内每两个目标之间的距离关系的总数为

$$n_1=\frac{N_1\cdot\left(N_1-1\right)}{2} \tag{4-32}$$

这样就得到了两个群组目标的距离相似度计算公式：

$$\text{Sim}^{\text{Dist}}\left(A,B\right)=\frac{N_{\text{same}}}{n_1} \tag{4-33}$$

4.6　同尺度地图空间群组目标方向相似度计算方法

按照 3.4.2 节中方向关系的计算方法，可以得到 8 方向系统中方向关系变换中的代价矩阵，如表 4-4 所示。

表 4-4 方向关系变换中的代价矩阵

	N	NE	E	SE	S	SW	W	NW
N	0	1	2	3	4	5	6	7
NE	1	0	1	2	3	4	5	6
E	2	1	0	1	2	3	4	5
SE	3	2	1	0	1	2	3	4
S	4	3	2	1	0	1	2	3
SW	5	4	3	2	1	0	1	2
W	6	5	4	3	2	1	0	1
NW	7	6	5	4	3	2	1	0

根据方向关系变换中的代价矩阵设计算法，可以计算一个群组目标及其变化后得到的另外一个群组目标之间的空间方向关系相似度。

假设有一个由 N_1 个目标组成的群组目标，其变化后变为一个由 N_2 个目标组成的群组目标。此处的变化可能是目标的删除、移位、化简等操作。定义矩阵 $A_{N_1 \times N_1}$ 记录原始目标群内每两个目标之间的方向关系，定义矩阵 $B_{N_2 \times N_2}$ 记录变化后的目标群内每两个目标之间的方向关系。此处，两个数组 A、B 中记录的每个方向关系包括方向关系的类型和该方向关系所关联的两个目标。显然，这两个数组相应的矩阵为对称矩阵。其中，不同的方向关系类型用不同的整数来表示，如表 4-5 所示。

表 4-5 用不同的整数来表示不同的方向关系

方向关系	N	NE	E	SE	S	SW	W	NW
对应整数	1	2	3	4	5	6	7	8

要求得两个群组目标的方向关系的相似度，重点是求得这两个群组目标之间的方向关系的差异部分（或相同部分），为此执行如下步骤（用 C++语言表达）。

第一步：用整数变量 N_{same} 来记录两个群组目标内的方向关系中相同的部分。令 $N_{\text{same}} = 0$，$i = 1$，$j = 0$。i、f 均为整数。

第二步：遍历数组 B。如果数组 B 中有一个元素与 $A_{i,j}$ 完全相同，则 $N_{\text{same}}++$。

第三步：如果 $j < i$，$j++$，返回第二步；如果 $i < N_1 - 1$，$i++$，$j = 0$，返回第二步；否则，执行第四步。

第四步：结束运算。

显然，原始目标群内每两个目标之间的方向关系的总数为

$$n_1 = \frac{N_1 \cdot (N_1 - 1)}{2} \tag{4-34}$$

这样就得到了两个群组目标的方向相似度计算公式：

$$\text{Sim}^{\text{Dir}}(A, B) = \frac{N_{\text{same}}}{n_1} \tag{4-35}$$

4.7　本 章 小 结

本章论述了同尺度空间的相似关系计算问题。首先概述了同尺度地图上的空间相似关系的概念和类型，给出了同尺度地图空间的单体目标、群组目标的相似关系计算的一般共识。然后，借助本体的思想，阐释了地图空间目标之间的语义相似度的计算方法，这个方法既可以用于单体目标的语义相似度计算，也可以用于群组目标的语义相似度计算。接下来，把地图上的目标分为单体目标和群组目标，分别论述了同尺度地图空间中单体目标之间的几何相似度计算方法和群组目标之间的拓扑相似度、方向相似度和距离相似度计算方法。

第 5 章　同尺度空间相似关系应用

同尺度（即不发生尺度变换）地理空间的相似关系是人类日常生活和科学研究中须臾不离的“武器”，被广泛地应用于空间聚类、空间描述、空间查询、空间匹配、空间推理等方面。本章就其应用进行详细探讨。

5.1　空 间 聚 类

5.1.1　聚类与空间聚类

聚类是指将没有任何标记的物理（或抽象）对象集合分为由类似的对象组成的多个类或簇的分析过程。可见，聚类的依据是对象之间的相似关系。两个对象越相似，就越有可能被聚合到同一个类中（肖宇鹏，2015）。聚类来源于众多领域，如数学、计算机科学、统计学、地理学、生物学和经济学等。在各个应用领域中，很多聚类方法都得到了发展。这些方法被用来描述被聚类的对象，分析不同对象之间的相似性，进而把对象分类到不同的簇中。聚类是一种无监督的学习方法，不需要任何先验知识。这是聚类的基本思想，任何聚类都要满足这个基本思想（马程，2009）。

聚类分析研究有着很长的历史，是数据挖掘、模式识别等方向的重要研究内容。在模式识别领域中，聚类方法被应用于语音识别、字符识别、图案识别等；在图形图像处理中，聚类方法被用于数据压缩、信息检索、数据库查询、图形识别等；在机器学习领域中，聚类方法被应用于图形图像的分割和机器视觉等。

空间聚类作为聚类分析的一个研究方向，是指将空间数据集中的对象分成由相似对象组成的类。同类中的对象间具有较高的相似度，而不同类中的对象间差异较大（邓敏，2011）。因此，通过空间聚类分析技术可以发现空间样本的聚集情况，并能提取出空间样本的群体空间结构特征。这对于揭示空间样本的分布规律、预测空间样本对象的发展趋势有重要的作用。此外，通过空间聚类将数据划分为若干类后，问题得以简化，有利于在各个类内发掘出更深层次的知识和信息（席景科和谭海樵，2009）。

5.1.2　对空间聚类的评测准则

空间聚类的依据是被聚类对象之间的相似度，聚类由设计的算法来完成。对于空间聚类过程和聚类结果需要满足如下的要求。

1. 聚类结果易区分

聚类分析技术是在没有监督的情况下自发地将样本数据按照一定的相似度衡量方式划分成一系列相互区别的聚类簇，要求聚类后在同一聚类簇中的样本数据尽可能地相似，而在不同聚类簇中的样本数据尽可能地相异。简言之，同一聚类簇中的任意两样本间的相似度衡量距离要小于不同聚类簇中任意两个样本对象间的相似度衡量值。

2. 聚类算法宽适应

有些聚类算法在数据对象较少（如少于 200）的小数据集合上工作得很好，在大数据集合样本（如多于 100 万）上进行聚类可能会导致有偏的结果。因此，设计的聚类算法要具有较宽范围的适应性，能够同时处理小数据量、中数据量和大数据量样本的聚类。

3. 聚类过程少干预

有的聚类算法在聚类过程中要求用户输入一定的参数（如希望产生的簇的数目），而聚类结果对于输入参数十分敏感。参数通常很难确定，特别是对于包含高维对象的数据集来说。参数的介入不仅加重了用户的负担，也使得聚类的质量难以控制，所以尽量避免聚类过程中参数的输入。

4. 对噪声数据不敏感

来自现实中的数据库通常包含了孤立点、残缺的数据或者错误的数据。有的聚类算法对于这些所谓的噪声数据很敏感，可能导致低质量的聚类结果。所以，要求提高聚类算法处理噪声数据的能力。

5. 对于数据顺序不敏感

有些聚类算法对于数据的顺序是敏感的。也就是说，对于同一个数据集合，当以不同的顺序由同一个算法进行聚类时，可能生成差别很大的聚类结果，这并非数据聚类所期望的，也即开发对数据输入顺序不敏感的聚类算法是空间数据聚类的要求。

6. 能处理高维数据

许多聚类算法擅长处理低维的数据，如一维、两维或三维数据。这与人类的空间分辨能力相适应，因为人类的眼睛在最多三维的情况下能够很好地判断聚类的质量。但一个数据库或者数据仓库可能包含高于三维的数据，故而聚类算法具有处理高维空间数据对象的功能非常有必要。

5.1.3　空间聚类算法

空间聚类分析的基本过程包括数据预处理及样本数据特征处理、相似度计算、聚类分析以及结果评测，如图 5-1 所示。空间聚类算法一般都遵循这个过程和步骤。

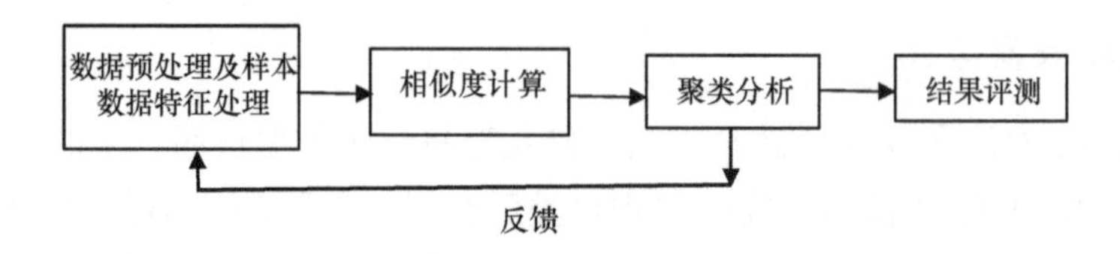

图 5-1　空间聚类分析的基本过程

空间聚类的主要方法有六大类：划分聚类算法、层次聚类算法、基于密度的算法、基于模型的算法、基于网格的算法和不确定数据的聚类算法（马程，2009；肖宇鹏，2015）。

1. 划分聚类算法

其代表算法主要包括 K-means、K-medoids、PAM（partitioning around method）、CLARA（clustering large applications）、K-modes、K-prototypes、EM（expectation maximization algorithm）和 CLARANS 等，它们的基本思想：给定一个包含 n 个对象或数据的集合，将数据集划分为 k 个子集，其中每个子集均代表一个聚类（$k \leqslant n$），划分方法为首先创建一个初始划分，然后利用循环再定位技术，即通过移动不同划分中的对象来改变划分内容。

以 K-means 算法为例来说明这类算法的步骤：首先从 n 个数据对象随机地选择 k 个对象，每个对象初始地代表了一个簇中心。对于剩余的每个对象，根据其与各个簇中心的距离，将它赋予最近的簇，然后重新计算每个簇的平均值。这个过程不断重复，直到准则函数收敛。此处一般采用均方差作为标准测度函数。

这类聚类算法的特点是：得到的各个聚类内部尽可能紧凑，而各聚类之间尽可能分开，这个特点正是聚类最根本的实质要求。K-means 算法的缺点是：各聚类的大小相差不大，对于噪声数据很敏感。

2. 层次聚类算法

层次聚类算法是通过将数据组织为若干组并形成一个相应的树来进行聚类的，它可以分为自顶向下的分裂聚类算法和自底向上的凝聚聚类算法。

分裂聚类算法首先将所有对象置于一个簇中，然后逐渐细分为越来越小的簇，直到每个对象自成一簇，或者达到了某个终结条件。此处，终结条件可以是簇的数目或者是进行合并的阈值。而凝聚聚类算法正好相反，它首先将每个对象作为一个簇，然后将相互邻近的簇合并为一个大簇，直到所有的对象都在一个簇中，或者某个终结条件被满足。

3. 基于密度的算法

大多数的聚类算法是借助于对象之间的距离进行聚类的，其缺点是只能发现球状类。为此，学者们提出了基于密度的聚类算法，代表性的算法有：DBSCAN（density based spatial clustering of applications with noise）算法、OPTICS（ordering points to identify the clustering structure）算法、DENCLUE（density-based clustering）算法等。该类算法的主要思想是：只要邻近区域的密度（对象或数据点的数目）超过给定的阈值，就可以继续聚类。这样聚类的优点是能够过滤掉“噪声”数据，发现任意形状的类，从而克服了基于距离的算法只能发现球状类的缺点。

4. 基于模型的算法

这类算法的基本思想是：首先为聚类假定一个模型，然后寻找能够满足这个模型的数据集。通常假定的模型有两种：其一是统计学的算法，代表性算法是基于增量概念聚类思想的 COBWEB 算法（苟光磊等，2012）。该算法不同于传统的聚类方法，它的聚类过程分为两步：首先进行聚类，然后给出特征描述。COBWEB 算法的分类质量不再是单个对象的函数，其分类加入了对聚类结果的特征性描述。其二是神经网络的算法，代表性的算法有基于神经网络聚类的竞争学习算法。它采用若干个单元的层次结构，以一种“赢者通吃”的方式对系统当前所处理的对象进行竞争。

5. 基于网格的算法

其主要思想是：首先，把要聚类的空间区域划分成若干个具有层次结构的矩形单元，不同层次的单元对应于不同的分辨率网格。然后，把待聚类的数据集中的所有数据都映射到不同的单元网格中。该算法所有的处理都是以单个单元网格为对象，其处理速度要比以元组为处理对象的聚类方法高效。该类算法的代表性算法有 STING（statistical information grid）算法、CLIQUE（clustering in quest）算法、WAVE-CLUSTER（clustering using wavelet transformation）算法。

6. 不确定数据的聚类算法

样本数据的不确定性主要是指每个样本数据不再是传统意义上的单独确定的数据点，而是按照概率分布在多个数据点上。样本数据的不确定性主要表现在样本数据实例存在的不确定性和样本数据属性值的不确定性两个方面：其一是样本数据是否存在一种概率的形式表示；其二是当样本数据确实存在时，其属性值是按照某一概率密度函数分布的。

当前的成果中，针对不确定性空间数据的聚类分析方法的相关研究甚少，故而该方向还具有很大的探索空间。已有的不确定空间数据聚类分析算法的思路大致为：结合一定的不确定性数据模型，拓展原有的面向传统的确定数据聚类算法，使其能应用到处理不确定性数据中。换言之，已有的不确定数据聚类算法是在传统划分式聚类算法、密度聚类算法、层次聚类算法等的基础上对不确定数据进行建模，并在此模型的基础上完成相关的聚类分析（肖宇鹏，2015）。

5.1.4　空间聚类分析应用示例

下面运用兰州市牛肉面馆和兰州市火锅店的实际数据，分别用 DBSCAN 算法和 K-means 算法对它们进行空间聚类分析。

1. 运用 DBSCAN 算法的空间聚类实例

本例对中国兰州市牛肉面馆的空间分布数据进行聚类，实现过程借助于 GeoDa 软件（一个开源软件）来完成。空间聚类过程如下：

（1）用 ArcGIS（V10.2）将保存有兰州市牛肉面馆坐标的 CSV 文件转换为 SHAPE 文件。

（2）运行 GeoDa 软件进行空间聚类。选择，系统弹出一个新的对话框，如图 5-2 所示。

图 5-2　选择空间聚类数据的对话框

（3）点击，选择存储聚类数据的 SHAPE 文件并打开该文件，如图 5-3 所示。

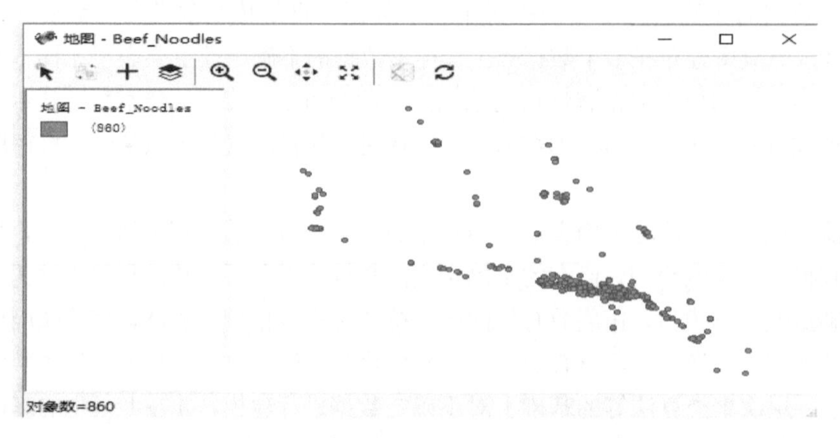

图 5-3　用于空间聚类的兰州市牛肉面馆分布数据

（4）点击菜单栏上的聚类功能，选择 DBSCAN，弹出图 5-4 的对话框，在该对话框中进行聚类的参数设置。选择 SHP 文件的经纬度坐标或者 X、Y 坐标，点击运行，得到空间聚类结果。加入兰州市地图后的聚类结果在 ArcGIS 中显示，如图 5-5 所示。

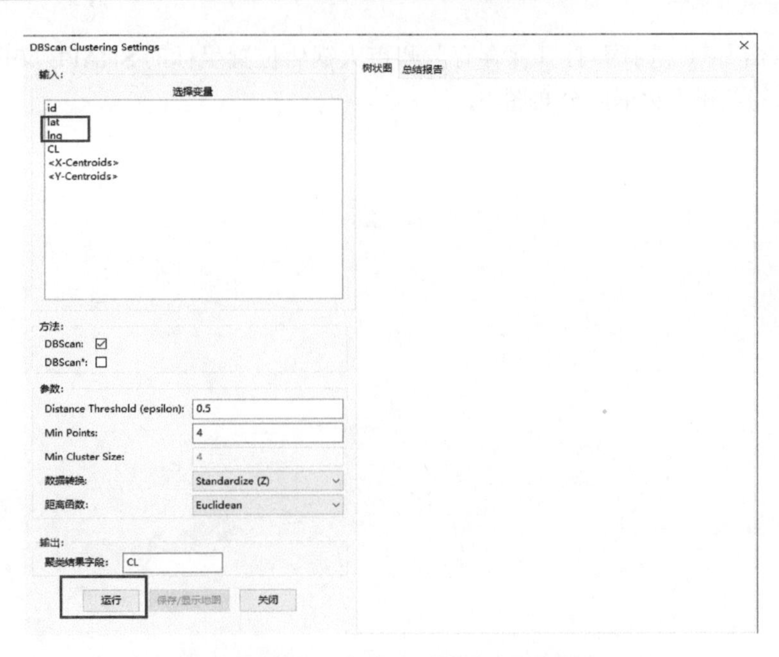

图 5-4　DBSCAN 算法中聚类的参数设置

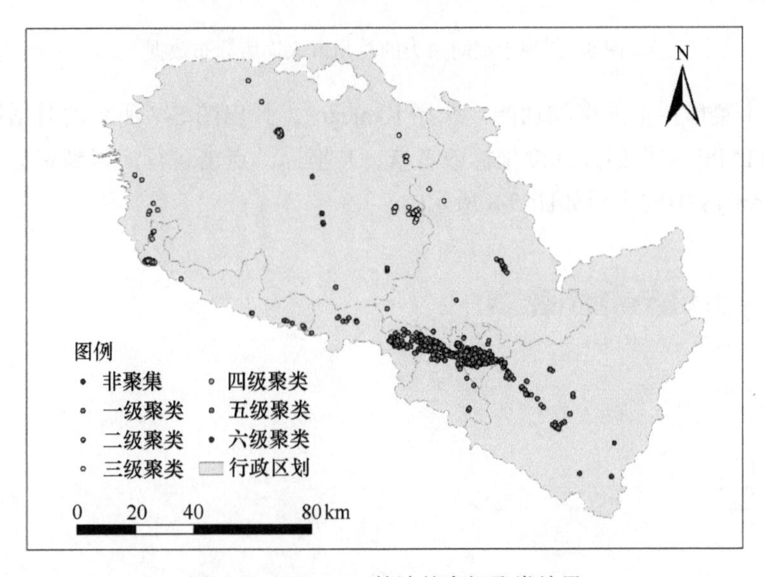

图 5-5　DBSCAN 算法的空间聚类结果

2. 运用 K-means 算法的空间聚类实例

本例对中国兰州市火锅店的空间分布数据进行聚类，实现过程借助于 GeoDa 软件来完成。

（1）使用 ArcGIS（V10.2）软件将保存有兰州市火锅店位置坐标的 CSV 数据文件转换为 SHAPE 文件。

（2）运行 GeoDa 软件，选择，系统弹出图 5-2 类似的选择文件的对话框。

（3）点击 ，选择并打开保存有兰州市火锅店位置坐标的 SHAPE 文件，得到如图 5-6 所示的兰州市火锅店分布图。

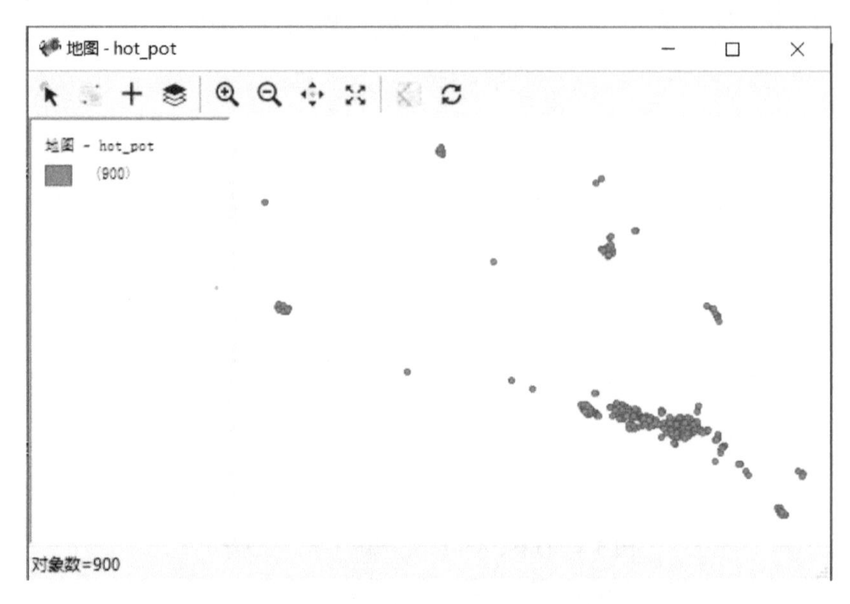

图 5-6　用于空间聚类的兰州市火锅店分布数据

（4）点击菜单栏上的聚类功能，选择 K-means，弹出图 5-7 所示的对话框。在对话框中选择 SHAPE 文件的经纬度坐标或者 *X*、*Y* 坐标，点击运行，得到聚类结果。该聚类结果在 ArcGIS 中的显示如图 5-8 所示。

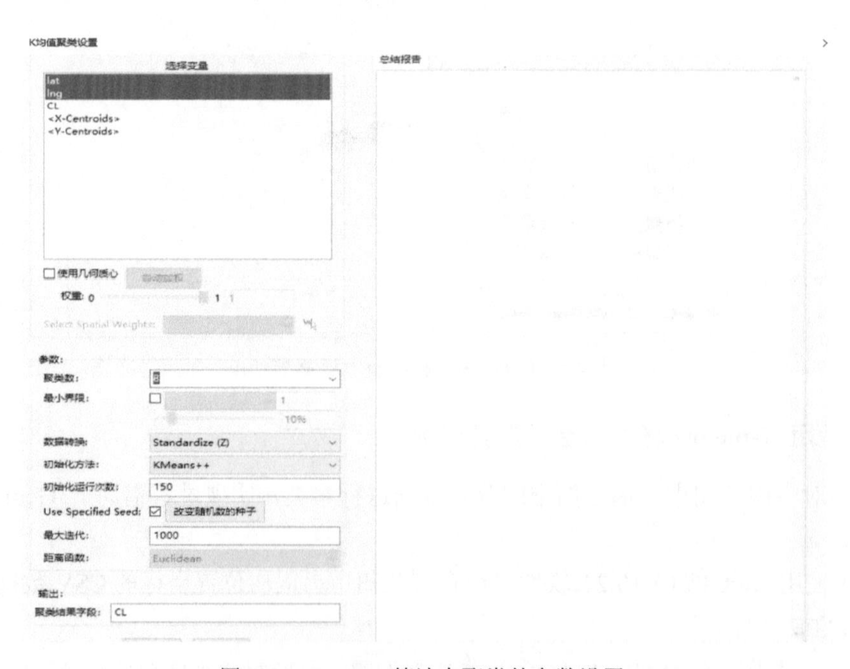

图 5-7　K-means 算法中聚类的参数设置

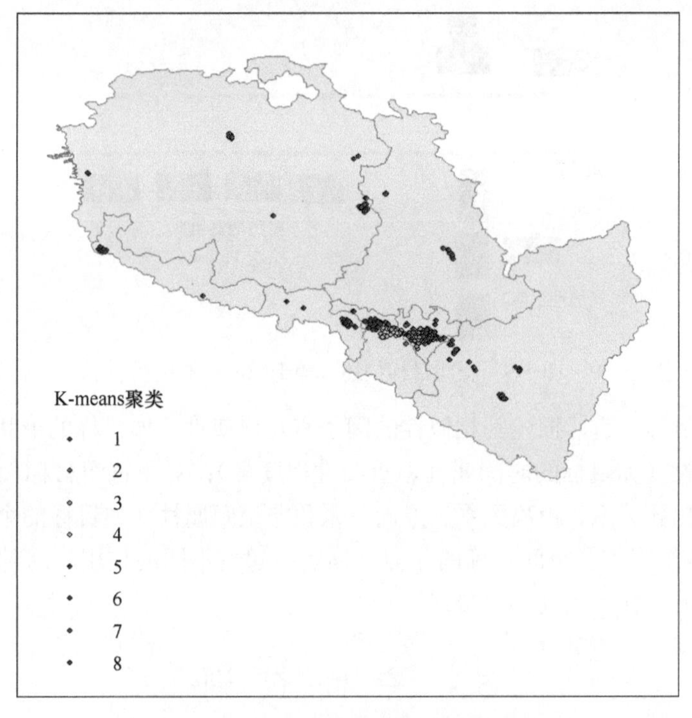

图 5-8　K-means 算法的空间聚类结果

5.2　空间描述

空间描述是指用合适的因子给出目标的空间和非空间特性，以便把目标区分开来。良好的空间目标描述是空间认知、空间查询、空间匹配、空间推理等的基础。依据欲描述的空间目标的数量，空间目标的描述分为单体目标的描述和群组目标的描述两类。

空间目标描述有赖于空间相似关系。无论是单体目标还是群组目标，缺少了空间相似关系就不能准确、完整地对空间目标进行描述。

例如，在图 5-9 上，要寻找地图上的居民地 *A*（单体目标），如果仅用“它是一个独栋房屋（目标类型）；它在道路 1 的北面（方向关系）；它距离道路 1 约 200m（拓扑关系和距离关系）”对目标进行描述，满足条件的目标有 *A* 和 *B*。如果再增加“它的外形是矩形”这一对目标的形状描述，就能够直接找出目标 *A*。这里，最后起作用的是对两个目标的形状相似的描述。同样，对于道路 2 南面的两个居民地群组，仅用距离关系、拓扑关系和方向关系是无法区分开来的；但是，如果增加了对两个居民地群组的结构相似性（或相异性）的描述（“T”形分布和线形分布），就可以把它们区分开来。

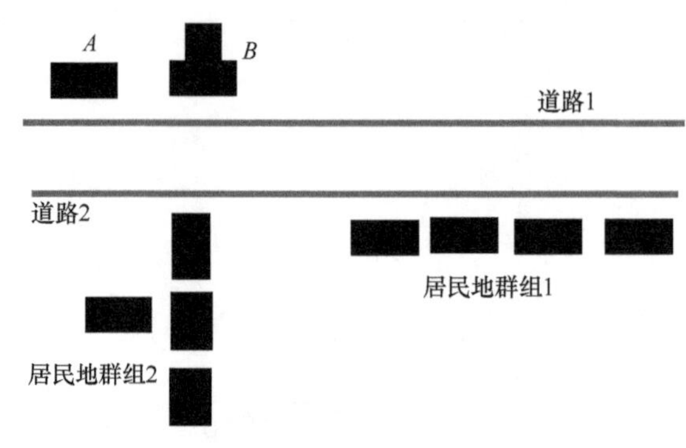

图 5-9 空间目标描述有赖于空间相似关系

对于单体目标而言，描述其相似性的因子有几何属性（如目标的形状、大小、位置等）与专题属性（如目标的时间属性、重要性程度等）；对于群组目标而言，描述其相似性的因子有拓扑关系、距离关系、方向关系和非空间属性（如目标的个数、目标的时间属性等），各个因子在空间目标的相似性描述中起着不同的作用。这部分内容在第 3 章有较为详细的阐释，此处不再赘述。

5.3 空间查询

空间查询（spatial query）是指利用空间索引技术，从空间数据库中找出满足给定条件的空间实体。与传统查询不同的是，空间查询是由地理空间数据库支持的数据库查询（顾雨婷等，2019）。空间查询是 GIS 的一个基础性功能，GIS 查询功能的强大与否在很大程度上决定了 GIS 的应用程度和应用水平（郜伟鹏等，2016；赵彦庆等，2019）。

按照空间查询的方式来划分，传统空间查询主要有如下 3 类。

（1）空间定位查询：包括按点查询、按矩形查询、按圆形查询、按多边形查询等。

（2）空间关系查询：包括邻接查询、包含关系查询、穿越查询、落入查询、缓冲区查询等。

（3）属性–空间查询：包括单属性查询、SQL 查询、扩展的 SQL 查询等。

在这 3 类空间查询中，空间相似关系起作用的主要是属性–空间查询。这里把运用了空间相似关系的空间查询定义为空间相似查询。

因为空间相似关系不易量化计算和表达，所以空间相似查询成果还不多。下面通过几个实例来阐释空间相似查询的应用。

5.3.1 空间关键字个性化语义近似查询

通常，对空间数据库的查询需要借助于空间关键字来完成。例如，Top-k 范围查询和 Top-k 近邻查询主要就是根据空间对象与空间关键字查询之间的文本相似度和位置相近度构建结果评分函数，进而利用文本和空间混合索引技术来提高查询效率。其中，核心技术文本索引与空间–文本索引能够查询关键字的严格形式匹配；但是现实中的文本表达形式多样，如果采用关键字的严格形式匹配，许多情况下得到的查询结果太少甚至查询结果为空。

为了解决空间关键字精确匹配查询与现实应用脱节的问题，李盼等（2020）借助于空间语义相似度，提出了一种同时融合位置信息、文本信息、语义信息和数值信息的空间关键字查询方法。

下面以一个实例数据来描述该方法。

图 5-10 显示了空间数据库中的 9 个居民地目标（用黑色矩形表示），它们的空间坐标、文本属性和数值属性值如表 5-1 所示。

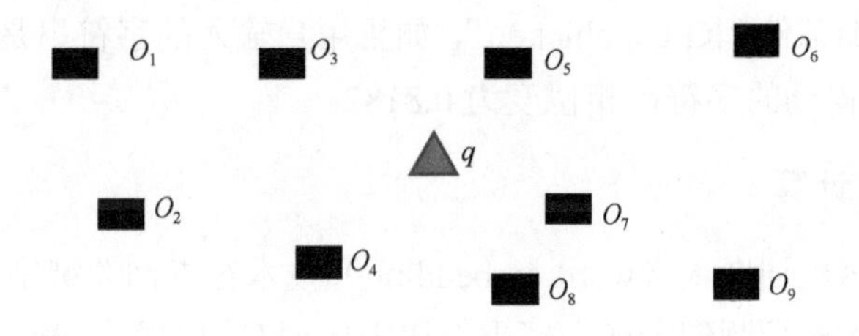

图 5-10　目标的空间位置信息

表 5-1　空间目标的文本属性信息和数值属性信息

空间目标	坐标信息	文本属性	数值属性		
			噪声	价格	拥挤度
O_1	（5.2，4.6）	coffee，KFC	0.6	0.4	0.3
O_2	（6.1，2.2）	coffee，KFC	0.8	0.6	0.5
O_3	（8.8，4.5）	chicken，McDonald，shopping	0.5	0.5	0.2
O_4	（10.2，1.5）	tea，Bread	0.5	0.7	0.1
O_5	（14.6，4.5）	McDonald，shopping	0.3	0.5	0.4
O_6	（21.1，4.9）	tea，coffee，shopping，McDonald	0.1	0.4	0.3
O_7	（15.9，2.1）	tea，coffee，shopping，McDonald	0.7	0.3	0.2
O_8	（15.1，1.0）	bread，tea	0.3	0.1	0.4
O_9	（20.8，1.0）	coffee，bread，shopping	0.4	0.2	0.6
q	（12.1，3.4）	chicken，KFC	low	low	low

对于一个给定的空间关键字查询 q（图 5-10 中的三角形表示），目的是寻找距离查询位置最近，提供食品“chicken”，具有“价格低”、“噪声小”且“不拥挤”等特点的“KFC”店。如果进行严格的文本匹配，则没有满足条件的对象。但现实生活中，人们往往认为 KFC 与 McDonald 的语义相似，故 O_3、O_5、O_7 可以作为候选目标。更进一步地，用户可以根据噪声、价格和拥挤度的大小及其在乎程度（即各自在选择中的权重），在 3 个候选目标中做出最后的选择。

在这个空间查询方法中，用到了字符串相似度、语义相似度和文本相似度的计算。

1. 字符串相似度计算

查询 q 与空间目标的字符串信息（即文本信息）的相似度 $\mathrm{Sim}^{\mathrm{Text}}(q,O)$ 可以用式（5-1）计算：

$$\mathrm{Sim}^{\mathrm{Text}}(q,O)=1-\frac{\mathrm{ld}(q.s,O.s)}{\mathrm{Max}\left[\mathrm{len}(q.s),\mathrm{len}(O.s)\right]} \tag{5-1}$$

式中，$\mathrm{ld}(q.s,O.s)$ 为 q 与 O 的对应关键字之间的编辑距离；len（）为计算字符串长度的函数；$\mathrm{Max}\left[\mathrm{len}(q.s),\mathrm{len}(O.s)\right]$ 为 q 与 O 对应的关键字字符串长度的最大值。

对于给定的查询条件“KFC，chicken”，如果用户输入的字符串是“KCF，chicken”，则由式（5-1）计算得到的字符串相似度为 0.8182。

2. 语义相似度计算

其基本思想是运用词嵌入（word embedding）技术对查询关键字进行扩展，然后用机器学习的方法找到对预测句子或文档中的周围单词有用的单词表示，通过训练降低噪声的干扰。为了解决罕见词和频繁词之间的不平衡，采用了一种简单的下采样方法，将训练集中出现频率小于一定阈值的词语丢弃。

对于上述例子，利用该方法得到的扩展关键字查询为{chicken，KFC，McDonald}。在空间查询中，如果空间目标的文本信息中也包含了“chicken”或者“McDonald”，它们在语义上也与初始查询关键字紧密相关，因此也可能是候选查询结果。

3. 文本相似度计算

空间目标 O 与查询 q 的文本信息相似度评估的基本方法是：先将空间目标的文本信息和查询关键字进行向量化处理，再利用 Cosine 相似度方法计算它们的文本相似度。

5.3.2　基于语义轨迹的相似性连接查询

移动互联网和智能移动设备［如配备了全球定位系统（global positioning system，GPS）的车辆导航系统和智能手机］的广泛普及使得轨迹数据无处不在。丰富多样的轨迹数据资源不仅方便了人们的日常生活，而且助力于经济社会的发展和各层次的决策。因此，对轨迹数据的挖掘与分析已经成为学界、商界、政界等的热点。到目前为止，对轨迹数据研究的大部分成果仍然集中于轨迹数据的查询、清洗。受存储能力和计算能力的限制，非常有必要对轨迹数据的规模进行缩减。解决这个问题的基本思路是：当轨迹集合中存在相似轨迹时，就可以只保留其中一条轨迹而删掉其他相似轨迹。所以，研究从海量的轨迹数据中查询到相似轨迹的方法就非常有必要。

轨迹相似性查询是指根据用户给定的相似性阈值，计算各个轨迹的空间和属性相似度量，找出满足用户要求的空间相似性阈值的轨迹对，并且返回给用户。实际的轨迹数据不仅有描述地理位置的信息，还有描述轨迹属性的文本信息。例如，商店、饭店、游乐场等都附加了与其地理位置相关的文本描述信息，而且文本信息可以通过地名、街道、地址等特征与地理位置信息相关联。所以，在空间相似查询中如果仅考虑空间相似性而忽略属性的相似性，查询到的轨迹相似性就较为片面或不准确（张豪等，2021）。

例如，图 5-11 中的 3 条轨迹，$t_1=\{p_{11},p_{12},p_{13}\}$，$t_2=\{p_{21},p_{22},p_{23}\}$，$t_3=\{p_{31},p_{32},p_{33}\}$。假设 t_1 是查询轨迹，t_2、t_3 是被查询轨迹。从空间相似度上看，显然 t_2 与 t_1 的空间相似度大于 t_3 与 t_1 的空间相似度。但是，如果同时考虑空间位置信息和文本信息，由表 5-2 中 3 条轨迹的文本信息可知，t_3 与 t_1 的文本信息相似度要大于 t_2 与 t_1 的文本信息相似度,也即从轨迹的文本（即属性）信息看，t_3 更容易满足用户的要求。因此，对于轨迹相似性的度量，除了考虑轨迹间的空间信息相似度，还要考察它们属性信息的相似度。

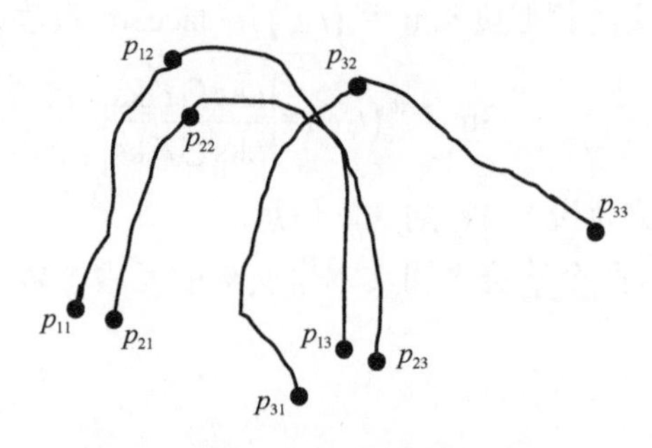

图 5-11　轨迹示例

表 5-2　轨迹的坐标与文本信息

目标	坐标信息	文本信息
p_{11}	（1.0，2.0）	coffee，bread
p_{12}	（2.9，5.1）	KFC，shopping
p_{13}	（5.3，1.7）	tea，noodle
p_{21}	（1.7，1.8）	swimming，library
p_{22}	（3.1，4.5）	bookstore，McDonald
p_{23}	（6.0，1.6）	shopping，library
p_{31}	（4.3，1.0）	coffee，bread
p_{32}	（5.6，4.9）	KFC，shopping
p_{33}	（10.0，3.2）	tea，noodle

为此，高祎晴等（2020）提出了一种基于语义轨迹的相似度连接查询算法，其基本思路是：在轨迹相似度度量中同时考虑轨迹的空间位置信息和属性（即文本）信息。对于轨迹在空间位置上的相似度用 DTW 方法进行计算，对于轨迹在文本信息上的相似度用 Jaccard 系数进行计算。

1. 轨迹的空间相似度

两个轨迹 t 与 t' 的空间相似度 $\mathrm{Sim}^{\mathrm{Spatial}}(t,t')$ 用这两个轨迹的空间距离来表示：

$$\mathrm{Sim}^{\mathrm{Spatial}}\left(t,t'\right)=1-\frac{d\left(t,t'\right)}{d_{\max}} \tag{5-2}$$

式中，$d_{\max}$ 为空间中两条轨迹之间的最远距离；$d\left(t,t'\right)$ 为用 DTW 算法得到的两个轨迹之间的距离。

由式（5-2）可知，两个轨迹间的距离越小，则这两个轨迹的空间相似度就越大。由于 DTW 算法不要求轨迹等长就可完成轨迹点的动态匹配，因此这里采用 DTW 算法来计算两条轨迹之间的空间距离。

2. 轨迹的文本相似度

两个轨迹 t 与 t' 的文本相似度 $\mathrm{Sim}^{\mathrm{Text}}\left(t,t'\right)$ 用 Jaccard 系数计算获得。

$$\mathrm{Sim}^{\mathrm{Text}}\left(t,t'\right)=\left|\frac{t.\mathrm{ks}\cap t'.\mathrm{ks}}{t.\mathrm{ks}\cup t'.\mathrm{ks}}\right| \tag{5-3}$$

式中，$t.\mathrm{ks}$ 与 $t'.\mathrm{ks}$ 分别为轨迹 t 与 t' 的文本信息。

由式（5-3）可知，两个轨迹之间文本集交集的元素个数越多，它们的文本相似性就越大。

3. 轨迹的相似度

考虑了空间相似度与文本相似度后得到轨迹的整体相似度。

$$\mathrm{Sim}\left(t,t'\right)=\alpha.\mathrm{Sim}^{\mathrm{Text}}\left(t,t'\right)+\left(1-\alpha\right).\mathrm{Sim}^{\mathrm{Spatial}}\left(t,t'\right) \tag{5-4}$$

式中，α 为一个可调节的参数，用以调节计算空间相似度时空间因素与文本因素之间的相对重要程度；$\mathrm{Sim}\left(t,t'\right)$ 的值越大，则两条轨迹之间的整体相似度就越大。

5.3.3　基于手绘图形的空间相似查询

随着社会经济的高速发展，地理空间数据库不断扩增，触屏手机、平板电脑等高科技硬件快速普及，用“以图找图”的方式进行空间信息检索已经被人们的日常生活所采用。但是，对于常用的高德地图、百度地图、谷歌地图等网络电子地图系统，人们仍然只能通过地名、实体属性等的文本信息或者精确的地理坐标来进行地图信息的检索，而并没有充分借助地理空间信息的空间特征即地理实体的几何特征（地理实体的位置、形状、大小及其分布特征）和实体间的空间关系等可资利用的关键空间信息。为此，陆黎娟（2020）提出了基于手绘图形的空间数据库检索方法。对手绘图形的空间检索是以用户绘制的简单线条作为检索图形，检索地理空间数据库中与手绘图形最为相似的空间要素，从而形成一种不同于现在空间查询和属性查询的查询方法。

针对人工手绘图形数据，该方法首先进行手绘图形的预处理，然后通过分析手绘图形的几何特征（形状），对图形数据库进行由粗到细的检索，实现手绘图形与地理空间要素的准确匹配。该方法中，手绘图形与地图数据库中图形的相似度计算是一个关键问题，下面简要阐释该方法。

1. 手绘图形预处理

由用户提供要检索的手绘图形。

一方面，每个人的绘画能力和对图像记忆的清晰度不一样，手绘图形中可能会有噪声信息，影响图形查询结果的准确性。另一方面，空间数据库中要素的图形通常十分规整，即图形拓扑关系正确、线条平顺。所以，首先需要对手绘图形进行预处理，以消除图形上的聚点，并使线条正确连接或闭合，同时使线条平滑（图 5-12)。对手绘图形进行聚点消除、正确连接及平滑处理能提高图形特征匹配的精度（即图形相似度计算的精度)，从而有利于得到更为正确的查询结果。

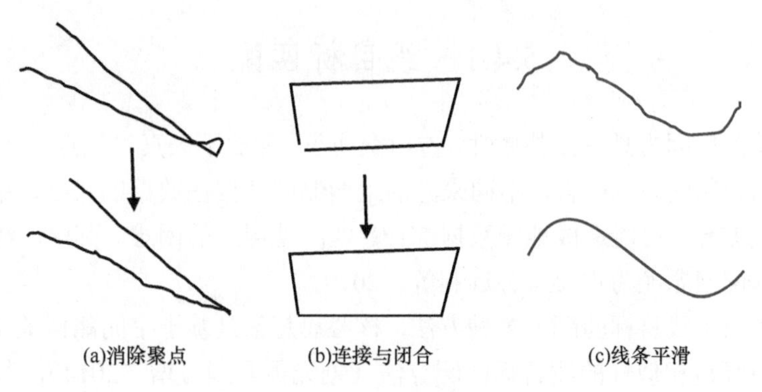

图 5-12　手绘图形预处理

2. 图形的形状描述

将手绘的地理图形保存为矢量数据。

图形的形状无疑是人类视觉系统识别物体时的关键信息，因此选择基于区域的形状描述方法中的矢量图形不变矩方法和基于轮廓的形状描述方法的曲率尺度空间方法，提取矢量图形的几何特征，从而得到图形的形状描述因子值。形状描述符应具有平移不变性、旋转不变性和尺度不变性。为了便于运用一个形状描述因子描述两个相似形状，把形状空间映射到向量空间，从而用指定的维数空间向量来表示一个二维几何图形。

3. 图形相似性度量

对手绘图形和地图数据库中的图形数据，计算它们的矢量图形不变矩相似度和曲率尺度空间相似度。

4. 基于手绘图形的空间检索方法

一则空间要素数据集的数据量庞大，二则手绘图形本身具有模糊性和不规则性，这是借助手绘图形进行地图数据库查询的两大难题。该方法提出了一种由粗到细的检索策略：对于预处理过后的手绘图形，首先用基于区域的形状描述因子进行特征描述，与数据集中的空间要素进行粗匹配后得到候选集；然后用基于轮廓的描述因子进行特征描述，与候选集中的空间要素进行精匹配，由此检索出与手绘图形最为相似的图形。

5.4 空 间 匹 配

匹配的本意是配合或搭配，其在不同的领域有着不同的含义。在地图学和地理信息科学中的匹配叫作空间匹配，意思是指地图空间的目标由于语义、结构、空间关系等方面的相似关系而形成的关联或连接。

根据要匹配的空间目标的数量和目标之间的关系复杂程度，地图空间的目标匹配有线目标匹配、面目标匹配、空间场景匹配、手绘草图与矢量地图匹配等，下面分别对它们进行阐述。

5.4.1 线目标匹配

矢量地图数据因为具有拓扑属性、占用空间小、缩放不失真等优点，应用极其广泛。但是，对于同一制图区域而言，不同来源的地图制图数据在数据的尺度、精度、投影等方面往往存在差异，可能造成地图数据综合、匹配使用上的困难。其中，线目标数量占比最大，其匹配问题尤为重要（谷远利等，2019）。

学者们提出了线目标匹配的多种方法，核心思想都是基于空间相似关系的。下面介绍一个基于特征点相似性的线目标匹配算法（刘光孟和刘万增，2014），其基本步骤和思路如下。

第一步：匹配数据的读入与处理。

从空间数据库读入同一区域的 2 幅矢量线目标地图，提取各个线目标的特征点及其坐标，进行线目标特征点拓扑结构分析处理。

线目标特征点的提取包含线端点的提取和节点的提取。其中，线的端点，即线的拓扑结构中的首端点和末端点可以直接获取，而节点则需要经过专门处理（图 5-13）。

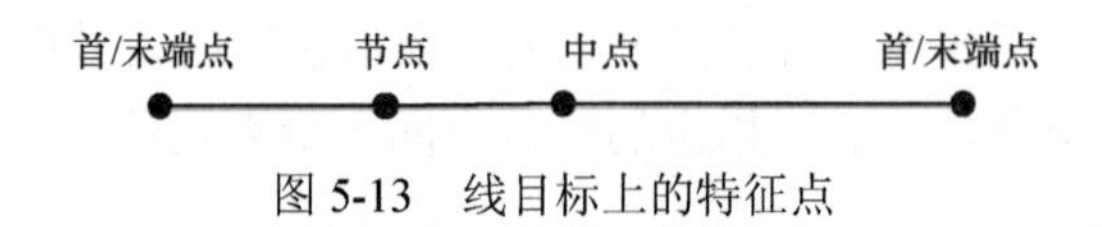

图 5-13 线目标上的特征点

在基于 ArcEngine 组件库的开发环境中，通过相关的类库函数和接口，采用 Simplify 方法对节点进行简化处理，获取其包含的端点个数及相对应的坐标。将数值存入计算函数数组，用于后续相似性匹配计算。

第二步：相似点的配准。

该节点的特性表现为在同一数据集中，其空间位置坐标、连接线目标数、包含的点集是唯一的。在此基础上进行不同数据集匹配时结合另外一个节点所形成的方向角，通过对数据集的预处理，便能够在空间线目标匹配的过程中实现相应范围内线目标节点的一对一匹配。而对于线目标的节点，其因表达形式的多样性，所包含的结构特性也比较复杂，按照其连接线目标的结构问题分析。除了节点空间位置坐标唯一外，其连接的线目标数、包含的点集和形成方向角的个数均大于等于3。这样就加大了线目标特征点的相似性匹配难度，但同时也提高了相似性匹配的精确度。

为了更精确地匹配到相似点，根据相同长度下两线夹角所围外切圆面积最小的原则，采用“相似圆”对距离和角度进行匹配，即落在“相似圆”内的所有被匹配点被认为与匹配点是相似的。

图5-14是A与B两个参考点进行相似性匹配的示意图。

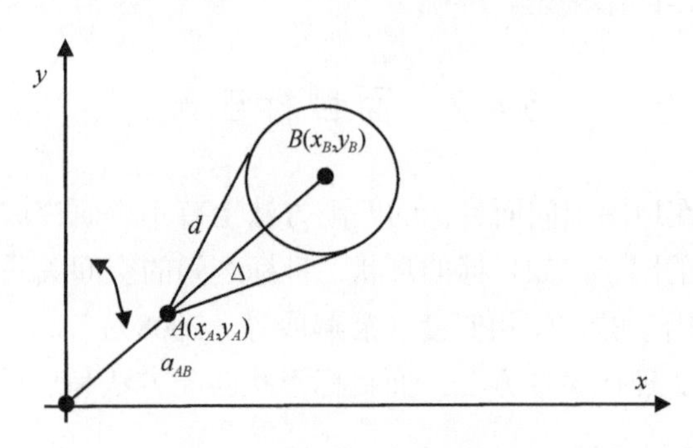

图5-14 两个点的相似性匹配原理

任意两点i、j的匹配，需要满足的关系为

$$f(i \approx j)=\left[f(\text{dis})_{i,j}, f(\text{angle})_{i,j}, f(\text{topo})_{i,j}\right] \tag{5-5}$$

式中，$i \in$点集1；$j \in$点集2；$f(\text{dis})_{i,j}$为距离因子；$f(\text{angle})_{i,j}$为角度因子；$f(\text{topo})_{i,j}$为拓扑关系因子。

这3个因子需要满足：

$$\begin{cases} d-\Delta d \leqslant f(\text{dis})_{i,j} \leqslant d+\Delta d \\ \alpha_0-\varDelta \leqslant f(\text{angle})_{i,j} \leqslant \alpha_0+\varDelta \\ f(\text{topo})_i = f(\text{topo})_j = n, n \in N^+, n \neq 2 \end{cases} \tag{5-6}$$

其中：

$$f(\text{dis})_{i,j}=\sqrt{\left(x_i-x_j\right)^2+\left(y_i-y_j\right)^2} \tag{5-7}$$

$$f(\text{angle})_{i,j}=\arctan\left(\frac{y_i-y_j}{x_i-x_j}\right) \tag{5-8}$$

$$\varDelta=\arctan\left(\frac{\Delta d}{d}\right) \tag{5-9}$$

式中，Δd为n对相似点的距离之差阈值；d、α_0分别为参考点的距离和方位角。

$$d=\sqrt{\left(x_A-x_B\right)^2+\left(y_A-y_B\right)^2} \tag{5-10}$$

$$\alpha_0 = \arctan\left(\frac{y_A - y_B}{x_A - x_B}\right) \tag{5-11}$$

$$\alpha_0 = \begin{cases} \alpha_0, \text{if } \mathrm{d}x > 0 \text{ and } \mathrm{d}y > 0 \\ \alpha_0 + 2\pi, \text{if } \mathrm{d}x > 0 \text{ and } \mathrm{d}y < 0 \\ \alpha_0 + \pi, \text{if } \mathrm{d}x < 0 \end{cases} \tag{5-12}$$

第三步：执行相似性匹配，对已匹配完成的数据显示相互匹配的特征点和输出其坐标信息表，用于检验匹配结果是否准确。

5.4.2　面目标匹配

近年来，学者们在地图空间面目标的匹配方法上有不少研究成果，其基本思想都是选取影响面目标匹配的因子，如目标的形状、目标之间的空间关系等，计算待匹配的面目标之间的各个影响因子的空间相似度（郝燕玲等，2008）。

下面阐述其中的 2 种代表性方法：面目标形状匹配方法和居民地匹配方法。

1. 面目标形状匹配方法

形状是面目标的关键特征因子，是人们进行面目标匹配时的首选因子之一（其他的有目标名称、目标类型等）；所以，研究应用形状因子进行面目标匹配的方法非常重要。

空间目标形状相似性匹配有基于空间域的方法（如基于 Hausdorff 距离的方法）和基于变换域的方法（如基于傅里叶变换的方法）2 类。基于空间域的匹配方法会随形状旋转而发生改变；基于变换域的匹配方法具有平移、旋转和尺度不变性，但对目标的形变比较敏感。针对已有空间面目标形状相似性匹配方法的缺陷，田泽宇等（2017）提出了一种应用三角形划分的形状相似性匹配方法。该方法首先按形状主方向对面状空间目标进行分割，然后按串联、并联和组合形式对空间目标进行三角形划分，并以此来描述面状空间目标的形状特征，进而给出空间目标间的形状相似性的度量方法，并以其为依据进行面目标的匹配。该方法的优点是具有平移、旋转、尺度不变性和较强的形状描述识别能力。

1）面目标分割

面目标的形状主方向由目标的形状决定，它是目标形状的最小惯性轴。主方向与空间目标可能相交于多个点，选取空间目标与主方向的第一个交点和最后一个交点，这两个点间的线段为主方向线段。主方向线段将空间对象分割为左、右两部分，如图 5-15 所示。

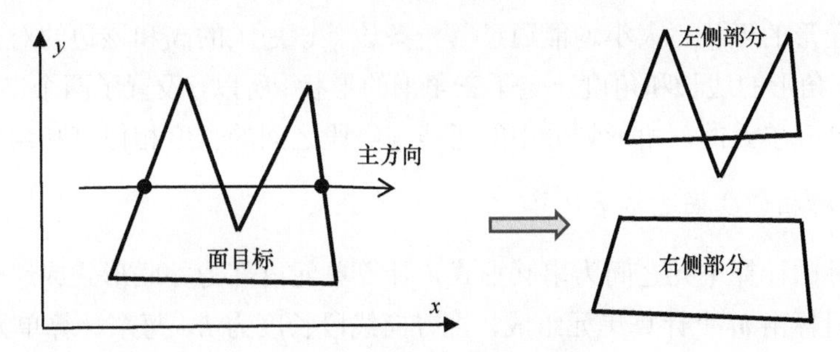

图 5-15　面目标的主方向分割

在主方向分割的基础上，把分布在主方向一侧的连续折线与主方向构成的区域命名为计算单元。这样，本例中构成了 4 个计算单元，如图 5-16 所示。

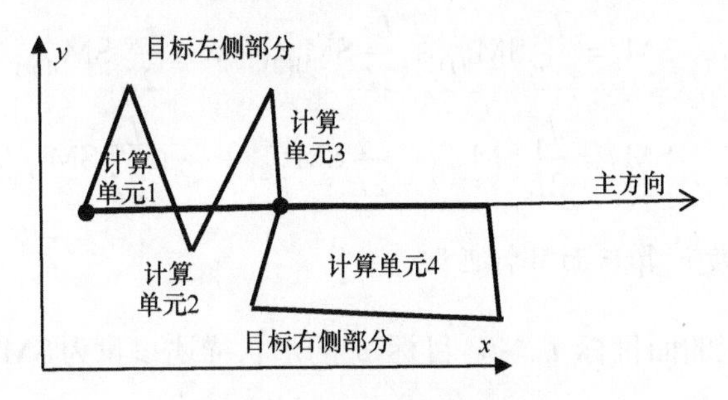

图 5-16　计算单元的构建

2）面目标的三角划分

根据每个计算单元被三角划分后形成的三角网中三角形之间的连接关系，面目标的三角划分可以区分成 3 种类型，分别是串联形式的划分、并联形式的划分和组合形式的划分，如图 5-17 所示。

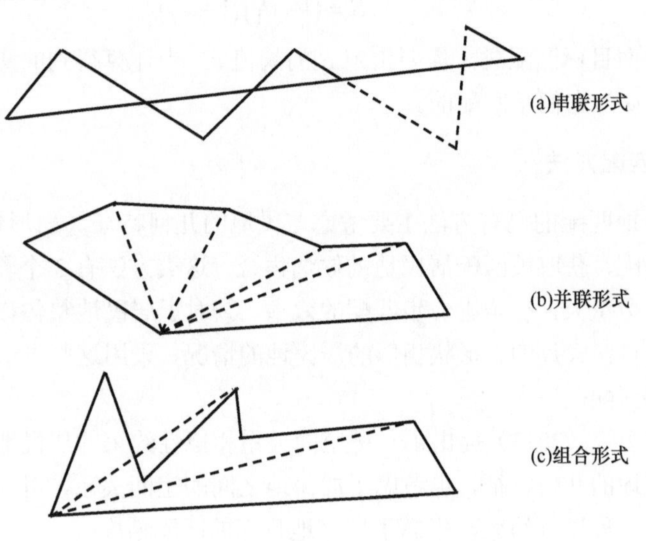

图 5-17　面目标三角划分的 3 种类型

任何三角形的形状、大小均能通过其一条边、该边上的高和该边的对角唯一确定。也就是说，三角形的边长和角度决定了三角形的形状。所以，设置了两个参量 SM_1、SM_2 来描述每个计算单元的三角形划分中的折线与线段之间的长度相似度和角度相似度。

3）面目标相似度描述参量计算

空间目标的计算单元之间为串联形式，计算单元内部为并联形式或组合形式。

设空间目标由 m 个计算单元组成，主方向线段长度为 L，每个计算单元与主方向相交线段的长度分别为 $L_1,L_2,\cdots,L_m$，每个计算单元与对应线段的相似关系描述参量分别为 $SM_{1(1)},SM_{1(2)},\cdots,SM_{1(m)}$ 和 $SM_{2(1)},SM_{2(2)},\cdots,SM_{2(m)}$，则空间对象边界折线与主方向线段的相似关系描述参量（即空间对象的形状描述参量）SM_1、SM_2 为

$$SM_1=\frac{L_1}{2L}SM_{1(1)}+\frac{L_2}{2L}SM_{1(2)}+\cdots+\frac{L_m}{2L}SM_{1(m)} \tag{5-13}$$

$$SM_2=\frac{L_1}{2L}SM_{2(1)}+\frac{L_2}{2L}SM_{2(2)}+\cdots+\frac{L_m}{2L}SM_{2(m)} \tag{5-14}$$

4）面目标相似度计算与面目标匹配

对于两个待匹配的面目标 u、v，目标 u 的形状描述参量为 $SM_1^{(u)}$、$SM_2^{(u)}$，目标 v 的形状描述参量为 $SM_1^{(v)}$、$SM_2^{(v)}$。这两个目标的形状差异度为

$$\begin{cases} d_1=\left|SM_1^{(v)}-SM_1^{(u)}\right| \\ d_2=\left|SM_2^{(v)}-SM_2^{(u)}\right| \end{cases} \tag{5-15}$$

它们的形状相似度 S 为

$$S=(1-d_1)(1-d_2) \tag{5-16}$$

当实际进行面目标匹配时，需要指定 S 的阈值 ε。当计算得到的两个面目标的相似度大于 ε 时，即认为它们是匹配的。

2. 居民地匹配方法

地图上居民地匹配的已有方法主要考虑居民地的几何特征（如形状），通常用缓冲区方法进行粗匹配，获取被匹配居民地的候选集合。这类方法有 3 个弊端：①得到的候选匹配目标往往数量大，影响进一步匹配的效率。②对于居民地整体移位较大的情况无法处理。③对于存在成片的、形状相似的居民地的情况，采用这些方法会由于数据的误差造成大面积误匹配。

为此，许俊奎等（2013）提出了一种空间关系相似性约束的居民地匹配算法。该方法既考虑了居民地的几何特征，也考虑了居民地之间的空间关系，引入空间关系相似性对居民地的匹配过程进行约束，提高了居民地目标的匹配精度。

这里的空间关系相似性是指不同表示方式的同名空间目标之间的空间关系，包括拓

扑关系、距离关系和方向关系。在实际地图上，这些关系通常并非严格一致，只要不违背制图规则的要求，就是可以接受的。为了同名实体目标的匹配，有必要找出这种空间关系的表示和度量方法。

拓扑关系相似性是通过拓扑关系的概念邻域来计算的，以关系之间的概念距离远近来表示相似性的大小。在建立居民地要素的拓扑关系相似性度量方法时，居民地之间的拓扑关系可以简化为相离、相接（相邻）和相交（合并）3 种，定义拓扑相离和相邻的概念距离为 1，相邻和相交的概念距离为 1，而相离和相交的概念距离为 2。拓扑关系概念距离越大，说明两组对象之间的拓扑相似度越小。

设参与匹配的原图中居民地 A、B 的最小距离为 d，待匹配的目标地图中相对应的居民地 A_1、A_1 的最小距离为 d_1。设当前比例尺地图的最小可视分辨距离为 ε，定义空间距离差为：$L=\left[\dfrac{|d-d_1|}{\varepsilon}\right]$，即用最小分辨距离的倍数来表示距离的相似度。

空间方向关系的相似度用方向邻域的概念来计算，空间方向概念邻域如图 5-18 所示，规定毗邻的两个方向之间的方向相似距为 1；相距越远的邻域，方向相似距越大。例如，NW 与 W 之间的方向相似距为 1，NW 与 E 之间的方向相似距为 3。

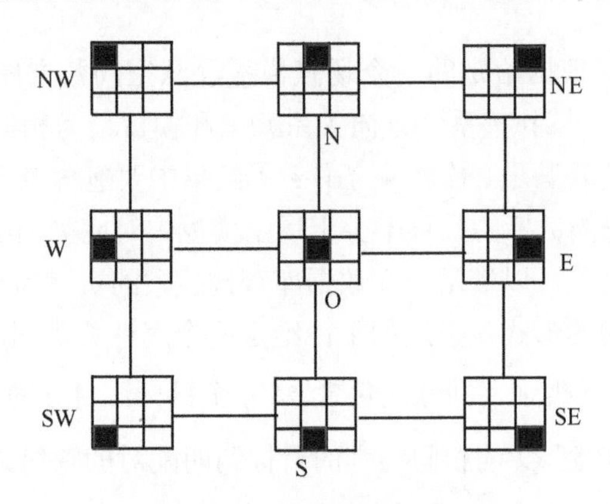

图 5-18　空间方向的概念邻域关系

在居民地匹配的实施过程中，首先，要探测居民地之间的空间关系（可借助于 Delaunay 三角网来进行）构建待匹配对象的邻近对象表；然后，选取突出的居民地目标作为匹配的起始目标，按照人类对地图的认知感受，城市地图中的突出居民地包括面积最大的居民地、街道拐角的居民地、图幅边缘的居民地等；最后，寻找起始目标的匹配目标，按照计算得到的空间关系的相似度顺次进行匹配。

5.4.3　空间场景匹配

空间场景是空间目标及其相互间各种关系的综合体（Nedas and Egenhofer，2008）。场景查询是指通过提供一个查询需求（即查询条件或查询模板），从空间数据库中找到和查询需求接近的其他场景的过程。实现场景查询首先需要对场景中所包含的目标的语义信息（如目标的类别和几何属性）和目标之间的空间关系（包括拓扑关系、方向关系、距离关系等）进行客观描述，建立综合性的空间场景语义描述模型。

空间目标的类别和几何属性信息描述较为简易，两两目标之间的空间关系表达已具有较为成熟的方法。但是，对于多目标组成的空间场景而言，其空间关系的描述和表达要复杂得多。已有的空间场景相似性匹配方法中，有的方法仅考虑了单一空间关系，而未能将多种空间关系综合在一起进行相似性匹配，导致查询的智能化程度不高。也有部分方法综合考虑了拓扑、方位关系，但其仅适用于简单空间目标（如矩形目标）组成的场景而忽略了目标的面积、形状等因素在场景相似性匹配中的作用（Bruns and Egenhofer，1996）。

地理空间场景的特点是目标数多、目标的大小及形状各异、目标的空间分布及相互之间的空间关系复杂多样，因此其语义描述和相似性匹配过程更为复杂。针对地理场景的特点，在地理空间场景匹配中需要综合考虑场景的语义描述和各类空间关系的相似性。针对地理场景的特点，宋腾义和汪闽（2012）提出了一个多要素空间场景相似性匹配模型。该模型综合考虑了多要素的空间场景语义描述及相似性匹配，以空间关系为主导，将空间目标的面积等属性与空间拓扑关系、空间方向关系等有机综合于空间场景的匹配过程中。

场景匹配的目的是依据给定的一个场景模板，从空间数据库中检索出在场景语义（包括目标的面积分布、拓扑关系、方向关系）上和模板最为相似的其他场景的过程。空间场景匹配的结果需要满足 2 个约束条件：①结果中要包含查询模板中所出现的所有语义类别；②结果中每类目标的数目不少于场景模板中对应类别的目标个数。这两个条件是为控制结果集的规模，以满足空间数据库查询检索的实际需求。

空间场景匹配问题的形式化描述如下：给定两个属性关系图（Aksoy，2006）P 和 Q，它们包含相同的语义类别，并分别包含 p、q 个目标，目标的相对面积为 A_P^i、A_Q^i。定义 F（）为实现从 P 到 Q 的相同类别的目标两两配对的映射关系。例如，F（i）、F（j）分别是从 P 中节点 i、j 到 Q 中节点 m、n 的配对关系，表示为：$V_P^i \to V_Q^m$，$V_P^j \to V_Q^n$。P 和 Q 之间的空间关系语义相似度定义为

$$S_S^{P,Q} = \sum_{i,j\in(1,p),i\neq j} S\_\text{edge}\left[F(i),F(j)\right] \tag{5-17}$$

式中，S_edge 为 $E_P^{m,n}$ 与 $E_Q^{i,j}$ 之间的相似性，定义为 6 减去 E-G 图中空间关系进行转换时产生的代价（6 为 E-G 图中的最长转换代价）。

P 和 Q 之间的目标语义相似度定义为

$$S_O^{P,Q} = \sum_{i\in(1,p)} S\_\text{node}\left[F(i)\right] \tag{5-18}$$

式中，S_node 为 V_P^i 与 V_Q^m 之间在面积分布上的相似性。

空间场景匹配时，首先利用 S_S 检索场景并按降序返回结果。如果返回场景的 S_S 相

等，则按 S_O 对其进行二次降序排序，则可找到最佳匹配。该方式以场景间的空间关系相似性为主线进行空间场景匹配，但又考虑到目标的面积在匹配中的作用。它避免了算法在参数设定上的主观性，提高了匹配的稳定性。

5.4.4　手绘草图与矢量地图匹配

在寻址过程中，当人们利用语言或文本表述不明时，经常会借助手绘的简单草图来辅助表达，这一过程有助于人们在大脑中形成简单的空间场景，将大脑中的空间场景与实际场景进行对照，最终达到对目标的定位和寻址。因此，手绘草图可以视作一种直观的寻址语言，其寻址的过程就是将手绘草图中的空间目标与矢量地图数据库中相应的空间目标进行一一映射，这种映射关系的建立就是地图匹配。

地图匹配的主要过程是通过对空间目标之间的空间相似度进行度量，从而判断两个空间目标是否匹配。在常见的空间相似性度量因子中（如距离、面积、形状、位置、语义、拓扑、方向等），拓扑关系通常被作为粗匹配的度量因子用在地图匹配的过程中，其作用是减少匹配候选集的数量，提高匹配效率。粗匹配后，就可以利用距离、面积、形状、位置等几何相似性因子进行地图的精确匹配。

人们对空间认知经常会产生不同程度的畸变，使得绘制的空间对象的形状和位置不准确，故而手绘草图不具有标准的地理参考坐标，无法获取空间目标的精确空间地理信息。因此，以拓扑关系作为主要约束条件进行手绘草图与矢量地图的匹配是一个自然的构想。基于该设想，刘硕（2018）提出了一个基于拓扑特征的手绘草图与矢量地图匹配方法。

该方法认为，虽然手绘草图具有认知上的畸变特征，但手绘草图具有空间关系不变性，所以可以基于空间关系来实现手绘草图与矢量地图的匹配。手绘草图中提取的空间目标可以按几何特征分为点、线、面 3 类，它们之间的空间关系用图来表达。邻接矩阵可以提高图的搜索效率，所以用邻接矩阵来存储手绘草图和矢量地图的原始空间关系。

通过所有潜在的匹配点对构建全局空间关系矩阵和某一点对对应的局部空间关系矩阵。将局部空间关系矩阵的量化计算结果作为禁忌搜索过程中的参量，用于适应度函数计算，选取适应度函数计算后值最高的对应匹配点对，将其作为下一步的匹配方向，并添加到匹配序列中，然后进行迭代计算，直至将所有匹配点对搜索完成。

5.5　空 间 推 理

相似关系在推理中的作用过于明显，几乎需要严格的学术证明。归纳推理就是依靠与已有证据的相似性来进行推理的（Goldstone，2004），相似性也是类推理所依赖的基本元素（Markman，1997）。

空间推理即依据已知的地理空间知识、关系等推导出新的知识或关系的过程。目前，运用相似关系进行空间推理（在本书中称为空间相似推理）方面的研究成果还比较鲜见。

其中，成功运用相似性进行空间推理的一个著名例子是德国地质学家魏格纳的大陆板块理论（theory of plate tectonics）的建立。大陆板块理论的基础是古老的大陆漂移学说：显然，大陆板块边界图形的相似互补性是这一理论的最有力证据。研究者通过绘制大陆边界地图，把大陆边界对接起来（即互补相似），从而为大陆板块理论的建立提供了直接证明（图 5-19）。

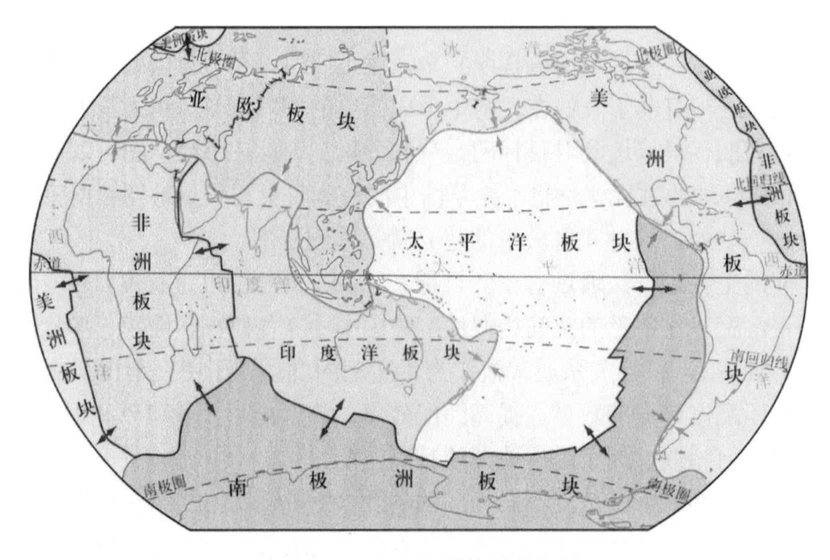

图 5-19　大陆边界拼接后的地图

按照推理方法的不同，空间相似推理可以分为空间相似演绎推理、空间相似归纳推理和空间相似类比推理。

空间相似演绎推理是指借助空间相似关系，从一个已知的、较为一般性的前提出发，推导出一个特殊性结论的过程。例如，从“河流的支流线条与其主流的以锐角相交”可以推导出河流 A 与它的主流 B 的交角为锐角；从“地图上的任意两条等高线不相交”可以推导出等高线 a 与等高线 b 不相交。在这两个推理的例子中，前者用到了河流图形相似性，后者用到了空间拓扑相似性。

空间相似归纳推理是指借助空间相似关系，从一系列个别性知识推导出一个一般性结论的过程。例如，地图制图员根据经验知道“大比例尺地图上的居民地的图形外形是直角转折的”，这个结论是根据地图上众多居民地的外形都是直角转折这个知识归纳出来的。

空间相似类比推理是指依据空间相似关系，根据两个或两类事务的某些属性相同或者相似，进而推论它们的另一属性相同或相似。这类推理的前提和结论之间没有蕴含关系，因而是一种或然推理。例如，已知居民小区 A 里面有 1 个花园、1 个游泳池、1 个健身馆，居民小区 B 里面也有 1 个花园、1 个游泳池，则可以推导出居民小区 B 里面可能也有 1 个健身馆。这里就是借助了两个居民小区附属设施之间的空间语义相似性进行的类比推理。

5.6　本 章 小 结

本章论述同尺度地理空间相似关系的应用问题，分别论述了空间相似关系在空间聚类、空间描述、空间查询、空间匹配、空间推理等方面的应用。

首先，阐述了空间聚类与空间相似性的关系，给出了空间聚类的评测准则，总结了空间聚类的 6 类算法，用 2 个实例说明了空间聚类的用途；然后结合实际应用阐释了相似关系在空间描述中的价值；接着论述了相似关系在空间查询中的 3 类应用，包括空间关键字个性化语义近似查询、基于语义轨迹的相似性连接查询、基于手绘图形的空间相似查询；随后，把地图空间的目标匹配分为线目标匹配、面目标匹配、空间场景匹配、手绘草图与矢量地图匹配等，并分别对它们进行了阐述；最后简要介绍了基于相似关系的空间推理。

第 6 章　多尺度空间相似关系计算

多尺度空间相似关系包括两类：第一类是不同目标在不同尺度的地图空间上的相似关系，第二类是同一目标在不同尺度的地图空间上因为表现形式不同而产生的相似关系。第一类空间相似关系的用途较少，此处不做研究。本章专门论述第二类空间相似关系，目的是为地图自动综合服务。

多尺度地图空间的相似关系问题可以定义为：比例尺为 S_0 的地图上有目标（或群组目标）A_{s_0}，把该目标依次化简到比例尺为 S_1，S_2，…，S_N 的地图上，得到的相应目标分别为 A_{s_1}，A_{s_2}，…，A_{s_N}，要解决的问题如下：

（1）如何计算化简后的任意目标与原始目标 A_{s_0} 的相似度？即求得 $y=\mathrm{Sim}\left(A_{s_0},A_{s_k}\right)$ 的计算公式，式中 k=1，2，…，N。

（2）如何求得地图比例尺变化与地图上目标相似度的函数关系？设地图比例尺变化 $x=s_0/s_k$，其中 k=1，2，…，N，即需要求得 $y=f\left(x\right)$ 的具体表达式。

解决多尺度地图空间相似关系计算的以上 2 个问题至少具有如下 3 个方面的意义：

（1）可以使许多带参数的半自动化地图综合算法实现全自动化。例如，用于化简曲线目标的 Douglas-Peucker 算法（Douglas and Peucker，1973）在执行之初需要输入一个距离阈值 ε，其影响了该化简算法的自动化。但 ε 的大小与地图比例尺变化、曲线相似度变化紧密相关，所以有可能借助相似度与比例尺的函数关系推导出借助比例尺来计算 ε 的方法，由此实现 Douglas-Peucker 算法的全自动化。

（2）有助于实现地图综合过程的自动控制。从现有的研究成果来看，一个地图综合软件系统欲将某一较大比例尺的地图综合为较小比例尺的地图时，软件系统虽然可以执行地图综合操作，但无法很好地判断原始地图被综合到什么程度时就可以终止地图综合过程。此外，当某一项地图综合任务执行过程中需要条件转折和路径选择时，当前的地图综合理论几乎无法支持地图综合软件系统进行条件计算和做出判断。而在本质上，地图综合过程的控制需要借助计算地图综合的中间结果和原始地图的相似关系。所以，多尺度空间相似关系计算问题的解决有助于使地图综合过程的自动控制成为现实。

（3）可能实现地图综合结果的自动评价。目前的地图综合软件对于多尺度地图综合结果的评价还停留在模拟地图阶段，即地图综合结果由质量检查人员运用“原图与结果图比对相似程度”的方法并借助实践经验来判断，无法做到自动化和智能化。这对于提高空间数据质量、缩短数据生产周期等十分不利。对于目前计算机环境下的地图综合结果评价而言，其基本原理是：把计算机的地图综合结果与制图人员脑海中已有的标准结果图形进行比较，来确定综合结果是否可以满足用户的需要。二者相似度越大，地图综合结果的质量越高。不可否认，这个判断过程的核心和难点就是地图图形的相似度计算问题。

由于地图空间是地理空间的重构，地物、地貌自身及其关系多样复杂，故要为所有地图上的所有地物、地貌寻求统一的多尺度空间相似关系计算公式是困难的，虽然这是地图学家期望的。因此，本章采用“分而治之”的思想，把要计算空间相似关系的目标分为单体目标、群体目标和图幅 3 类，进而对各类进行细分，得到要讨论的 10 类目标，分别如下：

（1）把单体目标分为点状目标、线状目标和面状目标共 3 类；

（2）把群体目标划分为点群目标、平行线簇目标、相交线网目标、树状线网目标、离散面群目标、连续面群目标共 6 类；

（3）把图幅看作一类特殊目标。

本章接下来先就这 10 类目标的空间相似关系计算问题进行详细论述，然后给出实验，验证提出的空间相似度计算方法的可信度。其中，实验部分的数据采用了作者前期的研究成果（Yan，2014），此处不再一一标注。

6.1　单体目标的相似度计算

由第 3 章可知，影响单体目标空间相似关系判断的因子有两个：几何属性和专题属性，这是单体目标空间相似关系计算的依据。按照定义 3-1，在两个不同比例尺地图上，单体目标的空间相似度的一般计算公式为

$$\mathrm{Sim}\left(A_{s_0},S_{s_k}\right)=W_{\mathrm{Them}}\mathrm{Sim}^{\mathrm{Them}}\left(A_{s_0},S_{s_k}\right)+W_{\mathrm{Geom}}\mathrm{Sim}^{\mathrm{Geom}}\left(A_{s_0},S_{s_k}\right) \tag{6-1}$$

式中，A_{s_0} 为比例尺是 S_0 的原始地图上的目标；S_{s_k} 为比例尺为 s_k 化简后地图上的目标；$\mathrm{Sim}\left(A_{s_0},S_{s_k}\right)$ 为目标 A 在比例尺 S_0 地图上和比例尺 S_1 地图上的相似度；W_{Them} 为专题属性相似度的权重；W_{Geom} 为几何属性相似度的权重；$\mathrm{Sim}^{\mathrm{Them}}\left(A_{s_0},S_{s_k}\right)$ 为专题属性相似度；$\mathrm{Sim}^{\mathrm{Geom}}\left(A_{s_0},S_{s_k}\right)$ 为几何属性相似度。

6.1.1　单体点状目标

点状目标是地图上最简单的目标，即点状目标是不能再化简的目标。在地图综合中，当比例尺为 S_0 的地图上的点状目标被表达到比例尺为 S_k 的地图上时，其要么被保留，要么被删除（图 6-1 中的点状目标 A）。显然，点状目标在地图综合的过程中不会发生专题属性（即语义信息）的变化，其几何属性也不会发生变化（因为点状地图符号在地图综合中不会发生改变），所以，就点状目标而言，其相似关系计算的公式为

$$\mathrm{Sim}\left(A_{s_0},S_{s_k}\right)=\begin{cases}1, & \text{被保留}\\0, & \text{被删除}\end{cases} \tag{6-2}$$

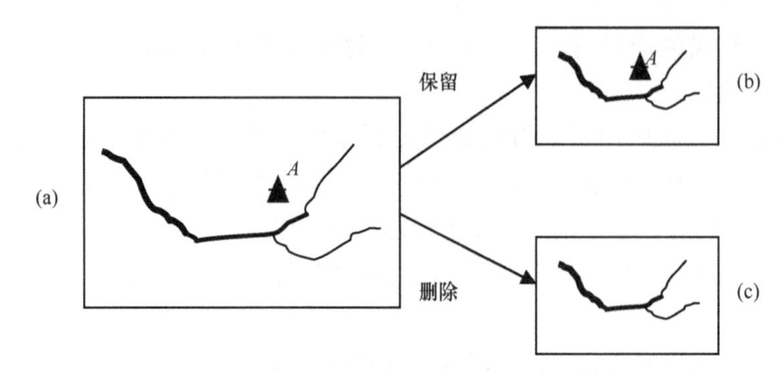

图 6-1　点状目标在地图综合中要么被删除，要么被保留

6.1.2　单体线状目标

曲线状目标相似度的计算方法不仅是地图学和地理信息科学领域的研究课题，也为计算机图形学、计算机视觉等众多领域所关注（Alt et al.，1998；Yan，2010）。地图上单独存在的线状目标可能是一条线段（如一条人行道）、一条开曲线（如一条蜿蜒曲折的乡村路）或者一条闭合曲线（如一条国界、省界、县界等）。

在地图综合中，当比例尺为 S_0 的地图上的线状目标被表达到比例尺为 S_k 的地图上时，其要么被删除，要么被化简。如果线状目标在地图综合的过程中被化简，其专题属性（即语义信息）和几何属性（如转折点的删除、曲率变化等）均会发生变化，所以其相似关系的计算公式可以表达为

$$\mathrm{Sim}\left(A_{S_0},S_{s_k}\right)=\begin{cases}W_{\mathrm{Them}}\mathrm{Sim}^{\mathrm{Them}}\left(A_{S_0},S_{s_k}\right)+W_{\mathrm{Geom}}\mathrm{Sim}^{\mathrm{Geom}}\left(A_{S_0},S_{s_k}\right),\text{被保留}\\0,\text{被删除}\end{cases}\tag{6-3}$$

在地图综合中，目标语义相似度的变化是一个相对独立的问题，也比较容易处理。制图员更为关心的是几何相似度的计算，这里对其专门论述。

形状通常被看作描述曲线的最为关键或者近乎唯一的几何因子（Douglas and Peucker，1973；Mokhtarian and Mackworth，1992），因此，下面提出一个基于"综合一致性"（coincidence summary）计算同一曲线在两个不同多尺度地图上的形状相似度的计算方法。

综合一致性用两幅地图的一致（或不一致）面积的百分比来度量这两幅地图的总体相似度（Berry，1993）。对于矢量地图而言，把两幅地图相交来求得其不一致类型的综合；对于栅格地图而言，仅需格网的叠置就很容易求得其不一致的面积。

基于综合一致性的概念和人类在相似性判断中的直觉，地图上两条曲线的形状相似度可以用它们的共同长度来比较，具体方法是：把两条曲线叠置在一起进行对比，求得它们重合在一起的曲线长度（图 6-2）。这样，它们的形状相似度可以用如下公式计算：

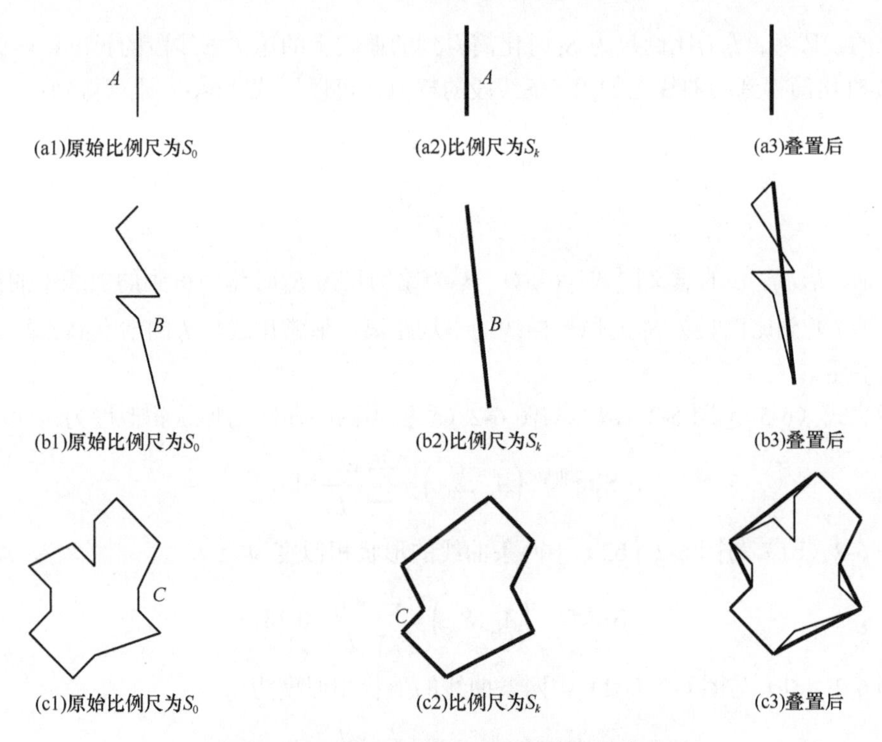

图 6-2　两种比例尺下三类不同的曲线及其叠置

$$\mathrm{Sim}^{\mathrm{Shape}}\left(A_{S_0}, S_{S_k}\right) = \frac{l}{L} \tag{6-4}$$

式中，$\mathrm{Sim}^{\mathrm{Shape}}\left(A_{S_0}, S_{S_k}\right)$ 为两条曲线的形状相似度；L 为曲线在比例尺为 S_0 的地图上的总长度，l 为两条曲线叠置后公共部分的总长度。

对于图 6-2（a1）与图 6-2（a2）中两条曲线，其相似度为

$$\mathrm{Sim}^{\mathrm{Shape}}\left(A_{S_0}, S_{S_k}\right) = \frac{l}{L} = 1.00$$

对于图 6-2（b1）与图 6-2（b2）中两条曲线，其相似度为

$$\mathrm{Sim}^{\mathrm{Shape}}\left(A_{S_0}, S_{S_k}\right) = \frac{l}{L} = 0.00$$

对于图 6-2（c1）与图 6-2（c2）中两条曲线，其相似度为

$$\mathrm{Sim}^{\mathrm{Shape}}\left(A_{S_0}, S_{S_k}\right) = \frac{l}{L} = 0.32$$

分析以上 3 个计算结果可知，图 6-2（b1）与图 6-2（b2）中两条曲线相似度的结果显然与人们的直观认知不一致。为此，对式（6-4）加以改进，得到式（6-5）：

$$\mathrm{Sim}^{\mathrm{Shape}}\left(A_{S_0}, S_{S_k}\right) = \sum_{i=1}^{n} \frac{w_i l_i}{L} \tag{6-5}$$

式中，$\mathrm{Sim}^{\mathrm{Shape}}\left(A_{S_0}, S_{S_k}\right)$、$L$ 的意义与式（6-4）中相同；n 为比例尺为 S_k 时化简得到的

曲线上的线段数；l_i 为比例尺为 S_k 时化简得到的曲线上的第 i 条线段的长度；w_i 为比例尺为 S_k 时化简得到的曲线上的第 i 条线段的权值，可以用式（6-6）计算得到：

$$w_i = 1 - \frac{\overline{d_i} l_i}{\sum_{j=1}^{n} \overline{d_j} l_j} \tag{6-6}$$

式中，w_i、l_i、l_j、n 的意义同式（6-5）；$\overline{d_i}$ 为比例尺为 S_k 时化简得到的曲线上的第 i 条线段（即 l_i）到比例尺为 S_0 的原始曲线的平均距离，通常用线段 l_i 的中点到原始曲线的距离来表示。

运用式（6-5），图 6-2（a1）与图 6-2（a2）中两条曲线的形状相似度为

$$\mathrm{Sim}^{\mathrm{Shape}}\left(A_{s_0}, S_{s_k}\right) = \sum_{i=1}^{n} \frac{w_i l_i}{L} = 1.0$$

图 6-2（b1）与图 6-2（b2）中两条曲线的形状相似度为

$$\mathrm{Sim}^{\mathrm{Shape}}\left(A_{s_0}, S_{s_k}\right) = \sum_{i=1}^{n} \frac{w_i l_i}{L} = 0.78$$

图 6-2（c1）与图 6-2（c2）中两条曲线的形状相似度为

$$\mathrm{Sim}^{\mathrm{Shape}}\left(A_{s_0}, S_{s_k}\right) = \sum_{i=1}^{n} \frac{w_i l_i}{L} = 0.55$$

这个计算结果显然比式（6-4）计算得到的结果在直观上更合理。

当然，两条曲线形状的相似度可以用 Hausdorff 距离、Fréchet 距离方法等进行计算，但各种方法均各有其优点、缺点和适用范围，本书在第 2 章已经进行了详细的论述，此处不再列举。

6.1.3　单体面状目标

地图上的面状目标是指那些用多边形符号表达的目标，如大比例尺地图上的居民地、水体、森林、绿地、沙漠等。当地图比例尺缩小时，有些面状目标会被删除，有些面状目标的边界需要被化简以适应比例尺的变化。在面状目标的化简中，起作用的是目标的几何属性（指多边形的边长、面积、边界弯曲度等）和专题属性（即语义信息），因此同一面状目标在两个不同比例尺地图上的不同表达形式之间的空间相似度的计算公式为

$$\mathrm{Sim}\left(A_{s_0}, S_{s_k}\right) = \begin{cases} W_{\mathrm{Them}} \mathrm{Sim}^{\mathrm{Them}}\left(A_{s_0}, S_{s_k}\right) + W_{\mathrm{Geom}} \mathrm{Sim}^{\mathrm{Geom}}\left(A_{s_0}, S_{s_k}\right), \text{被保留} \\ 0, \text{被删除} \end{cases} \tag{6-7}$$

$$\mathrm{Sim}\left(A_{s_0}, A_{s_k}\right) = \begin{cases} W_{\mathrm{Them}} \mathrm{Sim}^{\mathrm{Them}}\left(A_{s_0}, A_{s_k}\right) + W_{\mathrm{Geom}} \mathrm{Sim}^{\mathrm{Geom}}\left(A_{s_0}, A_{s_k}\right), \text{被保留} \\ 0, \text{被删除} \end{cases} \tag{6-8}$$

与多尺度线状目标的相似度计算方法一样，面状目标的语义相似度不是问题的难

点，制图员通常关注的是几何相似度的计算方法，而其中多边形的形状相似度最为关键。由于在地图综合中两个比例尺地图上的两个多边形表达的是同一目标，故这两个多边形有其位置和形状上的特殊性，其形状的相似度可以用式（6-9）计算：

$$\text{Sim}\left(A_{s_0}, A_{s_k}\right)^{\text{Shape}} = 1 - \frac{\text{abs}\left(a^{A_{s0}} - a^{A_{sk}}\right)}{a^{A_{s0}}} \tag{6-9}$$

式中，$a^{A_{s0}}$ 为比例尺是 S_0 的地图上的目标 A 的面积；$a^{A_{sk}}$ 为比例尺是 S_k 的地图上的目标 A 的面积；abs（）为计算绝对值的函数。

需要注意的是，这里用于表示面状目标的多边形是简单多边形，即多边形内部不带洞、多边形边界线不会自相交的多边形。

6.2 群组目标的相似度计算

第3章中已经述及，影响一个群组目标在两个不同比例尺地图上的表达的空间相似关系判断的因子有4个，即空间距离关系、空间拓扑关系、空间方向关系和属性关系，因此下面以此为基础分别讨论地图上的6类群组目标在多尺度表达中的空间相似关系的计算方法。

计算一个群组目标在两个不同比例尺地图上的空间相似关系问题可以描述为：假定在比例尺为 S_0 的地图上有一个由 N_{s_0} 个单体目标组成的群组目标 A_{s_0}，该群组目标被综合后得到比例尺为 S_k 的地图上的一个由 N_{s_k} 个单体目标组成的群组目标 A_{s_k}。其中，$N_{s_0} \geqslant 1$，$N_{s_k} \geqslant 1$，且均为整数。依据定义3-1，计算 A_{s_0} 与 A_{s_k} 空间相似度的一般公式为

$$\begin{aligned}\text{Sim}\left(A_{s_0}, A_{s_k}\right) = & W_{\text{Top}}\text{Sim}^{\text{Top}}\left(A_{s_0}, A_{s_k}\right) + W_{\text{Dis}}\text{Sim}^{\text{Dis}}\left(A_{s_0}, A_{s_k}\right) \\ & + W_{\text{Dir}}\text{Sim}^{\text{Dir}}\left(A_{s_0}, A_{s_k}\right) + W_{\text{Att}}\text{Sim}^{\text{Att}}\left(A_{s_0}, A_{s_k}\right)\end{aligned} \tag{6-10}$$

式中，$W_{\text{Top}}\text{Sim}^{\text{Top}}\left(A_{s_0}, A_{s_k}\right)$、$W_{\text{Dis}}\text{Sim}^{\text{Dis}}\left(A_{s_0}, A_{s_k}\right)$、$W_{\text{Dir}}\text{Sim}^{\text{Dir}}\left(A_{s_0}, A_{s_k}\right)$、$W_{\text{Att}}\text{Sim}^{\text{Att}}\left(A_{s_0}, A_{s_k}\right)$ 分别为 A_{s_0} 与 A_{s_k} 在空间拓扑关系、空间距离关系、空间方向关系和属性关系上的相似度；W_{Top}、W_{Dis}、W_{Dir}、W_{Att} 分别为 A_{s_0} 与 A_{s_k} 在空间拓扑关系、空间距离关系、空间方向关系和属性关系上的相似度计算中的权值。

第3章给出了运用心理学实验获得 W_{Top}、W_{Dis}、W_{Dir}、W_{Att} 的方法，故下面的重点是分别针对各类群组目标讨论 $\text{Sim}^{\text{Top}}\left(A_{s_0}, A_{s_k}\right)$、$\text{Sim}^{\text{Dis}}\left(A_{s_0}, A_{s_k}\right)$、$\text{Sim}^{\text{Dir}}\left(A_{s_0}, A_{s_k}\right)$、$\text{Sim}^{\text{Att}}\left(A_{s_0}, A_{s_k}\right)$ 的计算方法。得到它们的计算方法后，代入式（6-10）就可以得到各个相应群组目标的计算公式，故在后面不再单独总结和罗列各个群组目标相似度计算的总体公式。

6.2.1　点群目标空间相似度的计算

地图上以点群状符号表达的地物要素很多，如测图的控制点就是点群状的（图 6-3）。当地图比例尺缩小时，点群状显示的控制点就需要化简，意味着重要性程度低的点会被删除，而较重要的点被保留了下来。图 6-3（b）就是图 6-3（a）化简后得到的新点群。

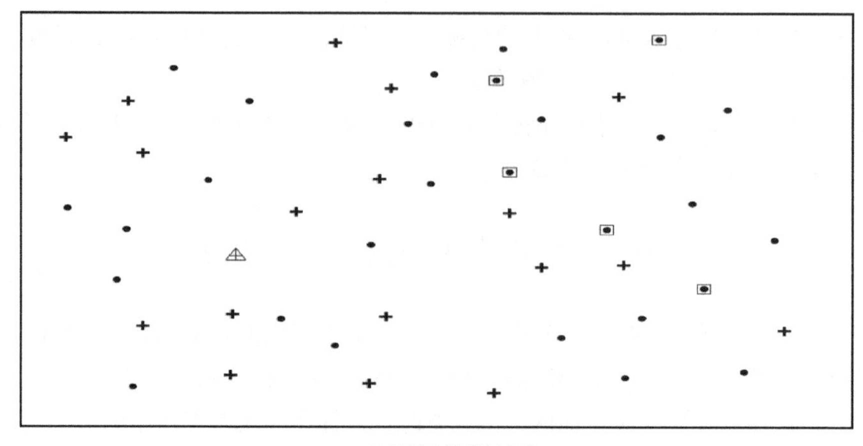

(a)地图上的控制点群

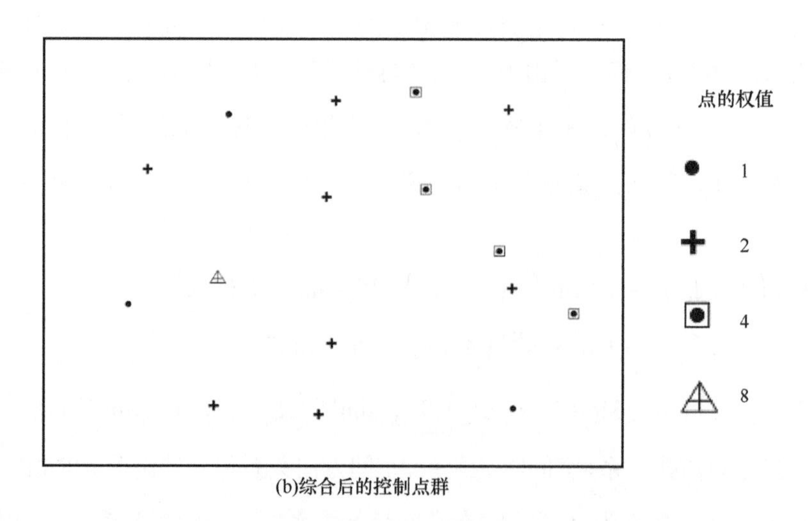

(b)综合后的控制点群

图 6-3　点群及其综合示例

1. 点群目标的拓扑相似度计算

从几何学的角度来看，地图上的点与点之间只能有相离和共位（即两个点目标位置重合）两种拓扑关系。但是，地图上点状符号代表的是地理空间实体，每个实体均具有特定的物理意义。例如，如果图 6-4 中的点 P 是商场，其他点是居民地，则一般来说，商场 P 对于距离其较近的居民地的影响力更强。为了表达点状符号隐含在简单的几何拓扑关系背后的物理意义，有人基于 Voronoi 图提出了 k-order 邻居的概念，以表达点群目标之间的临近关系（Yan and Weibel，2008）。此处给出 k-order 邻居的定义。

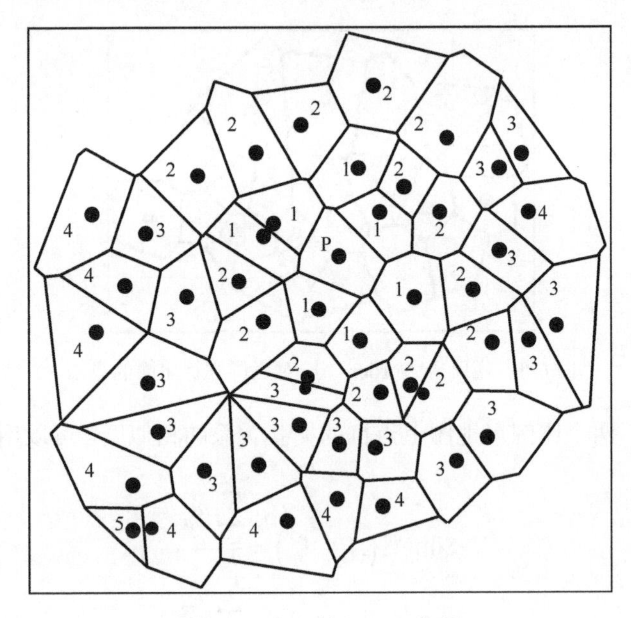

图 6-4　点 P 的 k-order 邻居

（1）构建点群的 Voronoi 图。

（2）点 P 被定义为自己的 0-order 邻居。

（3）如果一个点所在的 Voronoi 多边形与点 P 所在的 Voronoi 多边形共边，该点被定义为点 P 的 1-order 邻居。

（4）如果一个点所在的 Voronoi 多边形与点 P 的一个 1-order 邻居所在的 Voronoi 多边形共边，该点被定义为点 P 的 2-order 邻居。

（5）依此类推，如果一个点所在的 Voronoi 多边形与点 P 的一个(k–1)-order 邻居所在的 Voronoi 多边形共边，该点被定义为点 P 的 k-order 邻居。此处，k 为正整数。

图 6-4 给出了点 P 的 1-order 到 5-order 邻居。

k-order 邻居可以运用于地图综合的点群化简中，以实现点群综合的拓扑关系和密度对比关系的保持。制图员在点群化简中需要遵循的一个重要规则是：当原始地图比例尺和综合后地图的比例尺变化不太大时（如把 1∶1 万地图综合为 1∶2.5 万或 1∶5 万地图），同时删除两个相邻的点是不可以接受的，因为这样一方面直接破坏了点群之间的拓扑临近关系，另一方面严重破坏了点群的局部密度对比关系。这个规则在理论上为地理学第一定律所支持："每个事物都与其他的每个事物相关，但近处的事物比远处的事物相关程度更大"（Tobler，1970）。

因此，有人借助于 k-order 邻居的概念提出了点群化简的方法（Yan and Weibel，2008），其基本思想是：构建点群的 Voronoi 图；一轮点群化简中，当某一个点被标记为"即将删除"时，与该点直接临近的点，即其 1-order 邻居，就不会被标记为"即将删除"。例如，在图 6-5 中，点 P 被标记为"即将删除"，则与其相邻的点 P_1、P_2、P_3、P_4、P_5 就没有被标记为"即将删除"。

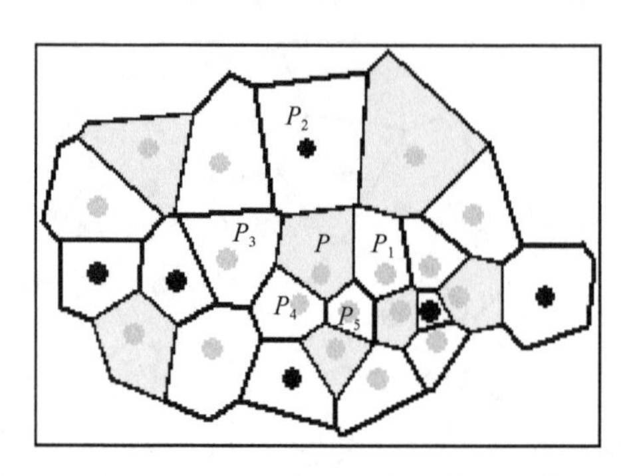

图 6-5 借助于 k-order 邻居对点群进行化简的方法

对于化简前后两个比例尺地图上点群的拓扑关系的相似度，可以用式（6-11）计算：

$$\mathrm{Sim}^{\mathrm{Top}}\left(A_{s_0}, A_{s_k}\right)=\frac{\sum_{i=1}^{N_{S_k}} n_{S_k}^i}{\sum_{i=1}^{N_{S_k}} n_{S_0}^i} \tag{6-11}$$

式中，N_{S_k} 为化简后比例尺是 S_k 的地图上保留的点的数量；对于比例尺是 S_k 的地图上的第 i 个点而言，$n_{S_0}^i$ 为该点在比例尺是 S_0 的地图上的对应点的 1-order 邻居的数量；$n_{S_k}^i$ 为比例尺是 S_k 的地图上的第 i 个点的 1-order 邻居的数量。

简言之，式（6-11）的分子表达的是比例尺为 S_k 的地图上所有点的 1-order 邻居的数量总和，该式的分母表示的是比例尺为 S_k 的地图上所有点在比例尺为 S_0 的地图上对应的所有点的 1-order 邻居的数量总和。显然，式（6-11）用点群中的点的 1-order 邻居数量的变化比率来表示该点群在两个比例尺地图上的拓扑关系相似度的变化。

2. 点群目标的方向相似度计算

在地图数据的模型综合中，点状目标只能被保留或删除，不会发生位置的变化。虽然在点状目标图形综合（即符号化）的过程中为了解决图面拥挤、压盖的问题，偶尔会出现不重要的点状符号被移位的情况，但数量极少，移位很小。所以，可以认为，在地图综合中点群目标的空间方向关系没有发生变化，即一个点群目标和其化简后得到的点群目标的空间方向相似度为 1：

$$\mathrm{Sim}^{\mathrm{Dis}}\left(A_{s_0}, A_{s_k}\right)=1 \tag{6-12}$$

3. 点群目标的距离相似度计算

点与点之间的距离关系与点群的密度紧密相关，故此处从点群的局部相对密度说起。点群的局部相对面积用于评价点群综合前后距离关系的变化。点群中的第 i 个点的局部相对密度 r_i 可以被定义为（Yan and Weibel，2008）

$$r_i = \frac{R_i}{\sum_{k=1}^{n} R_k} \tag{6-13}$$

式中，n 为点群中的点状目标总数；R_i 为第 i 点的局部绝对密度，可以这样计算：

$$R_i = \frac{1}{A_i} \tag{6-14}$$

式中，A_i 为第 i 点的 Voronoi 多边形的面积。

Sadahiro（1997）也对点群中单点的局部绝对密度给出过定义：某地的局部密度与所研究区域的局部密度之和的比率（定义的原文为“a ratio of the local density at the certain location to the summation of local density over the region”）。与这个定义相比，本书给出的局部绝对密度的定义有一个优势：本书对密度的定义是针对每个点的，这样在数据处理中可以对密度进行点对点的比较，而前者则不可以。

基于点群密度的定义，下面给出某个比例尺地图上的一个点群与其化简后在另外一个较小比例尺地图上的点群之间的空间距离相似度的计算方法：

$$\mathrm{Sim}^{\mathrm{Dis}}\left(A_{S_0}, A_{S_k}\right) = 1 - \frac{n_a}{N_{S_k}} \tag{6-15}$$

式中，N_{S_k} 为综合后比例尺为 S_k 的地图上点群中点的数量；n_a 为综合后比例尺为 S_k 的地图上局部相对密度正常单调排列的点的数量，可以运用如下的方法得到：

（1）计算比例尺为 S_0 的地图上的原始点群中每个点的局部相对密度，把局部相对密度值按照升序排列并存放在数组 A_{S_0}。

（2）计算综合后得到的比例尺为 S_k 的地图上的点群中每个点的局部相对密度，把局部相对密度值按照升序排列并存放在数组 A_{S_k}。

（3）对照 A_{S_k} 中每个点的局部相对密度与 A_{S_0} 的每个点的局部相对密度，A_{S_k} 中点的局部相对密度升序排位与 A_{S_0} 中点的局部相对密度升序排位一致的点的数量即 n_a。

4. 点群目标的属性相似度计算

点的属性相似度计算中主要考虑点的专题属性，其通常用点的重要性程度值来表示。这里首先定义一个点群的重要性程度均值 $\overline{I}$：

$$\overline{I} = \frac{\sum_{i=1}^{n} I_i}{n} \tag{6-16}$$

式中，n 为点群中包含的点的个数；I_i 为第 i 点的重要性程度值。

以此为基础，提出了比例尺为 S_0 的地图上的一个点群与其化简后在比例尺为 S_k 的地图上的点群之间的属性相似度的计算方法：

$$\mathrm{Sim}^{\mathrm{Att}}\left(A_{s_0},A_{s_k}\right)=\frac{\mathrm{abs}\left(\overline{I_{S_0}}-\overline{I_{S_k}}\right)}{\overline{I}} \tag{6-17}$$

式中，$\overline{I_{S_0}}$ 为比例尺是 S_0 的地图上的点群的重要性程度值的平均值；$\overline{I_{S_k}}$ 为比例尺是 S_k 的地图上的点群的重要性程度值的平均值；abs（）为求绝对值的函数。

6.2.2 平行线簇目标空间相似度的计算

这里的平行线簇目标即指地图上的等高线，因为等高线在图形上基本以嵌套的、成组的曲线形式表达，且这些成组的曲线是近似平行的（图 6-6）。

图 6-6 平行线簇目标：等高线

1. 平行线簇目标的拓扑相似度计算

根据等高线的属性可知，等高线是封闭曲线，一条等高线不在本图内封闭，就在邻近图幅内封闭。在此意义上，一条等高线可以看作一个多边形，两条等高线之间的拓扑关系就区分为 2 类：拓扑包含和拓扑相邻。

如果一条等高线全部位于另一条等高线围成的多边形内部，它们的关系就称为拓扑包含。在此情况下，把位于外层的等高线称为被包含的等高线的“父亲”，而把被包含的等高线称为外层等高线的“儿子”。反之，如果两条等高线没有包含关系，则它们被称为拓扑相邻。在拓扑相邻关系中，一般只考虑高程相等的等高线之间的关系。在此情况下，两条相邻等高线互为“兄弟”。例如，在图 6-7 中，等高线 L_1、L_2、L_3 是相邻关系，互为“兄弟”，等高线 L_1 与 L_4 是包含关系，L_1 是 L_4 的“父亲”，L_4 是 L_1 的“儿子”。

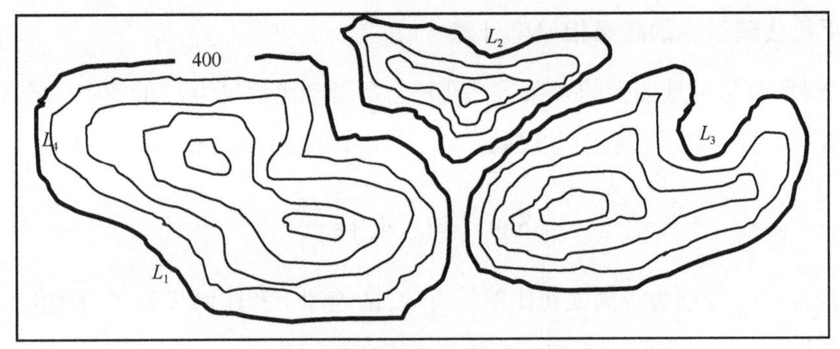

(a)比例尺为S_0的地图上的等高线(等高距为10m)

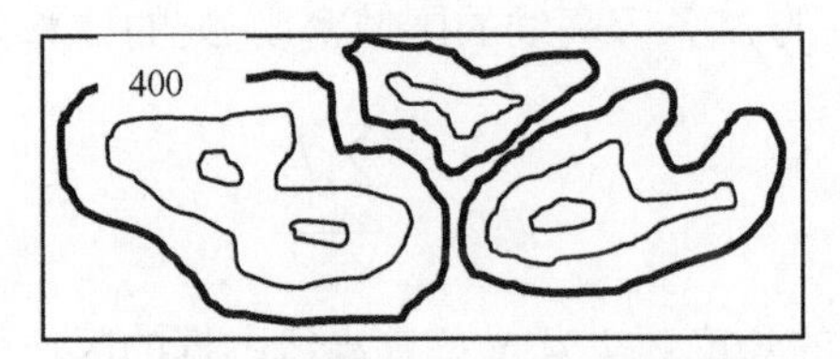

(b)比例尺为S_k的地图上的等高线(等高距为20m)

图 6-7 等高线之间的拓扑关系及其在地图综合中的变化

在地图综合中，如果结果地图与原始地图上的等高距不一样，综合过程中会删除一些等高线，由此导致等高线之间的拓扑关系发生变化。如图 6-7（a）中的等高线综合为图 6-7（b）中的等高线时，等高距由 10m 变为 20m，部分等高线被删除。

一般地，当比例尺为 S_0 的地图上的 N 条等高线综合后得到比例尺为 S_k 的地图上的 M 条等高线时，这两组等高线的拓扑相似度 $\text{Sim}^{\text{Top}}\left(A_{s_0}, A_{s_k}\right)$ 可以用式（6-18）计算：

$$\text{Sim}^{\text{Top}}\left(A_{s_0}, A_{s_k}\right)=\frac{\sum_{i=1}^{M}\left(F_{S_k}^{i}+S_{S_k}^{i}+B_{S_k}^{i}\right)}{\sum_{i=1}^{N}\left(F_{S_0}^{i}+S_{S_0}^{i}+B_{S_0}^{i}\right)} \tag{6-18}$$

式中，$F_{S_k}^{i}$、$S_{S_k}^{i}$、$B_{S_k}^{i}$ 分别为比例尺是 S_k 的地图上的第 i 条等高线的“父亲”“儿子”“兄弟”的数目；$F_{S_0}^{i}$、$S_{S_0}^{i}$、$B_{S_0}^{i}$ 分别为比例尺是 S_0 的地图上的第 i 条等高线的“父亲”“儿子”“兄弟”的数目。

2. 平行线簇目标的方向相似度计算

在地图数据的模型综合中，等高线只能被保留或删除，不会发生位置的变化。虽然在等高线的图形综合（即符号化）的过程中为了解决图面拥挤、压盖会对等高线进行化简，但由此引起的等高线移位很小。所以，可以认为，在地图综合中等高线的空间方向关系没有发生变化，也即一簇等高线和其化简后得到的等高线簇的空间方向相似度为 1。

$$\text{Sim}^{\text{Dir}}\left(A_{s_0}, A_{s_k}\right)=1 \tag{6-19}$$

3. 平行线簇目标的距离相似度计算

当比例尺为 S_0 的地图上的 N 条等高线综合后得到比例尺为 S_k 的地图上的 M 条等高线时，这两组等高线的距离相似度 $\mathrm{Sim}^{\mathrm{Dis}}\left(A_{s_0},A_{s_k}\right)$ 可以用式（6-20）计算：

$$\mathrm{Sim}^{\mathrm{Dis}}\left(A_{s_0},A_{s_k}\right)=\frac{D_{S_m}}{D_{S_0}} \tag{6-20}$$

式中，D_{S_m}、D_{S_0} 分别为等高线在比例尺为 S_m 的地图上和比例尺为 S_0 的地图上的区域密度。

比例尺为 S 的地图上的 N 条等高线的区域密度 D_S 的计算公式为

$$D_S=\frac{\sum_{i=1}^{N}L_i}{A} \tag{6-21}$$

式中，L_i 为第 i 条等高线的长度；A 为 N 条等高线占据的区域面积。

4. 平行线簇目标的属性相似度计算

地图综合中等高线属性的变化主要表现在等高距的变化。等高距的变化越大，则等高线在综合中被删除的可能性越大。例如，原始等高距为 10m 的地图综合为等高距为 20m 的地图时，50%的等高线会被删除；综合为等高距为 40m 的地图时，有 75%的等高线会被删除。基于此，当比例尺为 S_0、等高距为 C_{S_0} 的地图上的等高线综合后得到比例尺为 S_k、等高距为 C_{S_k} 的地图上的等高线时，这两组等高线的属性相似度 $\mathrm{Sim}^{\mathrm{Att}}\left(A_{s_0},A_{s_k}\right)$ 可以用式（6-21）计算：

$$\mathrm{Sim}^{\mathrm{Att}}\left(A_{s_0},A_{s_k}\right)=\frac{C_{S_k}}{C_{S_0}} \tag{6-22}$$

6.2.3 相交线网目标空间相似度的计算

地图上的道路在图形上呈现为相交的线性网络，因此本节的相交线网目标专指地图上的道路（图 6-8）。

1. 相交线网目标的拓扑相似度计算

地图上的道路之间存在两种拓扑关系：拓扑相离和拓扑相交。例如，图 6-8 中，R_1 与 R_2 拓扑相交、R_2 与 R_3 拓扑相交，而 R_1 与 R_3 拓扑相离。

道路网的综合主要就是道路的取舍，即保留级别高的、重要的道路，删除级别低的、次要的道路。由于道路基本表现为直线段，故保留下来的道路很少需要曲线化简操作[图 6-8（b）中的道路网是 6-8（a）中的道路网的综合结果]。道路网综合后显然会引起道路之间拓扑关系的变化。要计算比例尺为 S_0 的地图上的道路网与其综合后得到的比例

尺为 S_k 的地图上道路网之间的拓扑关系的相似度的关键是要求得这两个道路网之间的拓扑关系的差异。

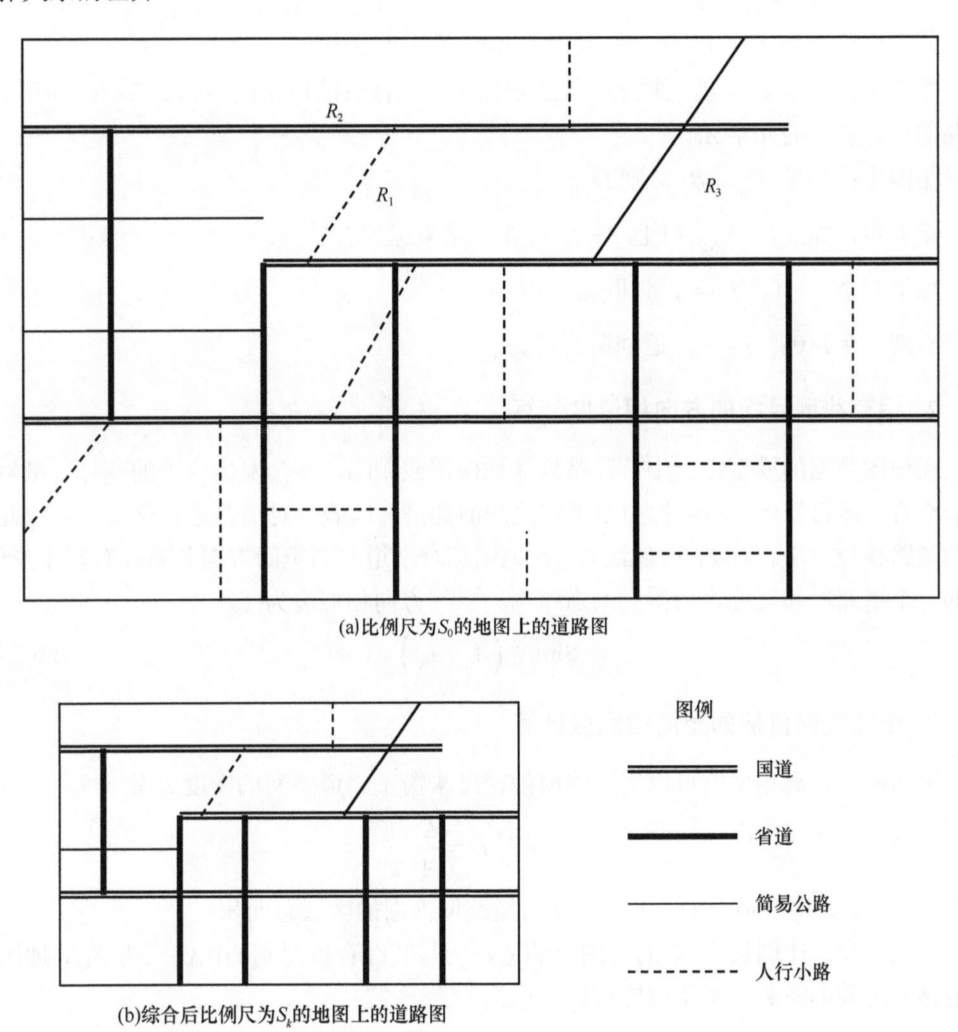

图 6-8　道路网及其综合

假设比例尺为 S_0 的地图上的道路网有 N_{S_0} 条道路，用 $N_{S_0} \times N_{S_0}$ 的布尔矩阵 A 记录该道路网中所有道路的拓扑相交关系。当其中的第 i 条道路与第 j 条道路相交时，矩阵中的对应元素 $A_{ij}=1$、$A_{ji}=1$；否则 $A_{ij}=0$、$A_{ji}=0$。同理，用 $N_{S_m} \times N_{S_m}$ 的布尔矩阵 B 记录综合后的比例尺为 S_k 的地图上的道路网中的 N_{S_k} 条道路之间的拓扑相交关系。基于此，两个路网之间的拓扑相似度 $\mathrm{Sim}^{\mathrm{Top}}\left(A_{S_0}, A_{S_k}\right)$ 可以表示为

$$\mathrm{Sim}^{\mathrm{Top}}\left(A_{S_0}, A_{S_k}\right)=1-\frac{D_{\mathrm{Top}}}{N_{S_0} \cdot N_{S_0}} \tag{6-23}$$

式中，D_{Top} 为两个路网之间的拓扑关系差异的数量，可以用下面的方法计算（为了描述

的方便，个别地方用 C++语言）。

第一步：令 $D_{\mathrm{Top}}=0$。

第二步：令 $i=0$，$j=0$，从 B 中的元素 B_{ij} 开始操作。

第三步：搜索矩阵 A，找到矩阵 A 中记录了综合后的道路网中第 i 条道路和第 j 条道路的拓扑关系的元素 A_{pq}。

第四步：如果 $A_{pq}=B_{ij}$，则 $D_{\mathrm{Top}}++$。

第五步：如果 $i=N_{S_m}-1$ 且 $j=N_{S_m}-1$，结束运算。

如果 $i<N_{S_m}-1$，$i++$，返回第三步；

否则，令 $i=0$，$j++$，返回第三步。

2. 相交线网目标的方向相似度计算

在地图数据的模型综合中，道路只能被保留或删除，不会发生位置的变化。虽然在图形综合（即符号化）的过程中为了解决图面拥挤、压盖会对道路进行化简，但由此引起的道路移位很小。所以，可以认为，在地图综合中道路的空间方向关系没有发生变化，也即一个道路网和其综合后得到的道路网的空间方向相似度为 1。

$$\mathrm{Sim}^{\mathrm{Dir}}\left(A_{s_0},A_{s_k}\right)=1 \tag{6-24}$$

3. 相交线网目标的距离相似度计算

道路网的距离相似度可以用道路网的密度来衡量。道路网的密度 D 定义为

$$D=\frac{L}{A} \tag{6-25}$$

式中，L 为道路网中道路的总长度；A 为道路网占据的区域总面积。

如此一来，比例尺为 S_0 的地图上的道路网与其综合后得到的比例尺为 S_k 的地图上的道路网之间的距离关系相似度可以表达为

$$\mathrm{Sim}^{\mathrm{Dis}}\left(A_{s_0},A_{s_k}\right)=\frac{D_{S_0}}{D_{S_k}} \tag{6-26}$$

式中，D_{S_0} 为比例尺为 S_0 的地图上的道路密度；D_{S_k} 为比例尺为 S_k 的地图上的道路密度。

显然，一般来说，$D_{S_k}<D_{S_0}$，因为道路网经过综合取舍后总长度会变小。

4. 相交线网目标的属性相似度计算

道路网属性相似度的计算相对比较复杂，因为道路的属性很多，如道路的类型、道路的等级、道路的状况等。为了简化问题，这里用一个叫“重要性程度值”的概念来描述道路的总体属性，选取道路等级来表达道路的重要性程度值。道路的等级越高，道路的重要性程度值越大。这样，比例尺为 S_0 的地图上的道路网与其综合后得到的比例尺为 S_k 的地图上道路网之间的属性关系相似度 $\mathrm{Sim}^{\mathrm{Att}}\left(A_{s_0},A_{s_k}\right)$ 可以表达为

$$\mathrm{Sim}^{\mathrm{Att}}\left(A_{S_0},A_{S_k}\right)=\frac{\sum_{j=1}^{N_{S_k}}\left(L_{S_k}^j\cdot c_{S_k}^j\right)}{\sum_{i=1}^{N_{S_0}}\left(L_{S_0}^i\cdot c_{S_0}^i\right)} \tag{6-27}$$

式中，N_{S_k} 为比例尺是 S_k 的地图上的道路数；N_{S_0} 为比例尺是 S_0 的地图上的道路数；$L_{S_k}^j$ 为比例尺是 S_k 的地图上的第 j 条道路的长度；$L_{S_0}^i$ 为比例尺是 S_0 的地图上的第 i 条道路的长度；$c_{S_k}^j$ 为比例尺是 S_k 的地图上的第 j 条道路的等级值；$c_{S_0}^i$ 为比例尺是 S_0 的地图上的第 i 条道路的等级值。

6.2.4　树状线网目标空间相似度的计算

中、小比例尺地图上的河系在图形上通常呈现为由线条组成的树状结构，其中河系的主流是树的主干，支流是树的分支，所以人们经常借助数据结构中的“树”形数据结构的概念来描述和研究地图上的河系（La Barbera and Rosso，1989；Ross，1999）。

1. 树状线网目标的拓扑相似度计算

依照计算机科学的数据结构中“树”的定义，一个树状河系的主流可以称为“根”，它的支流称为“叶”。根据它们之间的父子关系的远近，它们也可以称为“曾祖父”“祖父”“父亲”“儿子”“孙子”“重孙”等。图 6-9 给出了这样的一个河系树。显然，河系树上各河流的关系可以用 “树”形数据结构记录下来（Knuth，1997）。该“树”形数据结构清晰地呈现了河系主流和各支流之间的父子关系（图 6-10）。相反，如果仅用地理信息科学中来自拓扑几何学中的拓扑相邻、拓扑相离、拓扑关联等关系，则无法清楚表达出主流与支流之间的隶属关系。因此，我们把用树形数据结构表达的河流之间的父子关系称为它们的拓扑关系。

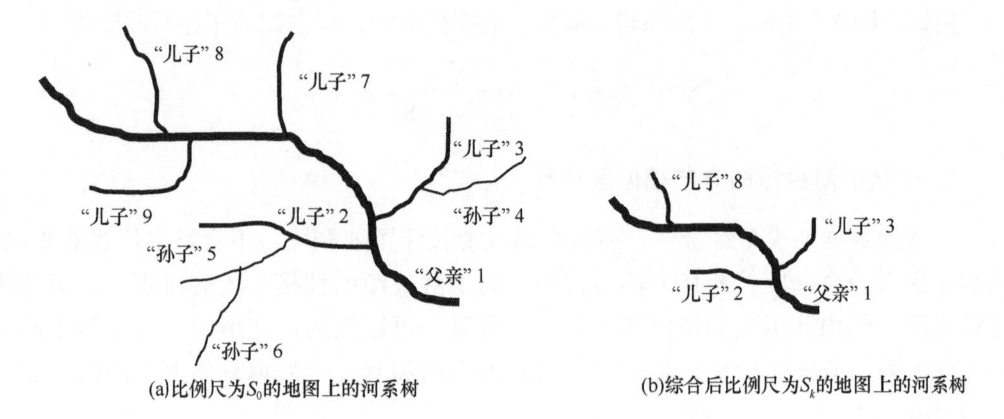

(a)比例尺为S_0的地图上的河系树　(b)综合后比例尺为S_k的地图上的河系树

图 6-9　地图上的河系树及其综合结果

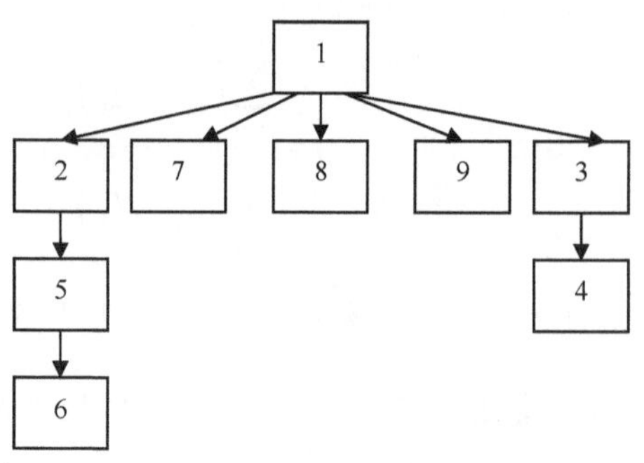

(a)图6-9(a)中河系的一种“树”形数据结构表达

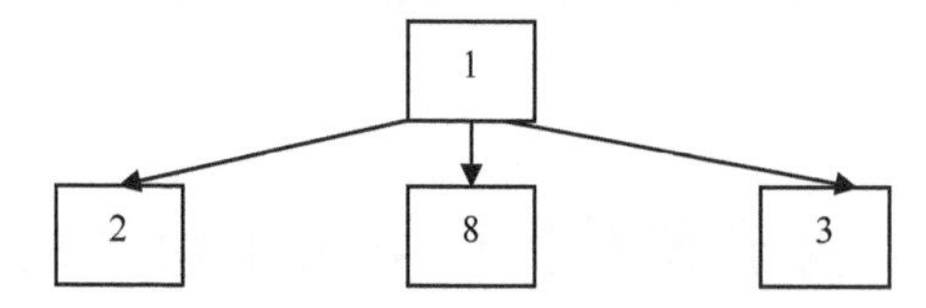

(b)图6-9(b)中河系的一种“树”形数据结构表达

图 6-10　河系的树形数据结构表达

当比例尺为 S_0 的地图上的一个树状河系［图 6-9（a）］被综合后得到比例尺为 S_k 的地图上的河系［图 6-9（b）］时，通常有一些长度较短的、不重要的河流会被删除，这会导致原始地图上的河流之间的拓扑关系发生变化。要计算两个河系之间的拓扑相似度就需要求得这两个河系之间的拓扑关系变化，即其拓扑差异量。

当比例尺为 S_0 的地图上的树状河系网被综合后得到比例尺为 S_k 的地图上的树状河系网时，这两个树状河系网之间的拓扑关系相似度 $\mathrm{Sim}^{\mathrm{Top}}\left(A_{S_0}, A_{S_k}\right)$ 可以表达为

$$\mathrm{Sim}^{\mathrm{Top}}\left(A_{S_0}, A_{S_k}\right)=\frac{N_{S_k}}{N_{S_0}} \tag{6-28}$$

式中，N_{S_k} 为比例尺是 S_k 的地图上的河流之间的父子关系数目；N_{S_0} 为比例尺是 S_0 的地图上的河流之间的父子关系数目。

例如，图 6-9 中的一个河系树及其综合后得到的河系树之间的拓扑相似度为

$$\mathrm{Sim}^{\mathrm{Top}}\left(A_{S_0}, A_{S_k}\right)=\frac{N_{S_k}}{N_{S_0}}=\frac{3}{8}=37.5\%$$

2. 树状线网目标的方向相似度计算

在地图数据的模型综合中，河流道路只能被保留或删除，不会发生位置的变化。虽然在图形综合（即符号化）的过程中，为了解决图面拥挤、压盖问题，会对河流进行化简，但由此引起的道路移位很小。所以，可以认为，在地图综合中河流的空间方向关系没有发生变化，也即一个树状河系网和其综合后得到的河系网的空间方向相似度为 1。

$$\mathrm{Sim}^{\mathrm{Dir}}\left(A_{S_0}, A_{S_k}\right)=1 \tag{6-29}$$

3. 树状线网目标的距离相似度计算

当比例尺为 S_0 的地图上的树状河系网被综合后得到比例尺为 S_k 的地图上的树状河系网时，这两个树状河系网之间的距离关系相似度 $\mathrm{Sim}^{\mathrm{Dis}}\left(A_{S_0}, A_{S_k}\right)$ 可以表达为

$$\mathrm{Sim}^{\mathrm{Dis}}\left(A_{S_0}, A_{S_k}\right) = \frac{D_{S_k}}{D_{S_0}} \tag{6-30}$$

式中，D_{S_k} 为比例尺为 S_k 的地图上的河系网的河流密度；D_{S_0} 为比例尺为 S_0 的地图上的河系网的河流密度。

一个河系网的河流密度 D 用式（6-31）计算：

$$D = \frac{L}{A} \tag{6-31}$$

式中，L 为河系网中河流的总长度；A 为河系网所占据的区域总面积。

4. 树状线网目标的属性相似度计算

尽管河系网的属性信息很多，如河流等级、水质、航行能力等，但其中河流等级是公认的、最重要的属性。河流等级是一个复合型指标，由河流的长度、宽度等共同决定。已有人提出了许多编码规则和方法来划分河流等级，如 Horton 编码法、Strahler 编码法、Shreve 编码法、Branch 编码法等（Horton，1945；de Serres and Roy，1990；Thomson and Brooks，2002；张青年，2006），原理如图 6-11 所示。每种编码法都有各自的优点、缺点和适用范围。这里选用张青年（2006）提出的 Branch 编码法，因为该方法是专门面向地图上的河系网综合的。

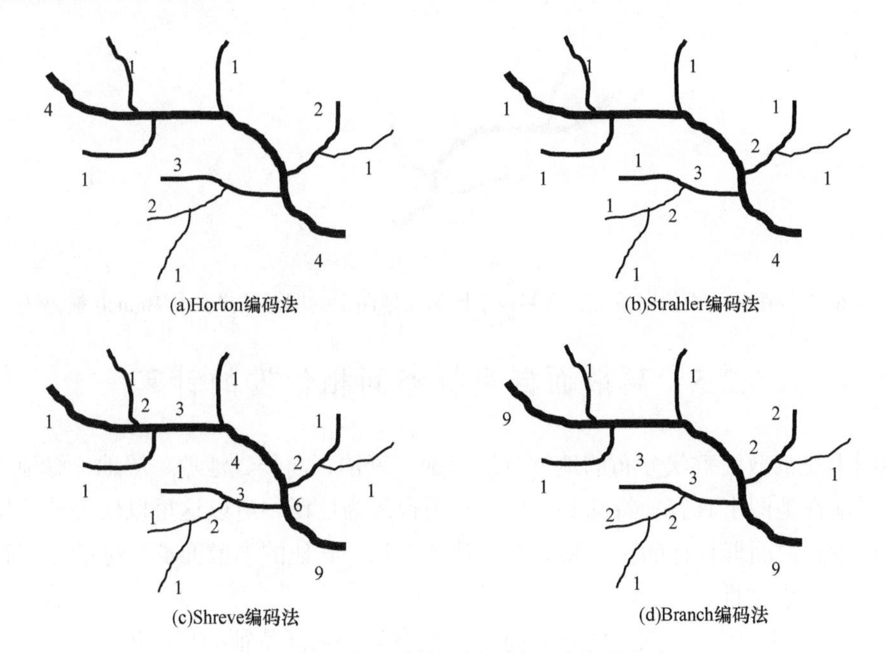

图 6-11　面向河流等级划分的 4 种编码方法

对于一条河流，其 Branch 编码 N_F 的计算方法是

$$N_F = N_S + 1 \tag{6-32}$$

式中，N_S 为该河流的“儿子”数目。

这里求得的编码 N_F 就是该河流的等级。显然，编码值越大，河流的等级越高。

基于 Branch 编码，当比例尺为 S_0 的地图上的树状河系网被综合后得到比例尺为 S_k 的地图上的树状河系网时，这两个树状河系网之间的属性关系相似度 $\mathrm{Sim}^{\mathrm{Att}}\left(A_{s_0}, A_{s_k}\right)$ 可以表达为

$$\mathrm{Sim}^{\mathrm{Att}}\left(A_{s_0}, A_{s_k}\right) = \frac{\sum_{i=1}^{n} N_{S_k}^{i}}{\sum_{i=1}^{n} N_{S_0}^{i}} \tag{6-33}$$

式中，n 为综合后得到的比例尺为 S_k 的地图上的河流数目；$N_{S_k}^{i}$ 为综合后得到的比例尺为 S_k 的地图上的第 i 条河流的等级值（即 Branch 编码）；$N_{S_0}^{i}$ 为综合后得到的比例尺为 S_k 的地图上的第 i 条河流在比例尺为 S_0 的地图上原始对应河流的等级值。

例如，对于图 6-11（d）中的河系网，综合后得到的河系网如图 6-12 所示，它们之间的属性相似度为

$$\mathrm{Sim}^{\mathrm{Att}}\left(A_{s_0}, A_{s_k}\right) = \frac{\sum_{i=1}^{n} N_{S_k}^{i}}{\sum_{i=1}^{n} N_{S_0}^{i}} = \frac{7}{15} = 46.7\%$$

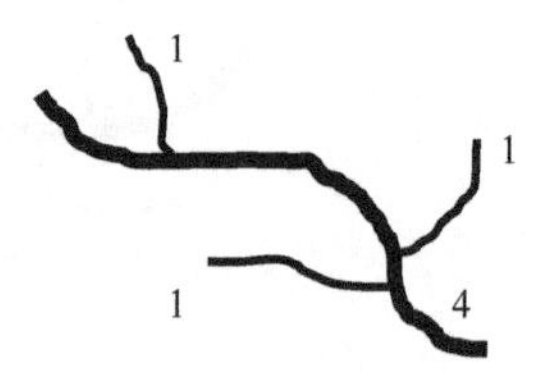

图 6-12　图 6-11 中的河系综合到某较小比例尺地图上的图形结果及其 Branch 编码法

6.2.5　离散面群目标空间相似度的计算

地图上呈离散面群状分布的地物有居民地、湖泊、岛屿、池塘、湿地、绿地等。其中，居民地在地图上具有独特的重要性，应用也最为广泛，所以这里以居民地群组目标为例，论述离散面群目标的空间相似关系计算方法。其他的离散面群目标的空间相似关系计算方法可以类推。

诚然，人们在阅读地图的时候倾向于把具有某些共同特征的居民地看作一个群组，然后加以处理。例如，图 6-13 中的三个居民地群组分别因为居民地距离临近、居民地

的大小和形状相似、居民地的排列方向一致等而被人们看作一个整体。在地图综合过程中，制图员面对众多的居民地地形图时，首要的任务就是把居民地分成各种大小的群组，然后对各组居民地分别进行综合。

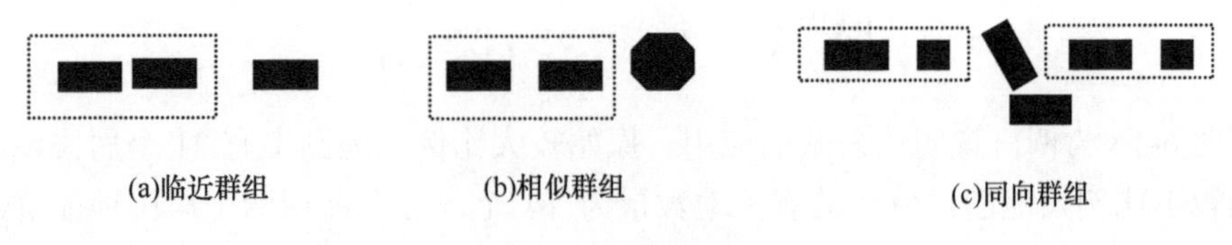

图 6-13　居民地群组

1. 离散面群目标的拓扑相似度计算

地图综合过程中针对居民地的综合操作很多，如融合、降维、移位、夸张、删除、化简、典型化等。有些操作会引起居民地之间的空间拓扑关系变化，有些操作则不会，详见表 6-1。

表 6-1　针对居民地群组的综合操作及由其引起的拓扑关系变化

综合操作	图形示例	拓扑变化
融合		Yes
降维		No
移位		No
夸张		No
删除		Yes
化简		No
典型化		Yes

对于比例尺为 S_0 的地图上的居民地群组，把它们综合后得到比例尺为 S_k 的地图上的居民地群组。如果要求得这两个居民地群组之间的拓扑关系相似度，其核心任务是求得居民地群组综合前后拓扑关系的变化量。

由于本节的研究对象是离散的居民地面群目标，故居民地之间只有一种拓扑关系，即拓扑相离。假设比例尺为 S_0 的地图上的居民地群组中有 N_{S_0} 个居民地目标，则它们之间存在 $N_{S_0}\times\left(N_{S_0}-1\right)$ 个拓扑相离关系。同理，假设综合后比例尺为 S_k 的地图上的居民

地群组中有 N_{S_k} 个居民地目标，则它们之间存在 $N_{S_k}\times\left(N_{S_k}-1\right)$ 个拓扑相离关系。如此一来，这两个居民地群组的拓扑关系相似度可以用式（6-34）计算：

$$\mathrm{Sim}^{\mathrm{Top}}\left(A_{S_0},A_{S_k}\right)=\frac{N_{S_k}\cdot\left(N_{S_k}-1\right)}{N_{S_0}\cdot\left(N_{S_0}-1\right)} \tag{6-34}$$

以图 6-14 为例，说明该公式的应用。原始较大比例尺地图上有 21 个居民地，综合后得到较小比例尺地图后保留的居民地数量为 14 个。综合前后两个居民地面群的拓扑相似度为

$$\mathrm{Sim}^{\mathrm{Top}}\left(A_{S_0},A_{S_k}\right)=\frac{N_{S_k}\cdot\left(N_{S_k}-1\right)}{N_{S_0}\cdot\left(N_{S_0}-1\right)}=\frac{14\times13}{21\times20}=43.33\%$$

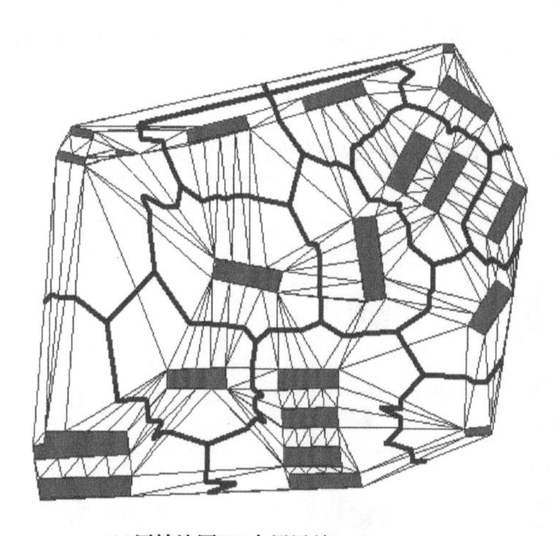

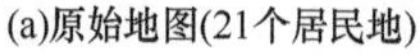

(a)原始地图(21个居民地)　　　　(b)综合后的地图(14个居民地)

图 6-14　居民地群组、分组综合及其拓扑相似度计算

2. 离散面群目标的方向相似度计算

居民地之间的空间方向关系在地图综合的过程中可能发生变化，如居民地的合并、移位、夸张、删除等都可能直接导致两个居民地之间方向关系改变。要计算比例尺为 S_0 的地图上的居民地群组与综合后得到的比例尺为 S_k 的地图上的居民地群组之间的方向关系相似度，一个自然的想法就是对比这两个居民地群组的方向关系差异，由此得到它们空间方向相似度。

两个居民地之间的空间方向关系可以用“方向组”来描述（Yan et al.，2006），因为用多个方向来描述两个目标之间的方向关系是人们的习惯（Peuquet and Zhan，1987；Hong，1994；Goyal，2000）。一个方向组中的一个方向由两部分组成：方向和方向的权值。例如，图 6-15 中的居民地 A 与亭子 B 之间的空间方向关系用方向组表达为

$$\mathrm{Dir}\left(A,B\right)=\left\{<N,30\%>,<S,30\%>,<E,40\%>\right\}$$

这个方向关系包含了 3 个方向，构成了 1 个方向组。这个表达可以解释为：居民地

A 有 30%在亭子 B 的北面，有 30%在亭子 B 的南面，有 40%在亭子 B 的东面。

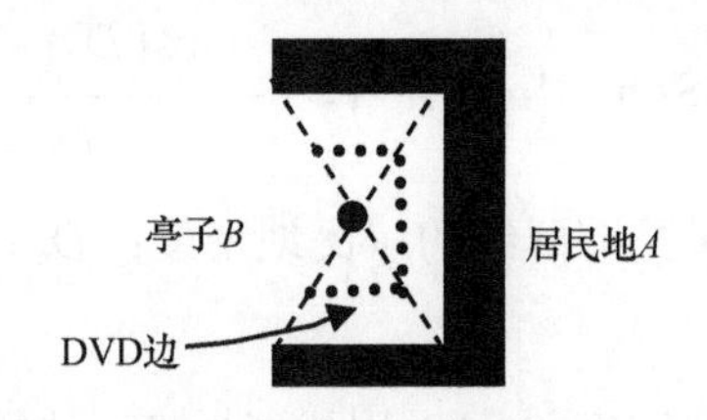

图 6-15　方向组示例

下面给出计算比例尺为 S_0 的地图上的居民地群组与综合后得到的比例尺为 S_k 的地图上的居民地群组之间的方向关系相似度的方法。假定比例尺为 S_0 的地图上的居民地群组包含 N_{S_0} 个居民地，综合后得到的比例尺为 S_k 的地图上的居民地群组包含 N_{S_k} 个居民地。

第一步：定义 1 个 $\left(N_{S_0}-1\right)\times\left(N_{S_0}-1\right)$ 的数组 B，用以记录比例尺为 S_0 的地图上的每两个居民地之间的方向关系。数组 B 中的元素可以记录方向组信息。同样，定义 1 个 $\left(N_{S_k}-1\right)\times\left(N_{S_k}-1\right)$ 的数组 C，用以记录比例尺为 S_k 的地图上的每两个居民地之间的方向关系。

第二步：计算比例尺为 S_0 的地图上的每两个居民地之间的方向关系，记录在数组 B 中。同样，计算比例尺为 S_k 的地图上的每两个居民地之间的方向关系，记录在数组 C 中。

第三步：求 B 和 C 中的方向关系交集。具体步骤如下：

（1）令 $i=0$，$j=0$，$N=0$。

（2）令 $m=0$，$p=0$。

（3）搜索数组 C。如果 C_{mp} 中保存的方向组的全部或部分也是 B_{ij} 表达的两个居民地之间的方向组，则 N++。直到数组 C 被遍历。

（3）如果 $i<\left(N_{S_k}-1\right), i++$，返回步骤（2）；如果 $j<\left(N_{S_k}-1\right), j++$，返回步骤（2）；否则，结束运算。

以上运算中求得的 N_{S_k} 就是综合前后的两个居民地群组之间的方向关系交集。

这两个居民地群组的方向关系相似度可以用式（6-34）计算：

$$\mathrm{Sim}^{\mathrm{Dir}}\left(A_{s_0}, A_{s_k}\right)=\frac{N}{8N_{S_0}\cdot\left(N_{S_0}-1\right)} \tag{6-34}$$

需要说明的是：这里采用了 8 方向系统，$8N_{S_0}\cdot\left(N_{S_0}-1\right)$ 是比例尺为 S_0 的居民地群组里任意两个居民地之间的方向关系的总和。

3. 离散面群目标的距离相似度计算

比例尺为 S_0 的居民地群组与其综合后得到的比例尺为 S_k 的居民地群组之间的空间

距离关系相似度可以用式（6-36）计算：

$$\mathrm{Sim}^{\mathrm{Dis}}\left(A_{s_0},A_{s_k}\right)=1-\frac{\mathrm{abs}\left(D_{S_0}-D_{S_k}\right)}{D_{S_0}} \tag{6-36}$$

式中，D_{S_0} 为比例尺为 S_0 的居民地群组的居民地密度；D_{S_k} 为比例尺为 S_k 的居民地群组的居民地密度。

一个居民地群组的居民地密度 D 可以用式（6-37）计算：

$$D=\frac{\sum_{i=1}^{n}A_i}{S} \tag{6-37}$$

式中，n 为居民地群组包含的居民地的个数；A_i 为第 i 个居民地的面积；S 为居民地群组占据的整体区域的面积（包含了居民地之间的空地）。

4. 离散面群目标的属性相似度计算

在地图数据的模型综合中，居民地的属性，如居民地的高度、建筑所用的材料、人口数等，很少被作为居民地取舍的因子。所以，可以认为，在地图综合中居民地的属性关系没有发生变化，即一个居民地群组和其综合后得到的居民地群组之间的属性关系相似度为 1。

$$\mathrm{Sim}^{\mathrm{Att}}\left(A_{s_0},A_{s_k}\right)=1 \tag{6-38}$$

6.2.6 连续面群目标空间相似度的计算

反映地表覆盖的土地类型地图由连续的多边形目标构成，其是最典型的一类连续面群目标地图，故本节以它为例来论述该类目标的空间相似度计算方法。如图 6-16 中的土地利用类型地图就是由连续的多边形构成的。

1. 连续面群目标的拓扑相似度计算

连续面群目标的两个多边形之间可能存在的拓扑关系有 3 种：拓扑相离、拓扑相邻和拓扑包含。有的学者认为其提及了被包含关系，但本书认为被包含关系是包含关系的反面，可以归为同一种拓扑关系，故不做区分。例如，图 6-17 中，多边形 P_1、P_2 是拓扑相离关系，多边形 P_2、P_3 是拓扑相邻关系，多边形 P_3、P_4 是拓扑包含关系。

对于比例尺为 S_0 的连续面群，当它被综合后得到比例尺为 S_k 的连续面群，要计算这两个连续面群之间的空间拓扑关系相似度，关键是计算它们之间的拓扑关系的不变量。为此，假定比例尺为 S_0 的连续面群包含的居民地数为 N_{S_0}，比例尺为 S_k 的连续面群包含的多边形数为 N_{S_k}。用元素为整数的 $\left(N_{S_0}-1\right)\times\left(N_{S_0}-1\right)$ 矩阵 B_{S_0} 记录比例尺为 S_0 的连续面群中每两个多边形之间的拓扑关系，用元素为整数的 $\left(N_{S_k}-1\right)\times\left(N_{S_k}-1\right)$ 矩阵 B_{S_k}

记录比例尺为 S_k 的连续面群中每两个多边形之间的拓扑关系。两个多边形之间的拓扑相离、拓扑相邻和拓扑包含分别被记录为 0、1、2。

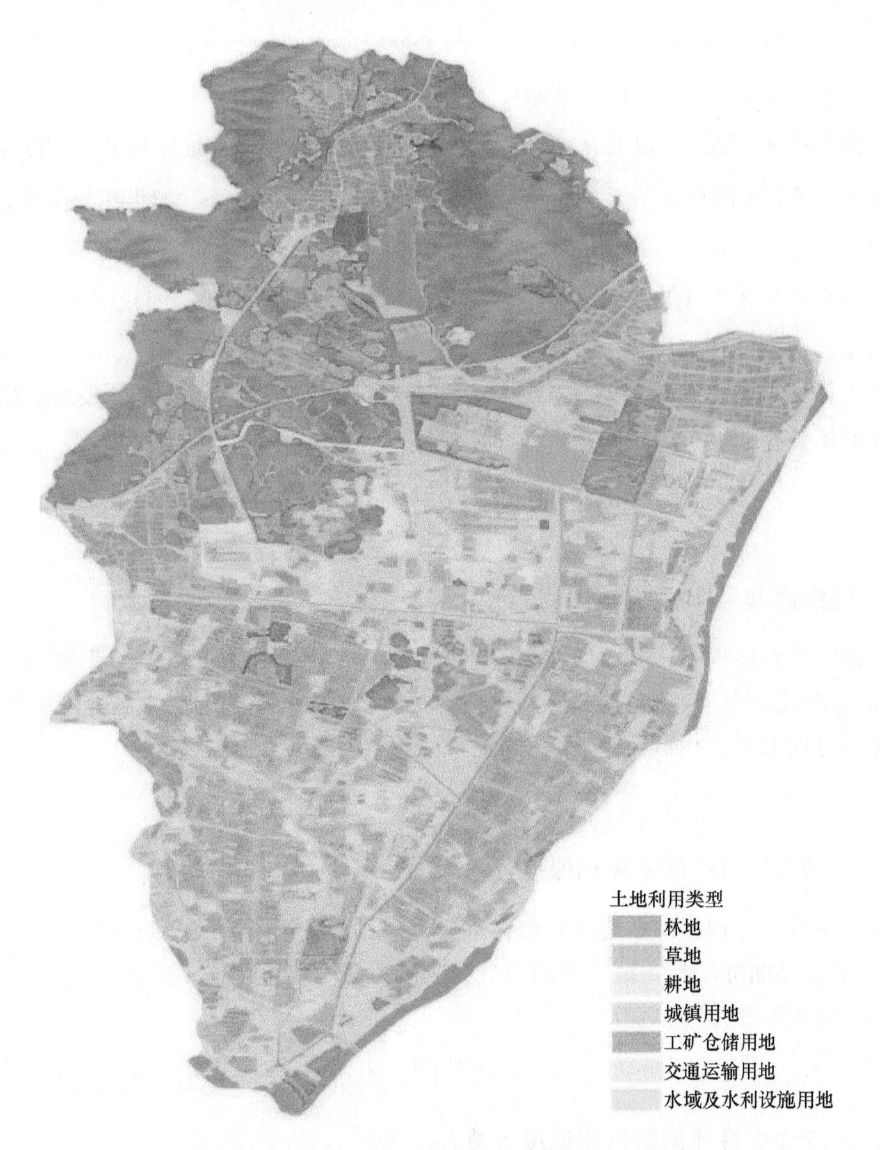

图 6-16　土地利用类型地图由连续的面群目标组成

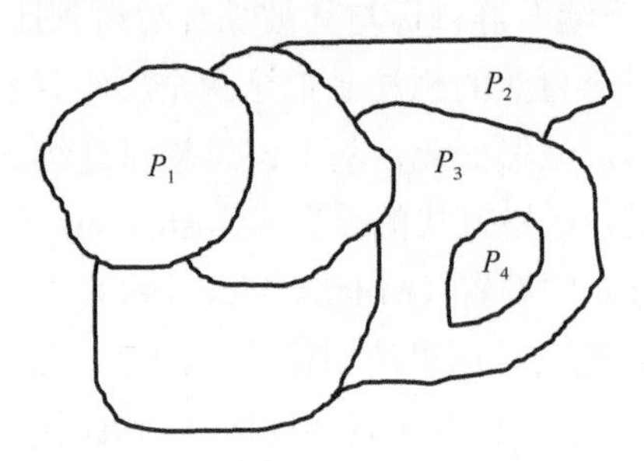

图 6-17　连续面群中多边形目标之间的 3 种拓扑关系

运用如下算法求出这两个连续面群之间的拓扑关系的不变量。

第一步：比例尺为 S_0 的连续面群里每两个多边形之间的拓扑关系记录在矩阵 B_{S_0} 里。

第二步：比例尺为 S_k 的连续面群里每两个多边形之间的拓扑关系记录在矩阵 B_{S_k} 里。

第三步：令 $i=0$， $j=0$， $N=0$。

第四步：遍历 B_{S_0}。如果 B_{S_0} 中的某元素记录的拓扑关系的目标与 B_{S_k} 中的第 i 行、第 j 列中元素记录的拓扑关系的目标一致，对比它们的拓扑关系。如果拓扑关系值相等，则 N++。

第五步：如果 $i<\left(N_{S_k}-1\right), i++$，返回第四步；如果 $j<\left(N_{S_k}-1\right), j++$， $i=0$，返回第四步；否则，结束运算。

以上算法得到的 N 就是这两个连续面群目标之间的拓扑关系中的不变量。这样，它们之间的拓扑相似度可以用式（6-39）计算：

$$\mathrm{Sim}^{\mathrm{Top}}\left(A_{S_0}, A_{S_k}\right)=\frac{N}{\left(N_{S_0}-1\right)\cdot\left(N_{S_0}-1\right)} \tag{6-39}$$

2. 连续面群目标的方向相似度计算

在地图综合过程中，多边形的合并并不会引起目标之间方向关系的变化，即对于比例尺为 S_0 的连续面群，当它被综合后得到比例尺为 S_k 的连续面群，这两个连续面群之间的空间方向关系的相似度不变。

$$\mathrm{Sim}^{\mathrm{Dir}}\left(A_{S_0}, A_{S_k}\right)=1 \tag{6-40}$$

3. 连续面群目标的距离相似度计算

在地图综合过程中，多边形的合并不会引起目标之间距离关系的变化，即对于比例尺为 S_0 的连续面群，当它被综合后得到比例尺为 S_k 的连续面群，这两个连续面群之间的空间距离关系相似度不变。

$$\mathrm{Sim}^{\mathrm{Dis}}\left(A_{S_0}, A_{S_k}\right)=1 \tag{6-41}$$

4. 连续面群目标的属性相似度计算

要计算比例尺为 S_0 的连续面群目标与其被综合后得到比例尺为 S_k 的连续面群目标之间的属性关系相似度，一个自然的想法是把这两个群组目标叠置在一起，比较它们的属性（Uuemaa et al.，2009）。诚然如此，基于该思想对连续面群进行叠置运算的成果连篇累牍，它们可以分为两类，栅格方式的叠置（Gustafson，1998；Hagen，2003；Csillag and Boots，2004）和矢量方式的叠置（Milenkovic，1998；Liu，2002；Sadahiro，2012）。矢量的方法比较复杂，计算量大。这里选用栅格方法来讨论。

假设把要讨论的比例尺为 S_0 的连续面群目标 A_{S_0} 和比例尺为 S_k 的连续面群目标 A_{S_k} 叠置在一起，然后在它们上面覆盖 $N\times N$ 的网格。这样，要研究的两个目标群被网格划分。如果位于一个网格里属于 A_{S_0} 的目标的属性与属于 A_{S_k} 的目标的属性相同，则把该网格的属性值标记为 1，否则，把该网格的属性值标记为 0。计算所有属性值为 1 的网格数量，设其为 M。基于此，比例尺为 S_0 的连续面群目标和比例尺为 S_k 的连续面群目标之间的属性关系相似度可以用式（6-42）计算：

$$\text{Sim}^{\text{Att}}\left(A_{S_0}, A_{S_k}\right) = \frac{M}{M \cdot N} \tag{6-42}$$

这里需要注意网格大小，即 N 的大小，如何确定。显而易见，N 越大，网格越小，则计算的精度越高。但 N 越大，网格数就越多，计算工作量就越大。根据笔者的实验，N 值的大小由最小的网格宽度决定。选取的网格的宽度一半不要大于两个连续面群中宽度最小的多边形的宽度。

6.3　图幅之间的相似度计算

6.1 节、6.2 节讨论的是单独的两个目标或者两组目标之间的空间相似关系计算方法，其本质上是把地图分成若干层目标，然后分别评价它们之间的相似性。但在许多情况下，人们希望知道两幅地图之间的整体相似度。尤其是在地图综合中，制图员希望能够量化地计算一幅较大比例尺的地图和其综合、化简后得到的较小比例尺的地图之间的相似度，以此来评价地图综合完成的程度和质量。既然如此，两幅地图之间的空间相似度如何计算？前面讨论的那些方法可否直接集成而得到整幅地图之间的空间相似度？

地图的类型众多，难以为所有地图找到空间相似度计算的统一公式或方法，故这里选择有代表性的地形图来讨论。为了讨论的方便，这里先给出一幅地形图的描述：

假设有一幅比例尺为 S_0 的地形图 T_{S_0}，其上有 N_{S_0} 类目标，也即有 N_{S_0} 个目标层，每个目标层具有的目标数分别是 n_1，n_2，…，nN_{S_0}。T_{S_0} 被综合后得到一幅比例尺为 S_k 的地形图 T_{S_k}，其上有 N_{S_k} 类目标，也即有 N_{S_k} 个目标层，每个目标层具有的目标数分别是 m_1，m_2，…，mN_{S_k}。令 $n_{\text{sum}} = n_1 + n_2 + \cdots + n_{S_0}$，$m_{\text{sum}} = m_1 + m_2 + \cdots + m_{S_k}$。下面分别讨论它们的空间拓扑关系相似度、空间方向关系相似度、空间距离关系相似度和属性相似度的计算方法。

6.3.1　图幅的空间拓扑关系相似度的计算

为了求得比例尺为 S_0 的地形图 T_{S_0} 与其综合后得到的比例尺为 S_k 的地形图 T_{S_k} 之间的拓扑关系相似度，关键是需要求得它们两者之间的拓扑关系的交集。当然，在此之前需要求得地图上任意两个目标（点目标、线目标和面目标）之间的拓扑关系。计算两个目标拓扑关系的文献已是汗牛充栋（Egenhofer and Franzosa，1991；Formica et al.，2013），此处不再赘述。

定义 $(n_{\text{sum}}-1)\times(n_{\text{sum}}-1)$ 的整数矩阵 B 用以记录比例尺为 S_0 的地形图 T_{S_0} 中每两个目标之间的空间拓扑关系，定义 $(m_{\text{sum}}-1)\times(m_{\text{sum}}-1)$ 的整数矩阵 C 用以记录比例尺为 S_k 的地形图 T_{S_k} 中每两个目标之间的空间拓扑关系。每种拓扑关系用一个正整数来表示。拓扑关系与正整数的对应关系见表 6-2。下面给出求 T_{S_0} 与 T_{S_k} 的拓扑关系交集的算法。

表 6-2　各类拓扑关系的正整数表达对应关系

拓扑关系	正整数
拓扑相离	1
拓扑关联	2
拓扑相交	3
拓扑被包含	4
拓扑包含	5
相等（完全覆盖）	6

第一步：计算比例尺为 S_0 的地形图 T_{S_0} 中每两个目标之间的空间拓扑关系，把结果记录在矩阵 B 中。

第二步：计算比例尺为 S_k 的地形图 T_{S_k} 中每两个目标之间的空间拓扑关系，把结果记录在矩阵 C 中。

第三步：定义 N_{sum} 用以记录两个地图目标的拓扑关系的不变量，令 $N_{\text{sum}}=0$。

第四步：令 $i=0$， $j=0$。

第五步：遍历 B。如果 B 中的某元素记录的拓扑关系的目标与 C 中的第 i 行、第 j 列元素记录的拓扑关系的目标一致，对比它们的拓扑关系。如果拓扑关系值相等，则 $N_{\text{sum}}++$。

第六步：如果 $i<(m_{\text{sum}}-1), i++$，返回第五步；如果 $j<(m_{\text{sum}}-1), j++$， $i=0$，返回第五步；否则，结束运算。

以上算法得到的 N_{sum} 就是这两幅地图之间的拓扑关系中的不变量。这样它们之间的拓扑相似度 $\text{Sim}^{\text{Top}}\left(A_{s_0}, A_{s_k}\right)$ 可以用式（6-43）计算：

$$\text{Sim}^{\text{Top}}\left(A_{s_0}, A_{s_k}\right)=\frac{N_{\text{sum}}}{n_{\text{sum}}\cdot(n_{\text{sum}}-1)} \tag{6-43}$$

6.3.2　图幅的空间方向关系相似度的计算

为了求得比例尺为 S_0 的地形图 T_{S_0} 与其综合后得到的比例尺为 S_k 的地形图 T_{S_k} 之间的方向关系相似度，关键是需要求得它们两者之间的方向关系的不变量。当然，在此之前需要求得地图上任意两个目标之间的方向关系。已有计算两个目标之间的方向关系的许多成果（Goyal，2000），此处不再赘述。这里选用 DVD 模型，用方向组来记录方向关系（Yan et al.，2006）。

定义$\left(n_{\mathrm{sum}}-1\right)\times\left(n_{\mathrm{sum}}-1\right)$的矩阵 B 用以记录比例尺为 S_0 的地形图T_{S_0}中每两个目标之间的空间方向关系，定义$\left(m_{\mathrm{sum}}-1\right)\times\left(m_{\mathrm{sum}}-1\right)$的矩阵 C 用以记录比例尺为 S_k 的地形图T_{S_k}中每两个目标之间的方向拓扑关系。矩阵 B 和矩阵 C 中的每个元素包含 8 个<正整数，小数>数组，以记录两个目标在 8 方向系统中各个方向的关系及所占的百分比（即权值）。其中，每个数组的正整数用于记录方向，小数用于记录方向的权值。正整数与方向的对应关系见表 6-3。

表 6-3　各个方向的正整数表达

方向	正整数
N	1
NW	2
W	3
SW	4
S	5
SE	6
E	7
NE	8

下面给出求T_{S_0}与T_{S_k}的方向关系交集的算法。

第一步：计算比例尺为 S_0 的地形图T_{S_0}中每两个目标之间的空间方向关系，把结果记录在矩阵 B 中。

第二步：计算比例尺为 S_k 的地形图T_{S_k}中每两个目标之间的空间方向关系，把结果记录在矩阵 C 中。

第三步：定义 N_{sum} 用以记录两个地图目标之间的方向关系的不变量，令 $N_{\mathrm{sum}}=0$。

第四步：令 $i=0$，$j=0$。

第五步：遍历 B。如果 B 中的某元素记录的方向关系的目标与 C 中的第 i 行、第 j 列中元素记录的方向关系的目标一致，对比它们的方向关系。如果方向关系一致，则 N_{sum}++。

第六步：如果 $i<m_{\mathrm{sum}}-1$，i++，返回第五步；如果 $j<m_{\mathrm{sum}}-1$，j++，$i=0$，返回第五步；否则，结束运算。

以上算法得到的 N_{sum} 就是这两幅地图之间的方向关系中的不变量。这样它们之间的方向相似度$\mathrm{Sim}^{\mathrm{Top}}\left(A_{S_0},A_{S_k}\right)$可以用式（6-44）计算：

$$\mathrm{Sim}^{\mathrm{Top}}\left(A_{S_0},A_{S_k}\right)=\frac{N_{\mathrm{sum}}}{8n_{\mathrm{sum}}\left(n_{\mathrm{sum}}-1\right)} \tag{6-44}$$

6.3.3　图幅的空间距离关系相似度的计算

地形图上目标之间的距离关系可以用 Voronoi 图来描述，因为 Voronoi 图被认为是 2 维地图空间剖分（Aurenhammer，1991）和空间关系表达的理想工具（Chen et al.，2001）。Voronoi 图进行空间剖分的概念已经从几何意义的点拓展到地图空间的线目标和面目标（Li et al.，1999）。图 6-18 就是地图空间目标的点（*C*）、线（*D*）、面（*A* 与 *B*）目标被 Voronoi 图剖分的例子。

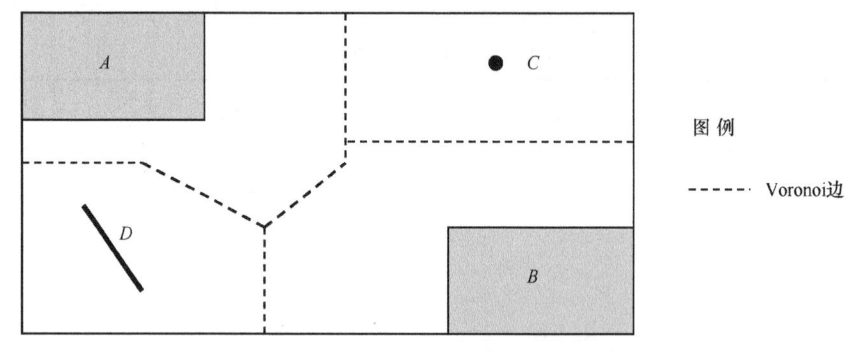

图 6-18　地图空间目标的 Voronoi 图

下面讨论运用点、线、面目标的 Voronoi 图计算地图上的点群、线群、面群目标在两个不同比例尺地图上的空间距离关系相似度的方法。

对于一幅地图上的点目标而言，它们可以被看作一个点群目标，借助 Voronoi 图可以对点群进行图面的剖分，然后用式（6-15）计算比例尺为 S_0 的地图上的点群和其化简后得到的比例尺为 S_k 的地图上的点群之间的空间距离相似度 $\mathrm{Sim}_{\mathrm{Point}}^{\mathrm{Dis}}\left(A_{s_0}, A_{s_k}\right)$。

地图上的所有线目标可以被看作一个线网，运用 Voronoi 图对线网空间进行剖分，然后借助于式（6-21）计算[注意：用于计算线网目标距离相似度的式（6-23）和式（6-27）的意义与式（6-21）相同]，计算比例尺为 S_0 的地图上的线网目标和其化简后得到的比例尺为 S_k 的地图上的线网目标之间的空间距离相似度 $\mathrm{Sim}_{\mathrm{Line}}^{\mathrm{Dis}}\left(A_{s_0}, A_{s_k}\right)$。其中，每个线目标占据的面积用该线目标占据的 Voronoi 多边形的面积来表达。

地图上的所有面目标可以看作离散的多边形群。对于那些拓扑邻接的面目标，可以看作一个整体面目标。这样就可以运用 Voronoi 图对面群目标空间进行剖分，然后借助式（6-34）来计算比例尺为 S_0 的地图上的面群目标和其化简后得到的比例尺为 S_k 的地图上的面群目标之间的空间距离相似度 $\mathrm{Sim}_{\mathrm{Polygon}}^{\mathrm{Dis}}\left(A_{s_0}, A_{s_k}\right)$。

由此，比例尺为 S_0 的地图和其化简后得到的比例尺为 S_k 的地图之间的空间距离相似度 $\mathrm{Sim}^{\mathrm{Dis}}\left(A_{s_0}, A_{s_k}\right)$ 可以用式（6-45）计算：

$$\mathrm{Sim}^{\mathrm{Dis}}\left(A_{s_0}, A_{s_k}\right)=\frac{N_{\mathrm{Point}}}{N_{\mathrm{sum}}}\mathrm{Sim}_{\mathrm{Point}}^{\mathrm{Dis}}\left(A_{s_0}, A_{s_k}\right)+\frac{N_{\mathrm{Line}}}{N_{\mathrm{sum}}}\mathrm{Sim}_{\mathrm{Line}}^{\mathrm{Dis}}\left(A_{s_0}, A_{s_k}\right)+\frac{N_{\mathrm{Polygon}}}{N_{\mathrm{sum}}}\mathrm{Sim}_{\mathrm{Polygon}}^{\mathrm{Dis}}\left(A_{s_0}, A_{s_k}\right) \tag{6-45}$$

式中，N_{sum} 为比例尺为 S_0 的地图上的目标总数；N_{Point}、N_{Line}、N_{Polygon} 分别为比例尺为 S_0 的地图上的点、线、面目标的数目。

这里，$\frac{N_{\mathrm{Point}}}{N_{\mathrm{sum}}}$、$\frac{N_{\mathrm{Line}}}{N_{\mathrm{sum}}}$、$\frac{N_{\mathrm{Polygon}}}{N_{\mathrm{sum}}}$ 在物理意义上分别是距离相似度计算中的点、线、面目标的权值。

6.3.4　图幅的属性相似度的计算

根据地形图表达地物、地貌的原理，其对表达的地物、地貌要素同等对待，不区分重要性（Harvey，1980；Barber，2005）。因此，各类地物、地貌要素在地图相似度计算中的权值相等。这样，比例尺为 S_0 的地图和其化简后得到的比例尺为 S_k 的地图之间的属性相似度 $\mathrm{Sim}^{\mathrm{Att}}\left(A_{s_0}, A_{s_k}\right)$ 可以用式（6-46）计算：

$$\mathrm{Sim}^{\mathrm{Att}}\left(A_{s_0}, A_{s_k}\right)=\frac{\sum_{i=1}^{n}\mathrm{Sim}^{\mathrm{Layer}_i}\left(A_{s_0}, A_{s_k}\right)}{n} \tag{6-46}$$

式中，n 为地图上的地物类型数，或称为地物层数；$\mathrm{Sim}^{\mathrm{Layer}_i}\left(A_{s_0}, A_{s_k}\right)$ 为比例尺是 S_0 的地图上的第 i 层地物和其化简后得到的比例尺为 S_k 的地图上的第 i 层地物之间的属性相似度。

各层地物属性相似度的计算公式在本章前面已经给出。

6.4　空间相似关系计算方法的验证

人们习惯于把空间相似关系看作对地图上目标的定性描述（郭仁忠，1997），因此本章提出的空间相似度定量化计算方法是否与人们的定性描述习惯相一致就需要验证，由此才能回答诸如“公式、模型计算得到的空间相似度大小是否与人们的空间认知结果相一致？”“人们在多大程度上可以接受公式、模型计算得到的空间相似度？”等问题。本节将专注于回答这些问题。

6.4.1　模型验证的一般方法

模型、方法的正确性可以通过一定的方法进行检验和验证（Schlesinger，1979；Carson，2002；Banks et al.，2010）。此处，检验的意思是：确定模型化的计算机程序的正确性（Sargent，2011）；验证的意思是：计算机化的模型在其指定的应用范围内具有满意的精度（Schlesinger，1979）。 此处使用“验证”的概念，目的是运用一定的方法来证实提出的地图上的空间关系相似度计算方法的计算结果在人们的地图空间认知的接受范围内。

一般来说，如果一种模型或方法是针对一个应用目标而开发的，其验证只要针对该应用目标即可。反之，如果这个模型或方法是针对数个应用目标而研发的，则其验证就必须经由其中的每个应用目标。在面向多应用的验证中，需要事先为每种应用设定具体的实验条件和验证目标，来证明模型或方法的结果在每种应用中都能达到要求的精度范围。通常，要证明一个模型或方法在其针对的所有应用中都是有效的是非常困难的。如果一个实验证明模型或方法对于其针对的一个具体应用在某指定条件下不能产生满足精度的结果，则证明该模型或方法是无效的。但是，确定了该模型在众多的实验条件下都能产生满足精度的结果也并不能保证这个模型在应用中处处有效。

要验证一个模型或方法有效通常有 4 种方法（Sargent，2011），阐释如下。

方法 1：自我判断法。这是模型研发中常用的方法，指的是模型研发队伍自身在研发过程中做出模型是否有效的判断。模型研发者会运用各种数据对模型进行部分或整体的模拟，以证明模型的有效性。

方法 2：用户判断法。如果模型研发队伍人员较少，则可以转换思路，邀请模型的用户参加模型的模拟和验证。

方法 3：第三方验证法。即邀请第三方来独立验证模型的有效性。要求第三方既要独立于开发队伍，又要独立于用户。这种验证方法通常适用于很多开发队伍组合在一起进行大的模型或软件开发的情况。此种情况下，要求第三方对模型有比较透彻的了解。

方法 4：打分判断法。这是一种主观性很强的方法，通常是对模型进行模拟，由别人对模拟结果打分，如果分值达到了预期的阈值，则认为模型合格。

综合来看，每种方法都有自身的优点和缺点。在实践中，通常把几种方法结合在一起来验证模型、方法的有效性。

6.4.2 新模型验证的策略

本章提出的计算多尺度地图空间相似关系的新方法、新模型是为地图综合服务的，也就是说，如果这些定量化的空间相似度计算方法被证明是有效的、都在用户可接受的精度范围以内，则这些方法将应用到地图自动综合中，取代制图员的定性判断，从而实现地图综合的自动化并提高其智能化水平。

为了确保模型和方法验证的有效性、可靠性，这里采用复合的方法来验证新模型的精度，即把 3 种方法同时应用到新模型的验证中，包括自我判断法、第三方验证法和专家参与法。

策略 1：自我判断法。

自我判断法即指模型和方法的提出者进行自我判断，证明模型与方法在理论上是可行的和正确的。

本书提出计算多尺度目标之间的空间关系相似度方法的目的是实现地图综合中各类目标、各个图层及整幅地图综合的自动化和智能化。为此，本书研究首先把地图综合中在算法层面上可操作的目标分为 10 类：单体点状目标、单体线状目标、单体面状目标、点群目标、平行线簇目标、相交线网目标、树状线网目标、离散面群目标、连续面群目标、整幅地图目标，然后为每类目标设计其空间关系相似度计算方法。这样就确保了针对每类地图目标的地图综合算法都有空间相似度计算模型的支持。为了使模型与方法计算得到的空间关系相似度与人们判断得到的空间相似度之间的差异尽量小，可能在模型和方法设计中将影响人们对地图上空间关系相似性判断的主要因子都考虑进来，并赋予不同的权值以体现其重要程度的差异，这些因子及其权值都被融合到模型与方法中。

可见，面向地图综合的空间相似度计算的新模型、新方法在理论上具有合理性。

策略 2：第三方验证法。

计算多尺度地图空间相似关系的新模型、新方法在研发过程中被许多生产单位的制图员融合到他们的制图软件中进行验证，这些制图员返回了意见，使新模型、新方法的计算精度逐步提高。

策略 3：专家参与法。

既然提出计算地图上空间相似关系的新模型、新方法是为了替代地图制作专家以实现地图综合过程的自动化和智能化，那么借助于地图专家来评估新模型、新方法的正确性和精度是自然的想法。

策略 1 与策略 2 已经在新模型、新方法的研究过程中得到了应用，此处不再赘述。后面专门论述策略 3。策略 3 的基本思路是：设计一系列实验，借助专家的经验和知识来测试和验证新模型、新方法的有效性。故第一步给出心理学实验的设计方法，第二步给出实验中用到的样例数据，最后一步对收集到的实验数据进行分析和讨论，得到一些结论。

6.4.3　心理学实验设计

1. 实验的基本信息

实验时间：2013 年 10 月 20 日。

实验地点：甘肃省兰州市，兰州交通大学。

被试对象：50 名，由本科生和硕士研究生组成，其中女生 24 名，男生 26 名，年龄为 17～27 岁，每名被试者至少具有 6 个月制作地图的经验。所有被试者的专业为地理学或相关专业，其中，16 人的专业为地理信息科学、22 人的专业为地图学与地理信息系统、9 人的专业为测量学、3 人的专业为地理学。

2. 实验目的

（1）验证空间相似度计算方法的可信度；

（2）了解空间相似度计算方法是否可用于地图综合中。

3. 实验过程

第一步：实验样例数据的准备。

地形图上一共有 10 类目标，分别是①单体点状目标，②单体线状目标，③单体面状目标，④点群目标，⑤平行线簇目标，⑥相交线网目标，⑦树状线网目标，⑧离散面群目标，⑨连续面群目标，⑩整幅地图目标。

为了保证实验结果的精度，至少为每类目标准备 3 个实验样例数据，可能是模拟数据，也可能是真实数据。每个样例数据包括：

（1）1 个原始较大比例尺的地图数据；

（2）该数据综合后得到的 5 个较小比例尺的地图数据；

（3）运用前面提出的空间相似关系计算方法计算得到的较大比例尺原始数据和综合后得到的每个较小比例尺数据之间的空间关系相似度，即每个样例数据中有 5 个空间关系相似度。

为了保证使用的样例数据的代表性和每个原始的样例数据在地图综合中被正确综合，邀请 4 位有多年地图制作和地图综合经验的制图员选取和综合地图。

第二步：心理学实验。

每个被试者被分别单独邀请参加实验，样例数据被打印出来，分发给每位被试者。要求每位被试者评估计算得到的每个原始样例数据和每个被综合后得到的图形之间的空间关系相似度是否可以接受。

第三步：统计分析。

统计被试者是否接受每个原始样例数据和每个被综合后得到的图形之间的空间关系相似度，结果组成一个 2 维表，然后进行分析。

6.4.4　心理学实验中的样例数据

1. 选择样例数据的规则

一共有 10 类样例数据（即地图），每类样例数据包含 3～4 个样例，罗列如下，见图 6-19～图 6-52。图形并非严格按地图比例尺表达。

显然，样例数据越多，心理学实验结果的可信度越高。但是，一方面，地图样例数据众多，无法全部罗列；另一方面，如果样例数据太多，实验的工作量就太大，实验不易完成。因此，一个可行的折中方法是选择典型的、有代表性的样例数据进行实验，来提高实验的可信度，所以为样例数据的选择设定了如下规则。

规则 1：10 类目标都必须在实验中被测试。

规则 2：一共有 10 类目标，为每类目标至少选择 3 个样例数据，每个样例数据中的原始地图至少被综合到 5 个较小比例尺的地图上。计算原始地图与综合后的每个较小比例尺地图之间的空间相似度。这样，对于每类目标就可以至少得到 3×5=15 个空间相似度。因为，每个空间相似度与地图比例尺的变化是相对应的，如果把它们放在一起就可以组成 15 个（Sim,C）坐标对。其中，Sim 为相似度，$C = S_k/S_0$ 为比例尺的变化。S_0 为原始图形的比例尺，S_k 为综合后图形的比例尺。由这些坐标对，就可能拟合得到相似度变化和比例尺变化之间的函数关系。

规则 3：每类目标选取的样例数据必须有较大的差异，以体现样例数据的代表性。为此，一方面需要借助国家权威性地图数据库选取数据，另一方面需要邀请经验丰富的制图员模拟数据和进行地图综合。

2. 样例数据

第一类：单体点状目标（3 个样例数据）。

下面列出了 3 个单体点状目标及各自在不同比例尺上的符号化表达。由于单体点状地物是地物最简单的形式，不能再被化简，因此单体点状目标在原始较大比例尺地图上和综合后的另外 5 种比例尺的地图上的表达完全一样。单体点状目标的样例数据如图 6-19～图 6-21 所示。后面陆续列出其他各类目标的样例数据，此处不再说明。

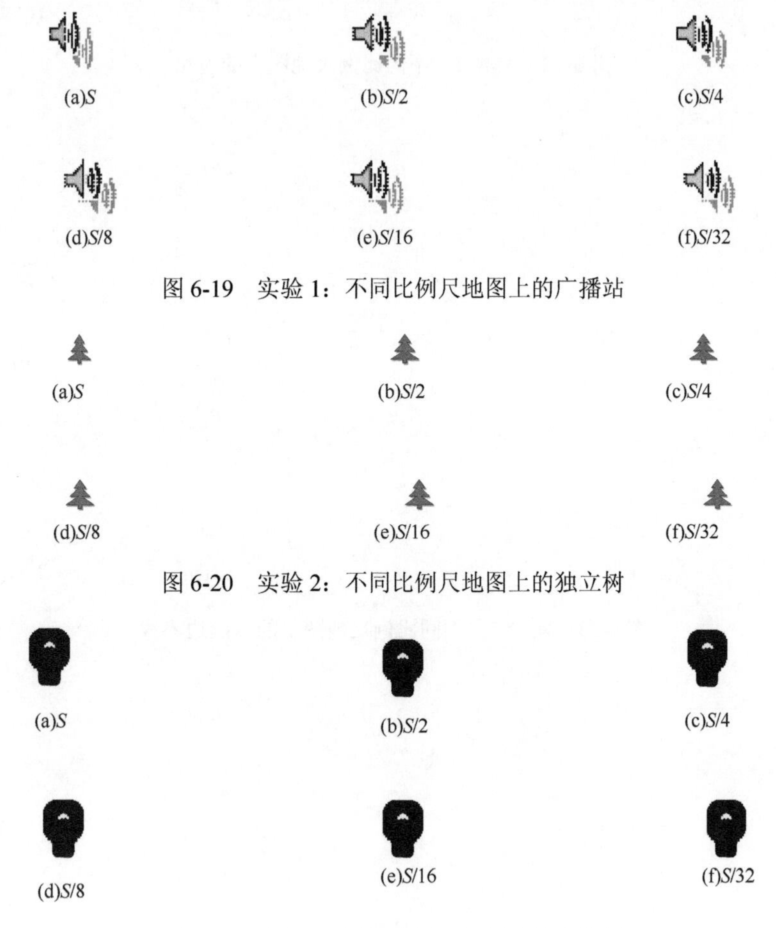

图 6-19　实验 1：不同比例尺地图上的广播站

图 6-20　实验 2：不同比例尺地图上的独立树

图 6-21　实验 3：不同比例尺地图上的交通灯

第二类：单体线状目标（4 个样例数据）（图 6-22～图 6-25）。

图 6-22　实验 4：不同比例尺地图上的道路

图 6-23　实验 5：不同比例尺地图上的一段边界线

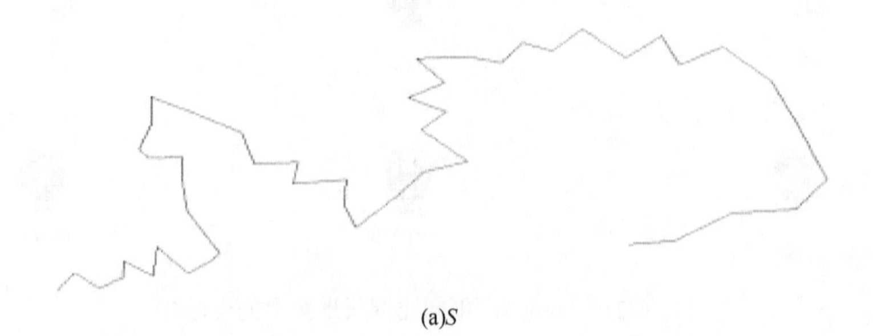

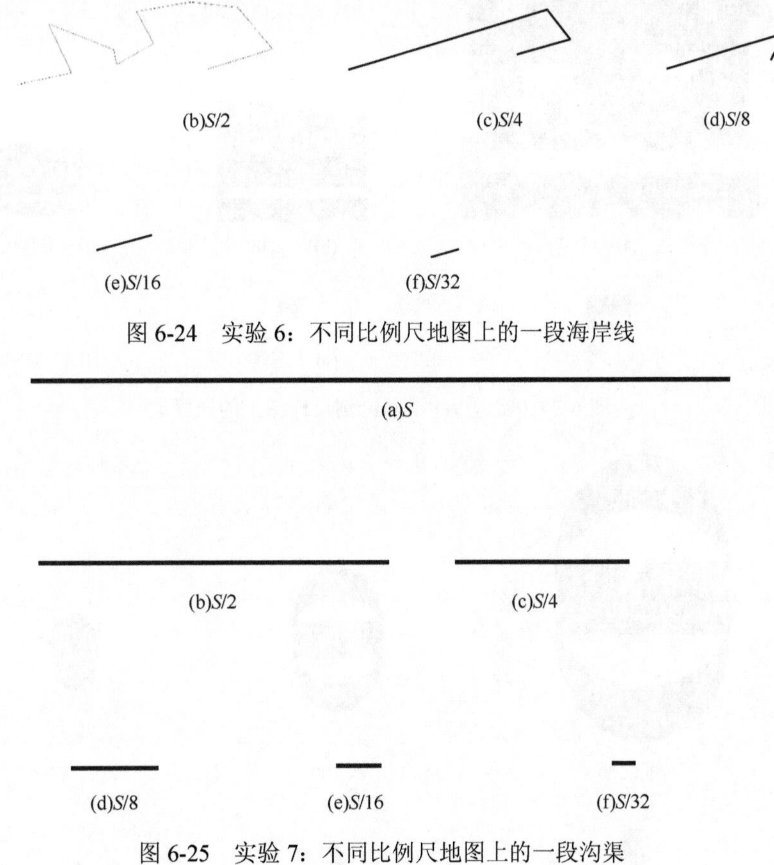

图 6-24　实验 6：不同比例尺地图上的一段海岸线

图 6-25　实验 7：不同比例尺地图上的一段沟渠

第三类：单体面状目标（4 个样例数据）（图 6-26～图 6-29）。

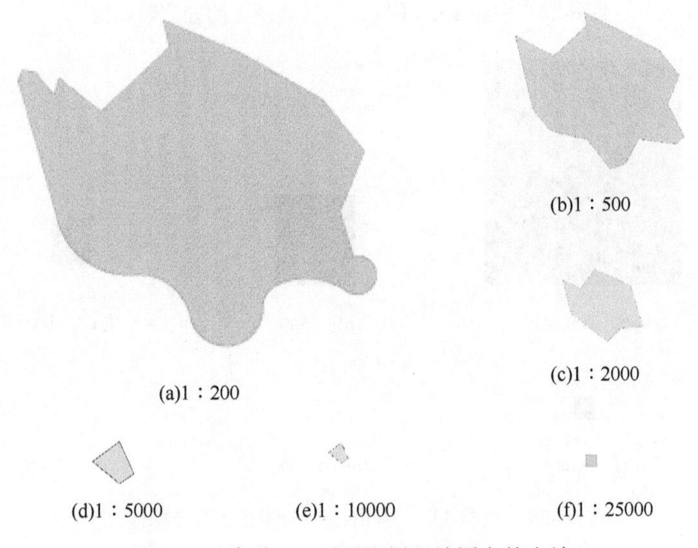

图 6-26　实验 8：不同比例尺地图上的水塘

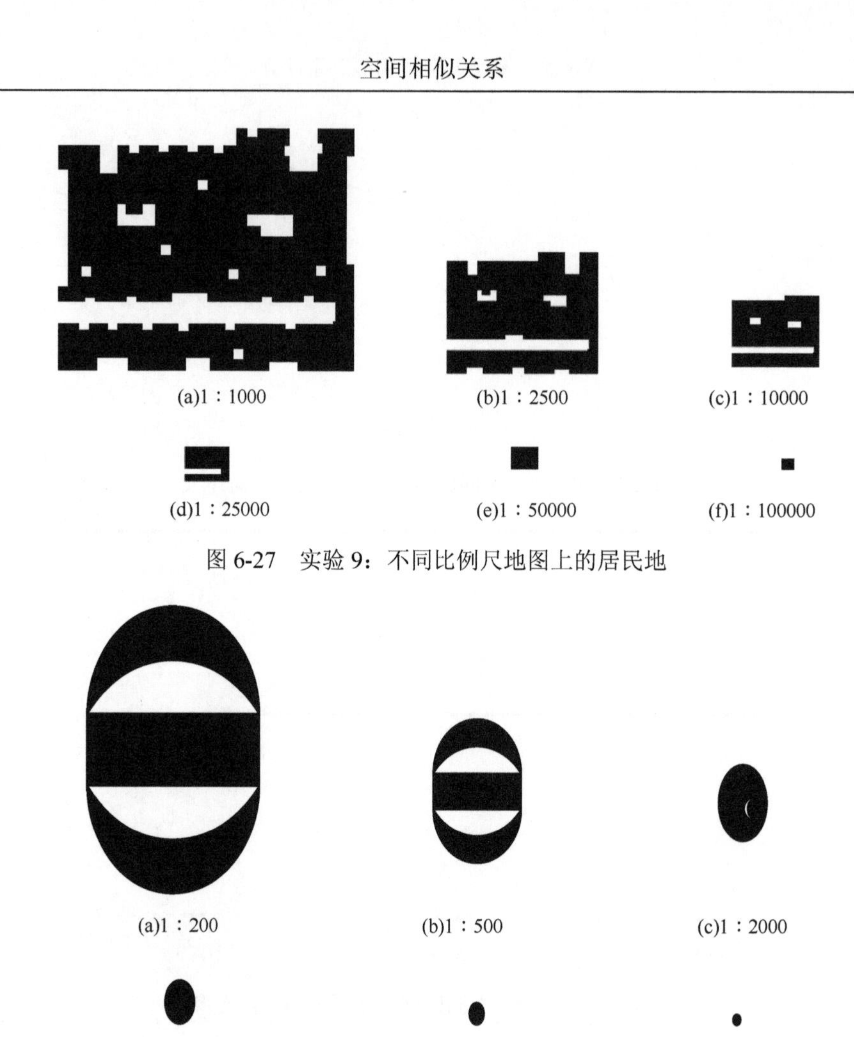

图 6-27　实验 9：不同比例尺地图上的居民地

图 6-28　实验 10：不同比例尺地图上的独立歌剧院

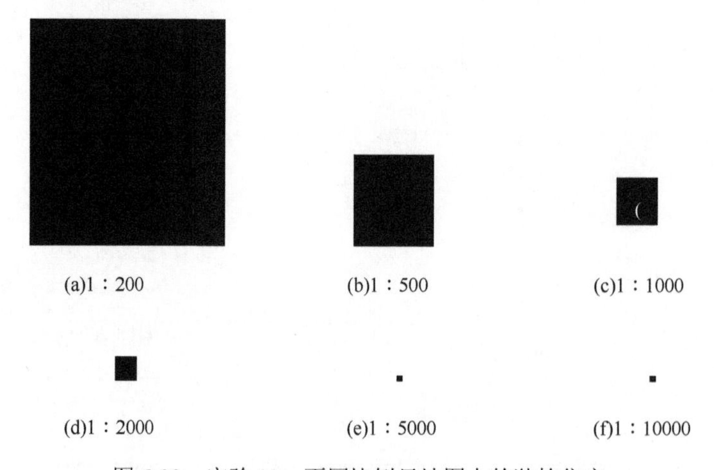

图 6-29　实验 11：不同比例尺地图上的独栋住宅

第四类：点群目标（3 个样例数据）（图 6-30～图 6-32）。

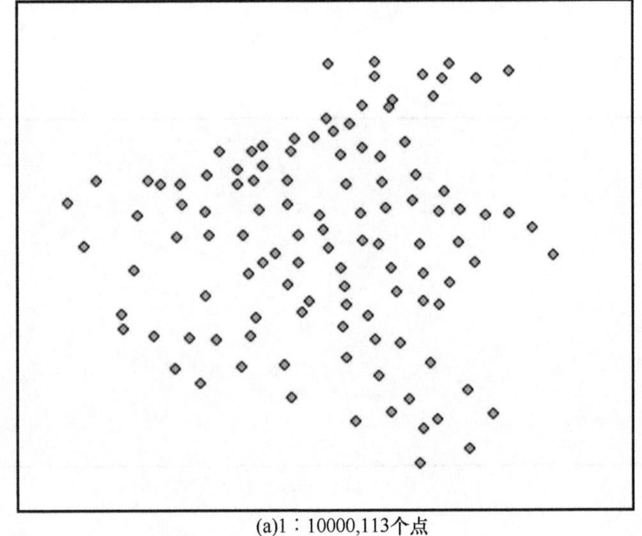

(a)1：10000,113个点

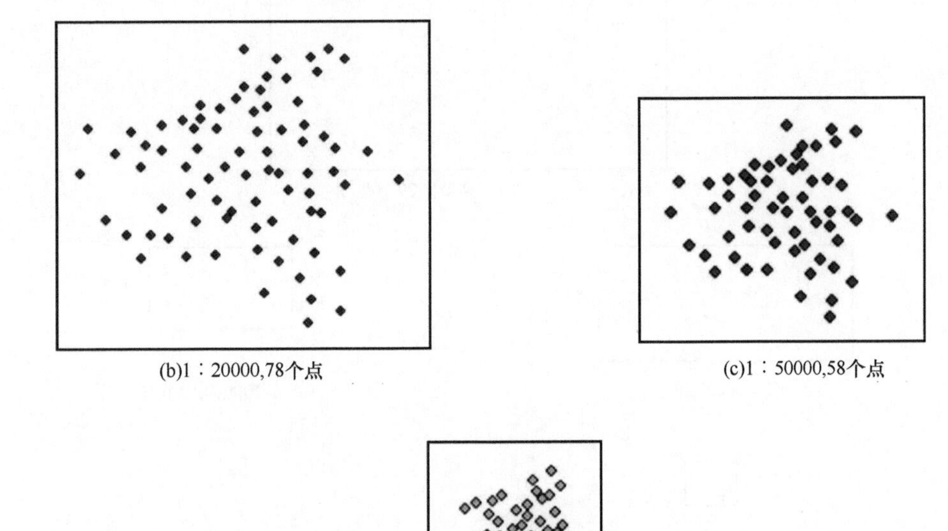

(b)1：20000,78个点　　(c)1：50000,58个点

(d)1：100000,38个点

(e)1：250000,19个点　　(f)1：500000,12个点

图 6-30　实验 12：不同比例尺地图上的点群目标，所有点的权重相等

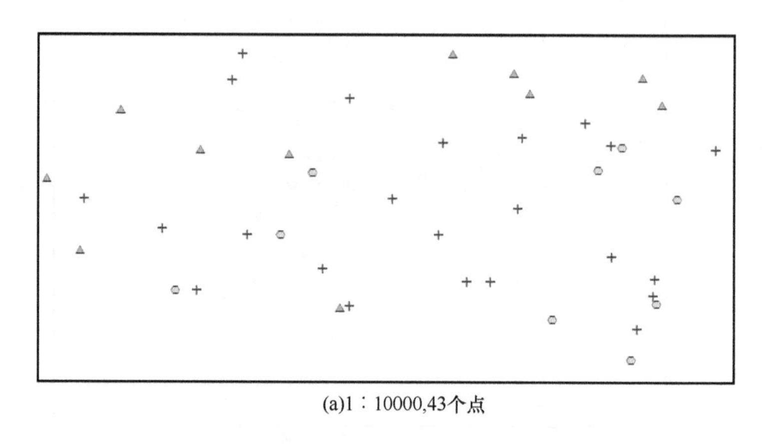

(a)1：10000,43个点

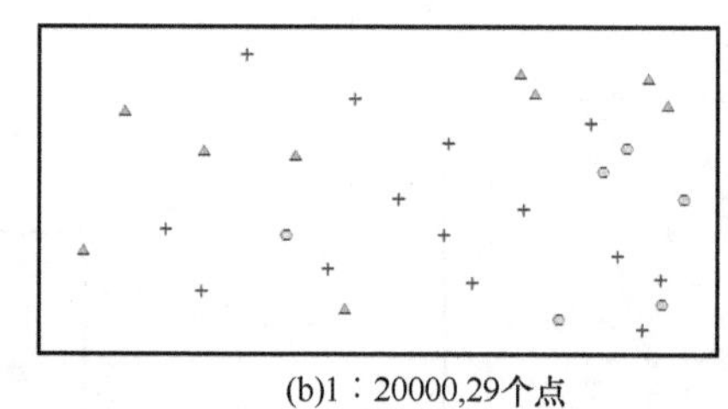

(b)1：20000,29个点

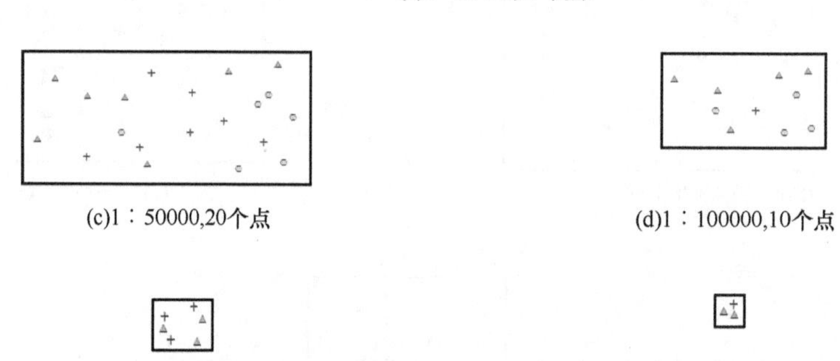

(c)1：50000,20个点　　(d)1：100000,10个点

(e)1：250000,6个点　　(f)1：500000,3个点

一等控制点(权值为4)

二等控制点(权值为2)

三等控制点(权值为1)

图 6-31　实验 13：一个地形规则区域的不同比例尺地图上的控制点群

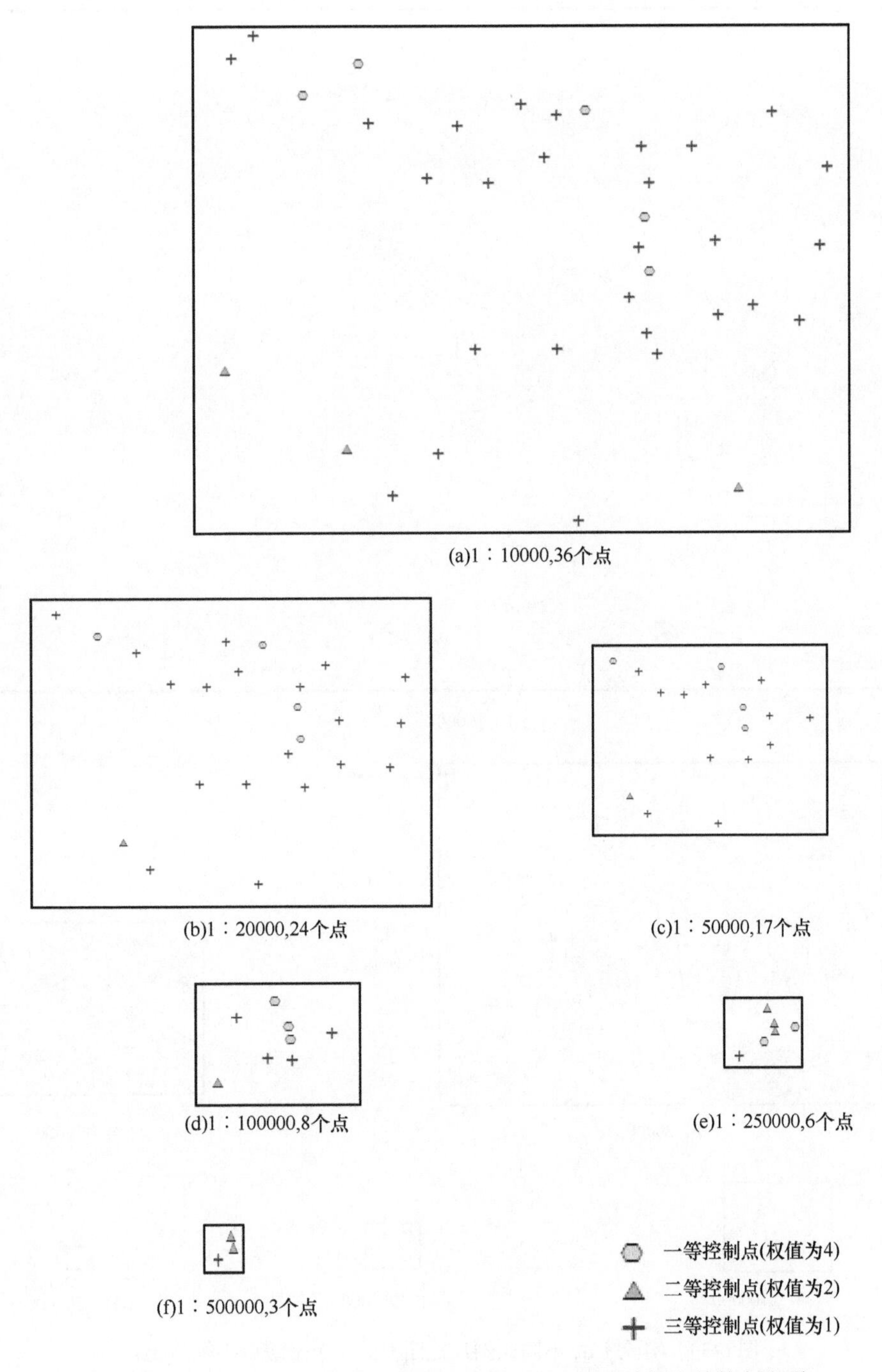

图 6-32　实验 14：一个地形不规则区域的不同比例尺地图上的控制点群

第五类：平行线簇目标（3 个样例数据）（图 6-33～图 6-35）。

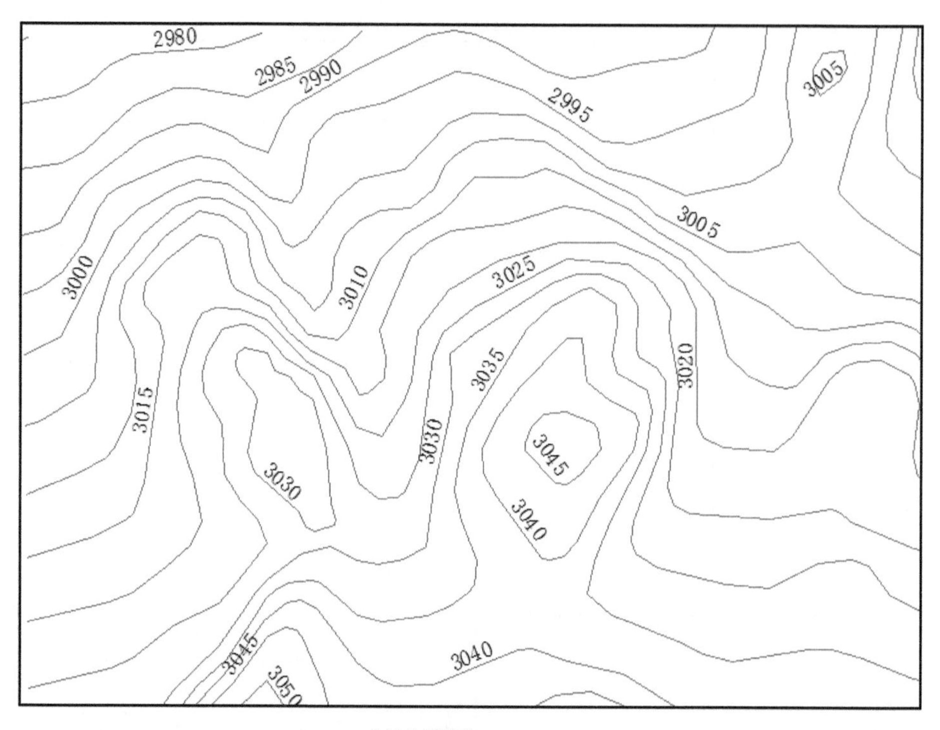

(a)1：10000

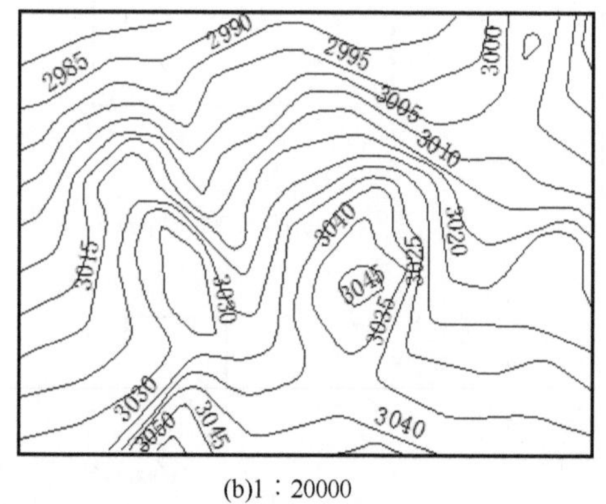

(b)1：20000

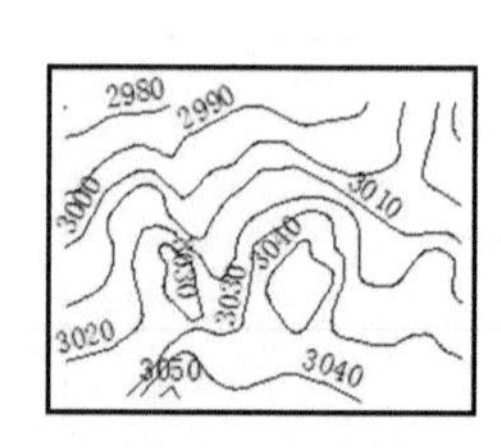

(c)1：50000

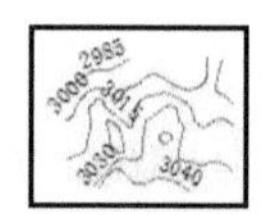

(d)1：100000

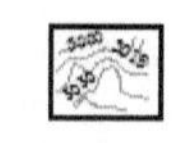

(e)1：250000

(f)1：500000

图 6-33 实验 15：不同比例尺地图上的一个平缓山头等高线簇

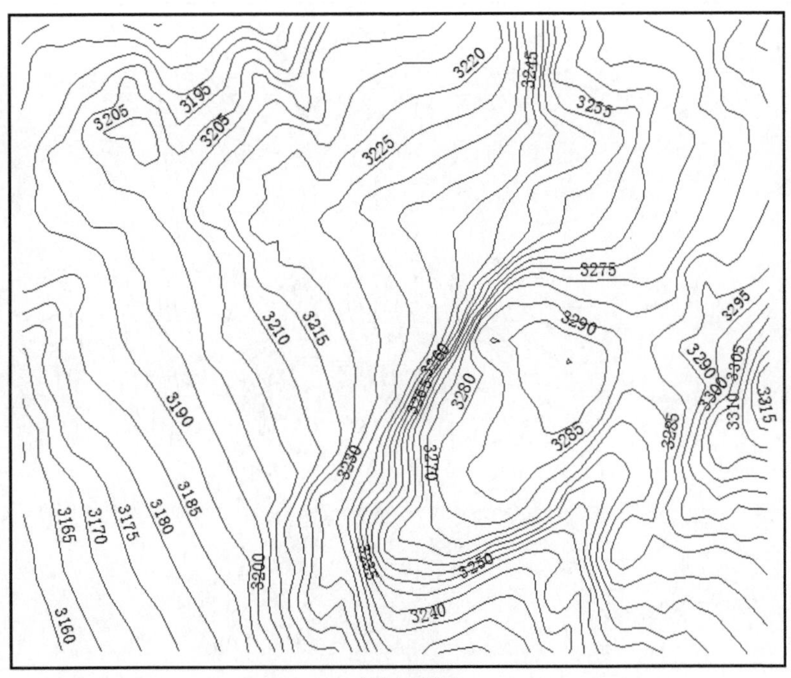

(a)1：10000

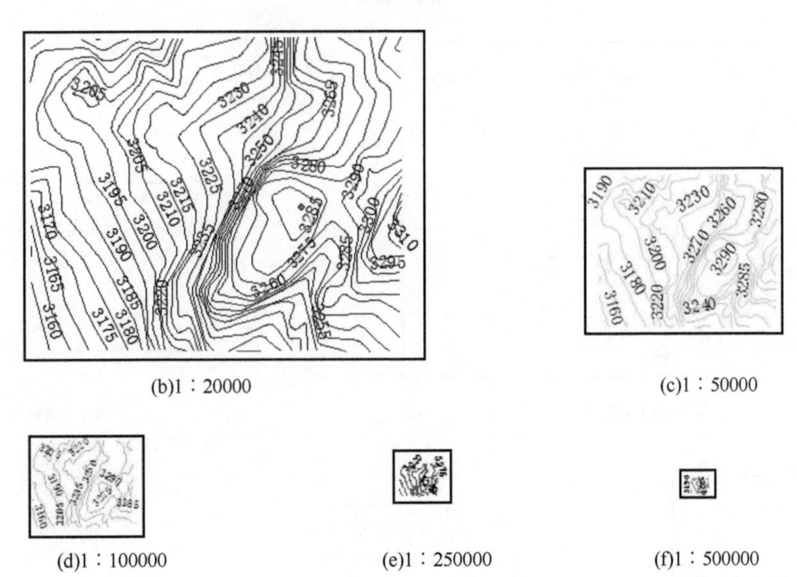

(b)1：20000　　(c)1：50000

(d)1：100000　　(e)1：250000　　(f)1：500000

图 6-34　实验 16：不同比例尺地图上的一个陡坡等高线簇

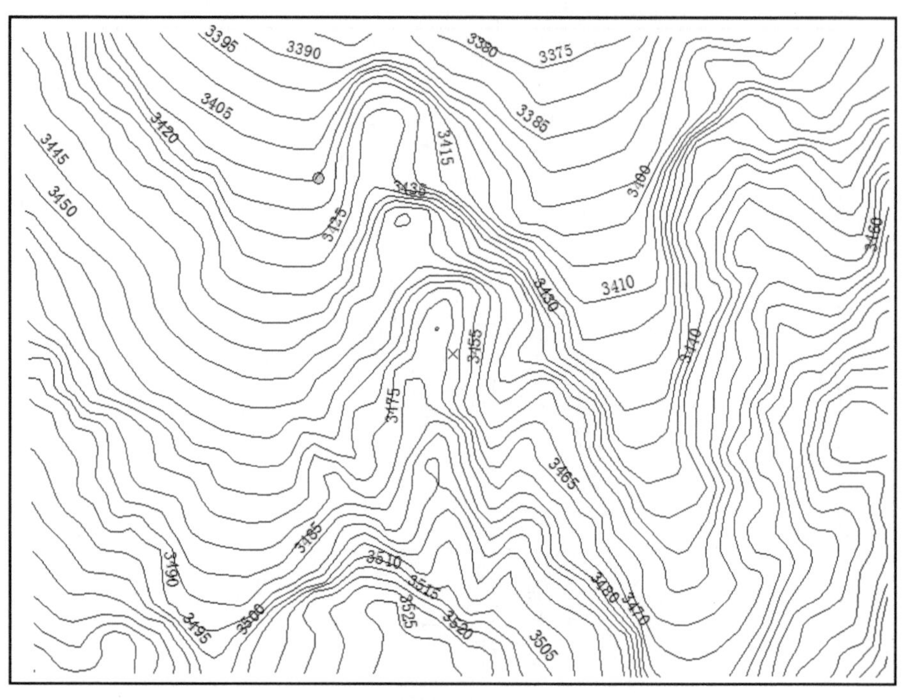

(a)1：10000

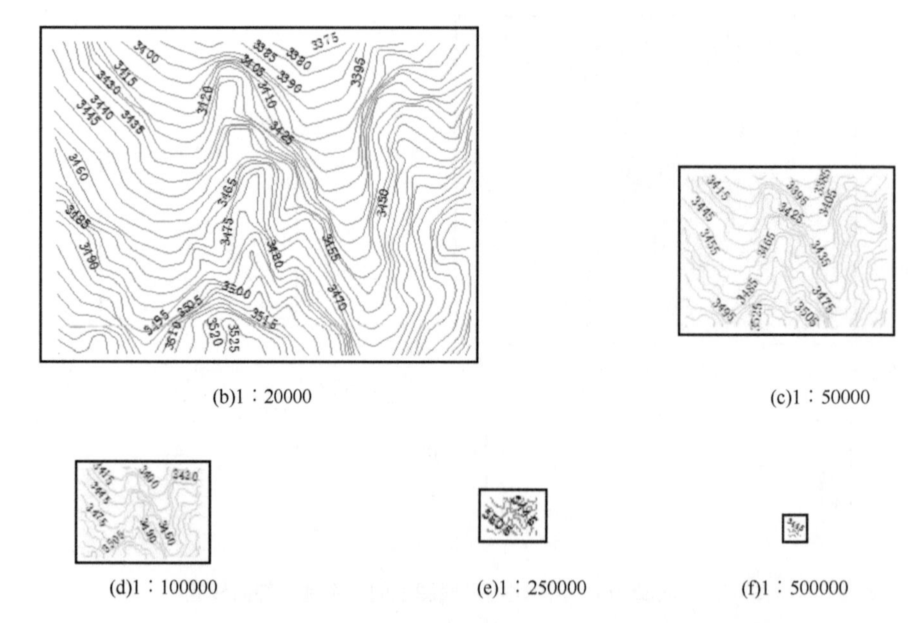

(b)1：20000　　(c)1：50000

(d)1：100000　　(e)1：250000　　(f)1：500000

图 6-35　实验 17：不同比例尺地图上的一个冲沟等高线簇

第六类：相交线网目标（3个样例数据）（图6-36～图6-38）。

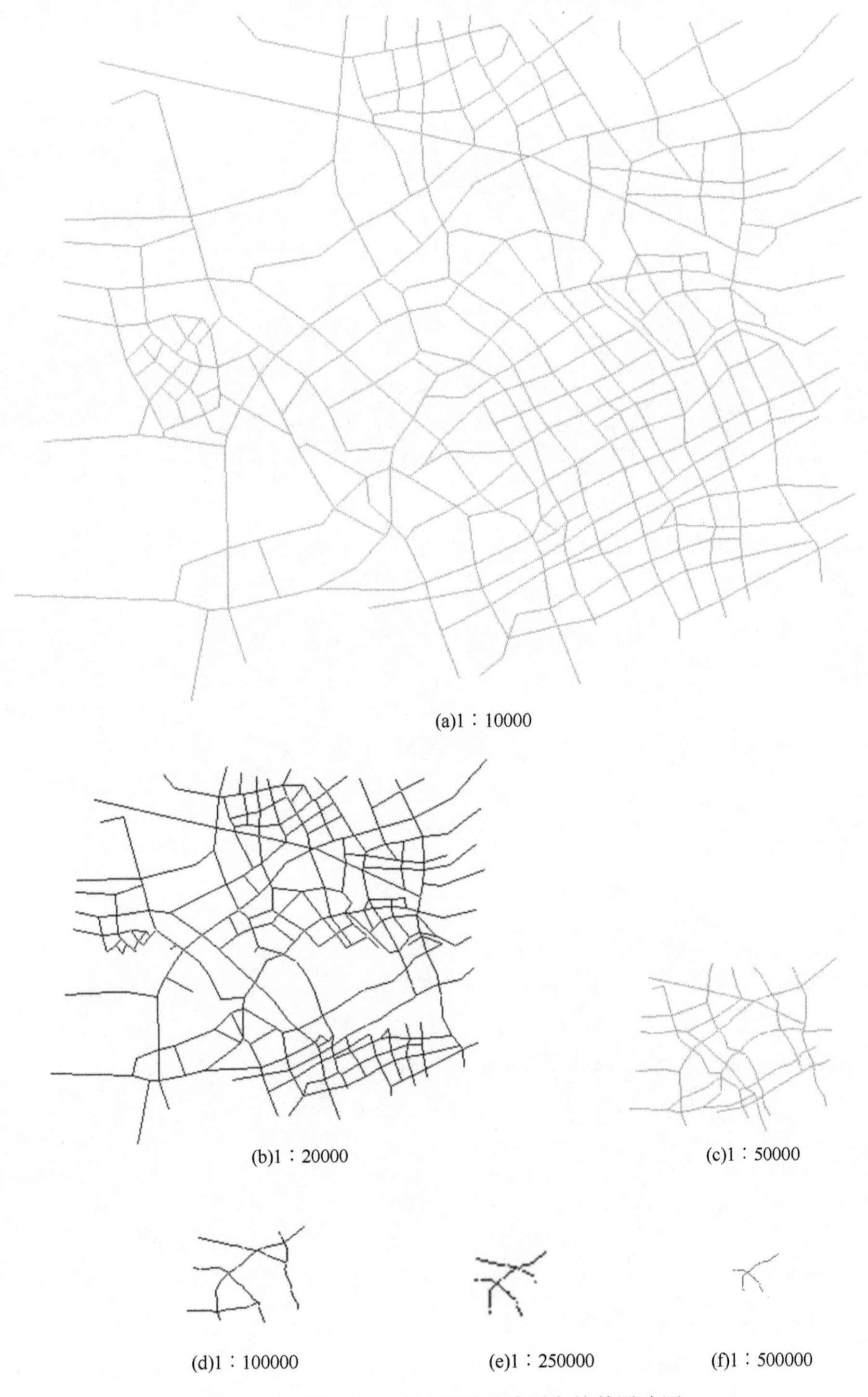
(a)1∶10000

(b)1∶20000

(c)1∶50000

(d)1∶100000

(e)1∶250000

(f)1∶500000

图6-36　实验18：不同比例尺地图上的普通路网

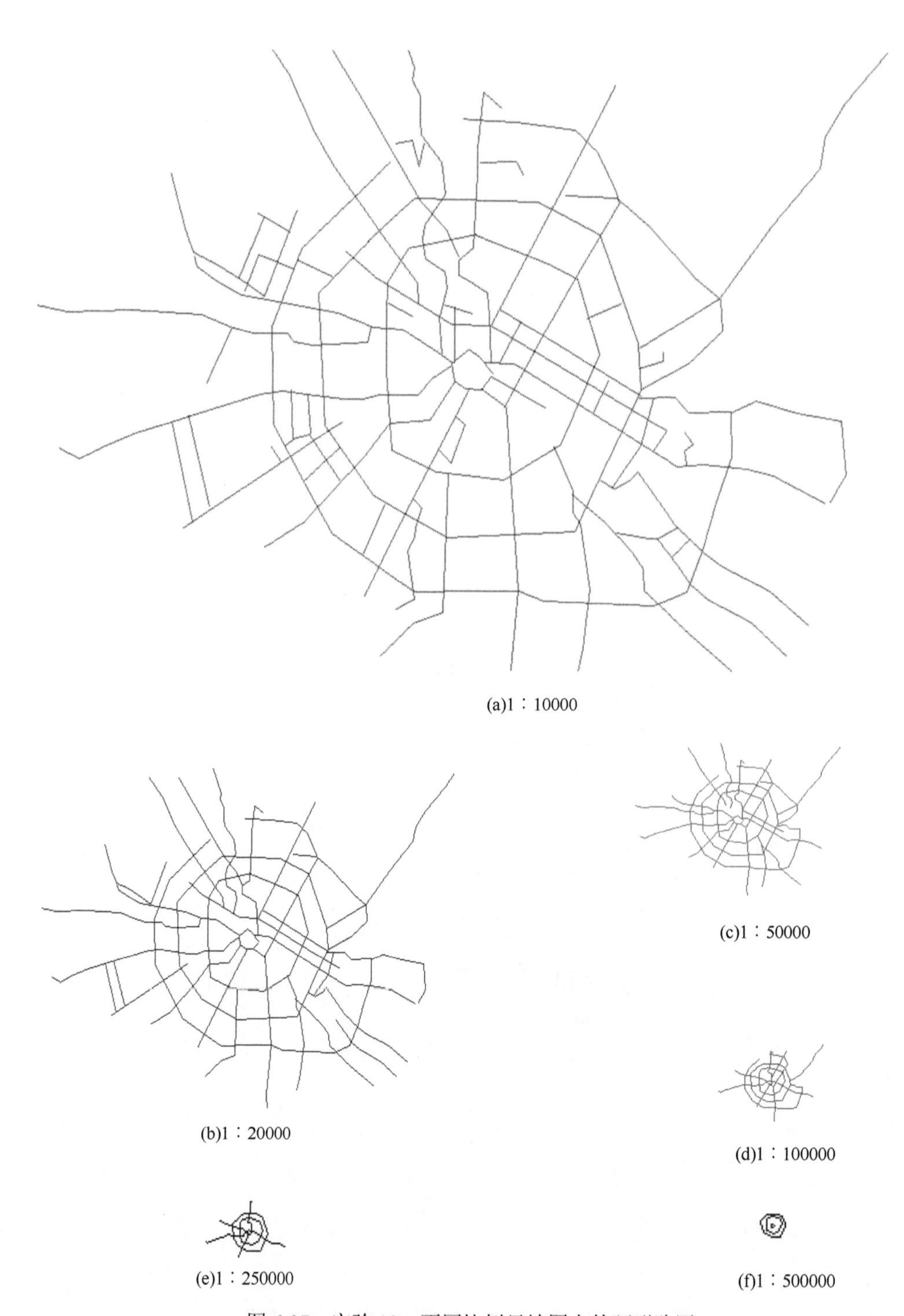

图 6-37　实验 19：不同比例尺地图上的环形路网

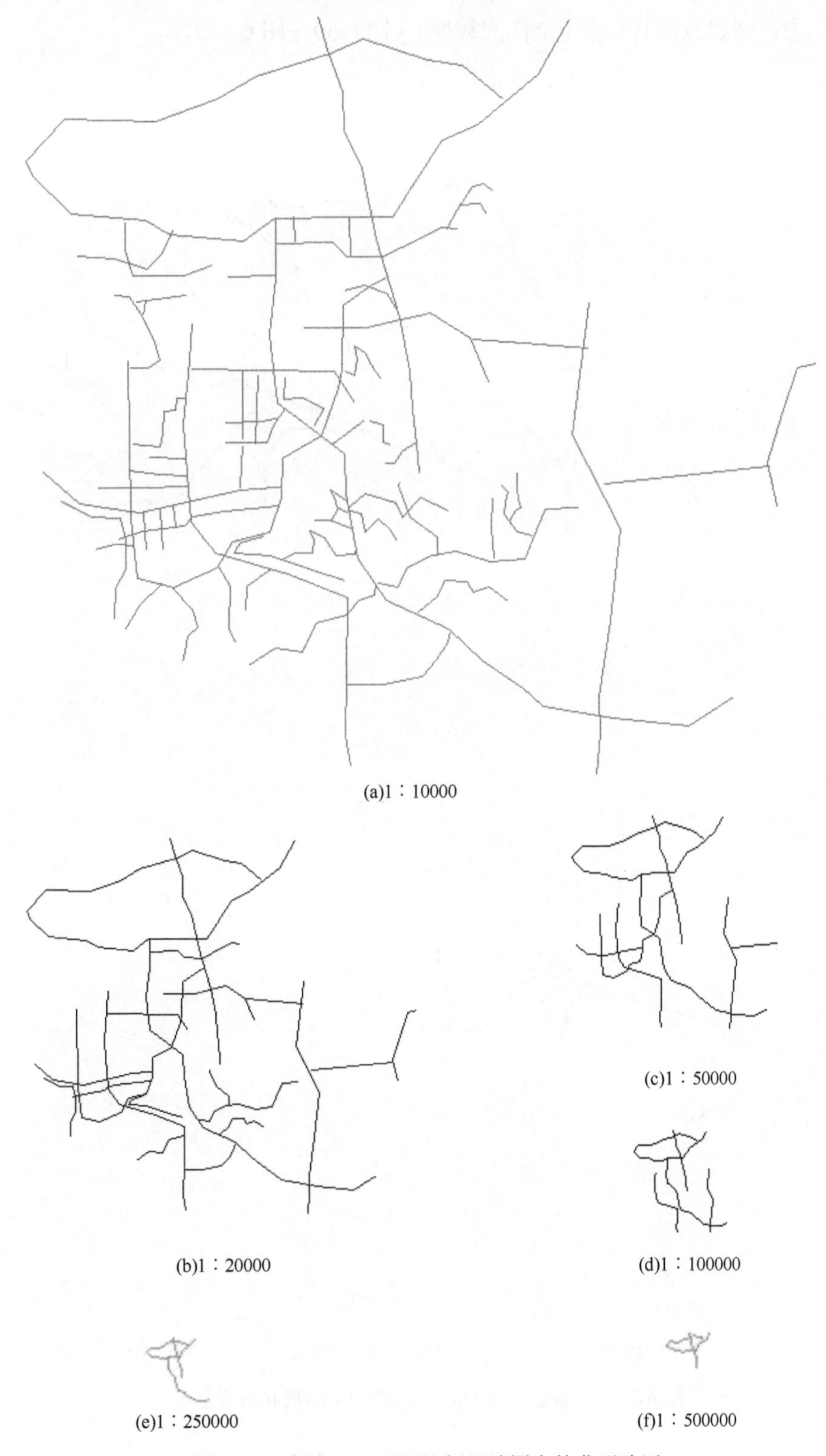

(a)1：10000

(b)1：20000

(c)1：50000

(d)1：100000

(e)1：250000

(f)1：500000

图 6-38　实验 20：不同比例尺地图上的曲形路网

第七类：树状线网目标（3 个样例数据）（图 6-39～图 6-41）。

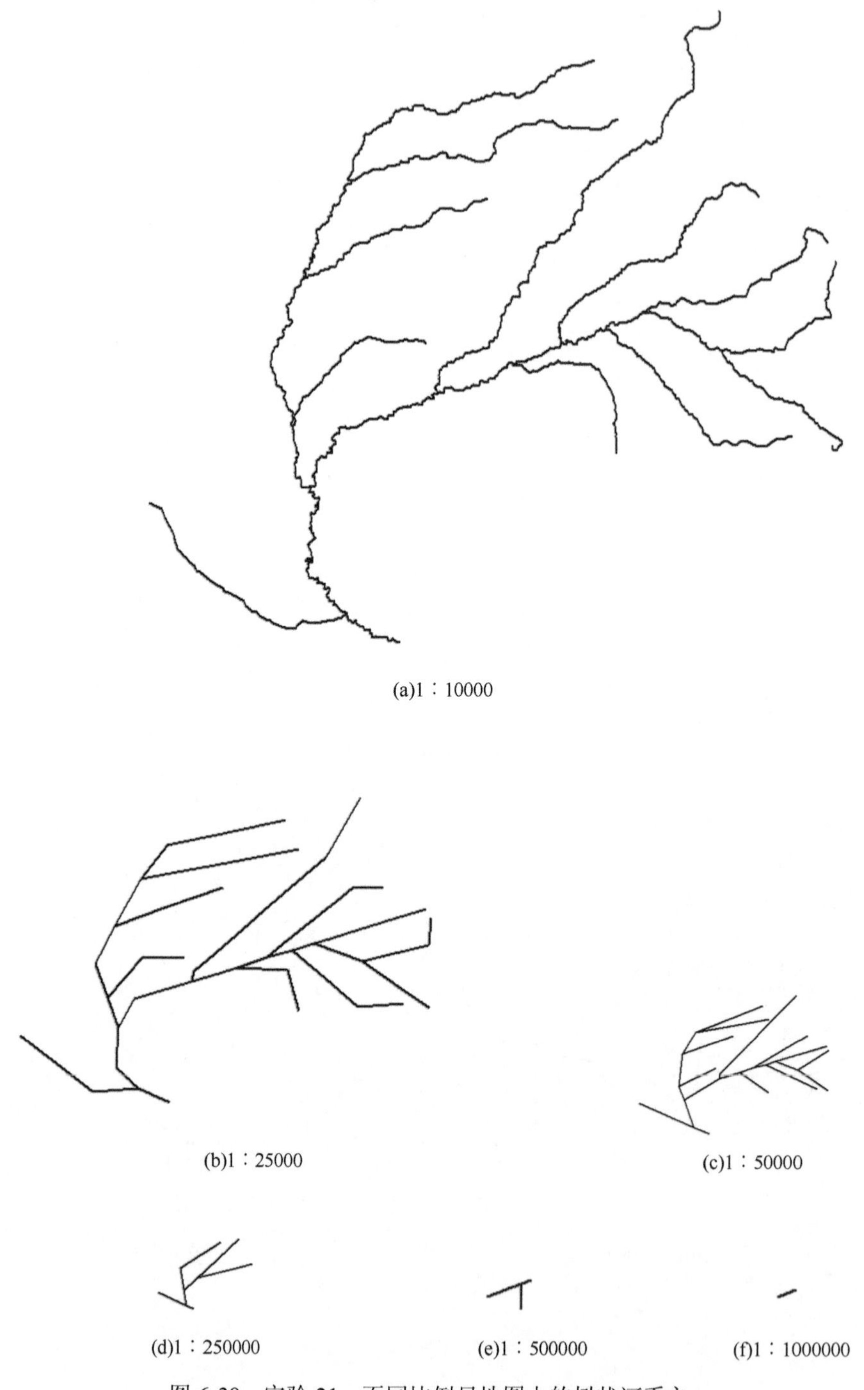

图 6-39　实验 21：不同比例尺地图上的树状河系之一

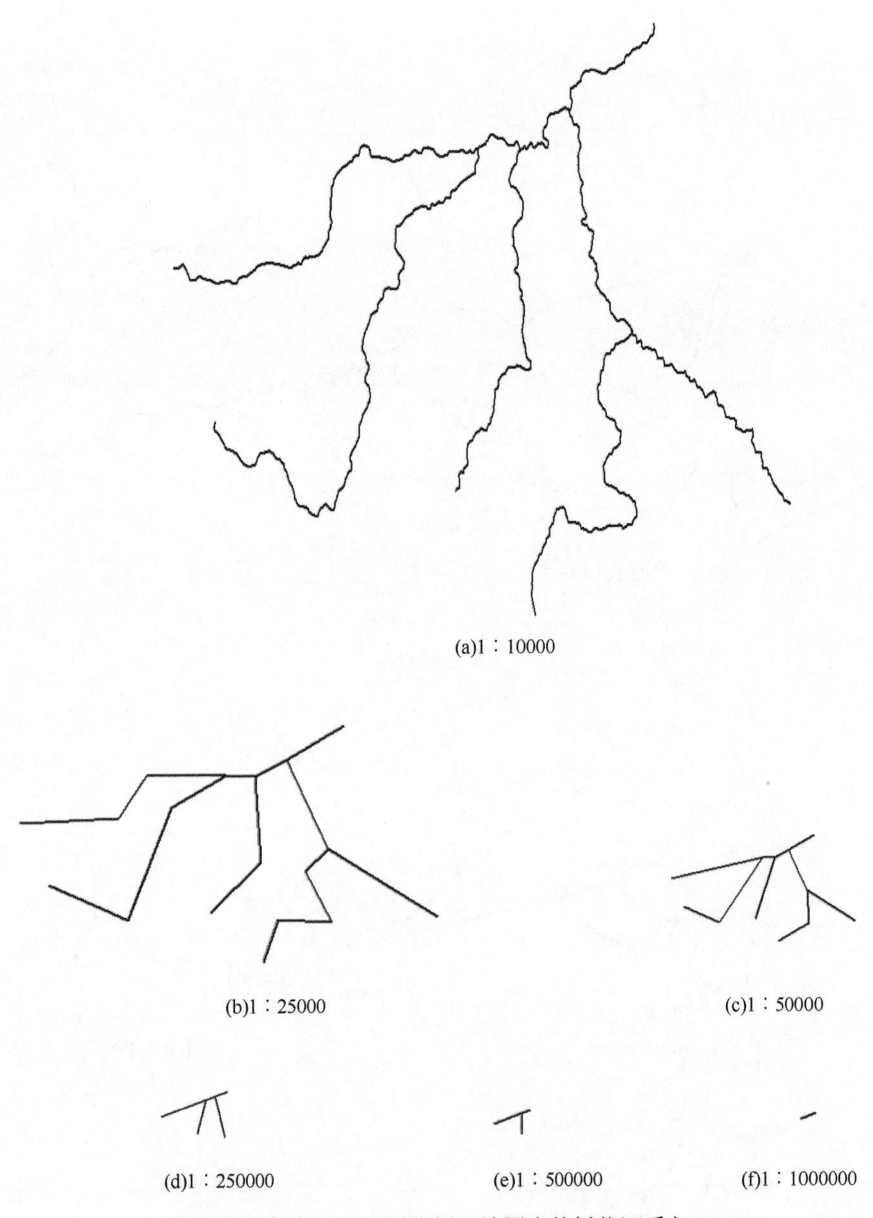

图6-40　实验22：不同比例尺地图上的树状河系之二

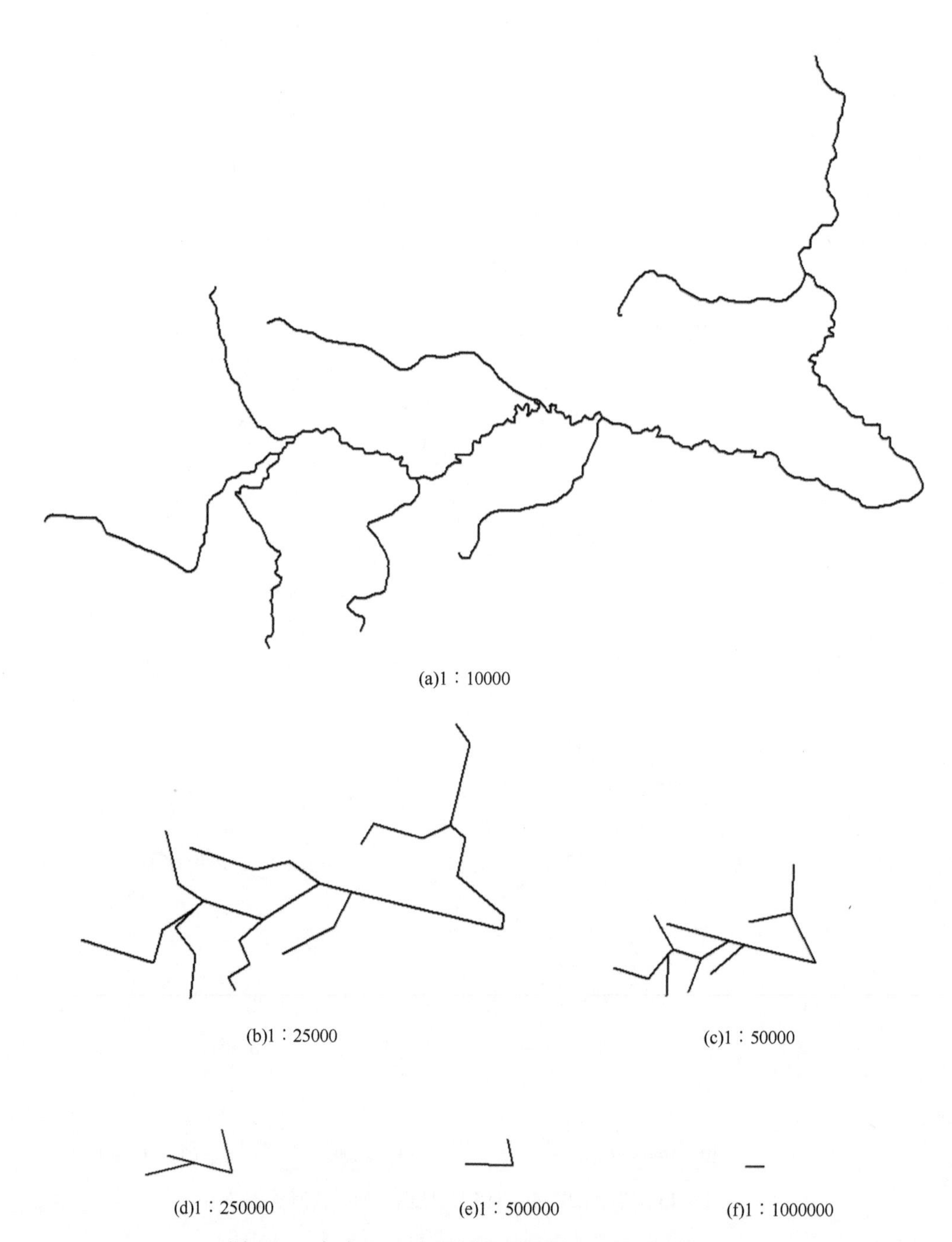

图 6-41　实验 23：不同比例尺地图上的树状河系之三

第八类：离散面群目标（4 个样例数据）（图 6-42～图 6-45）。

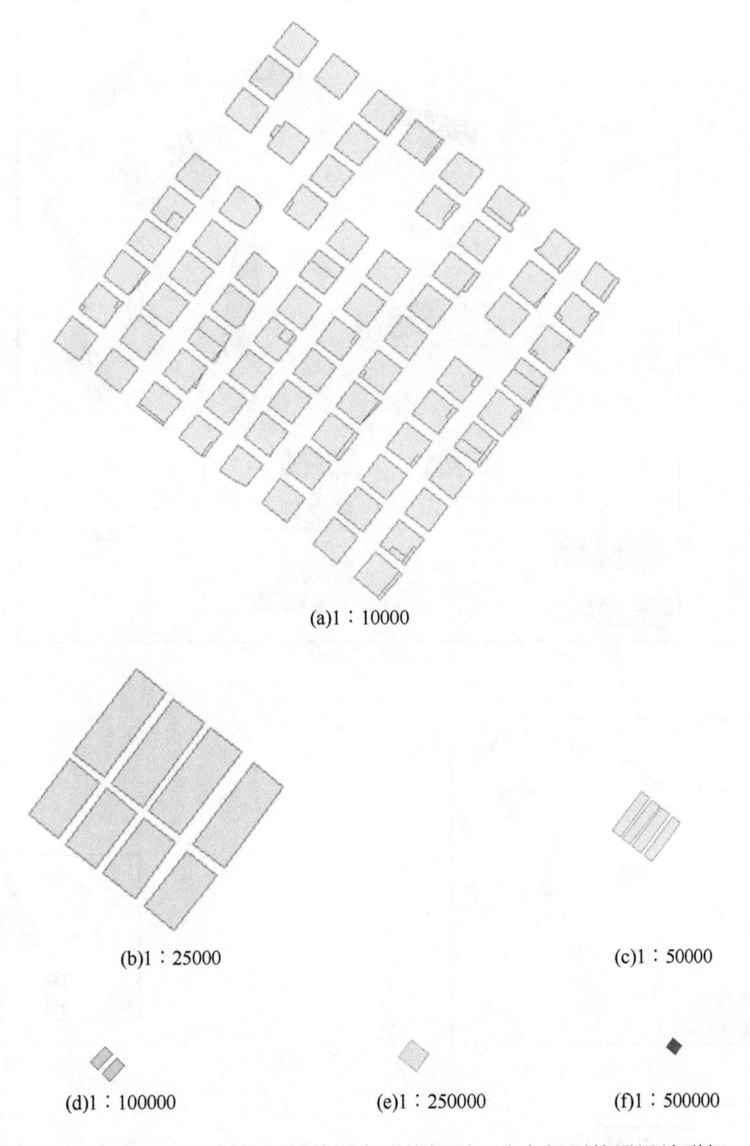

图 6-42　实验 24：不同比例尺地图上形状规则、分布规则的居民地群组

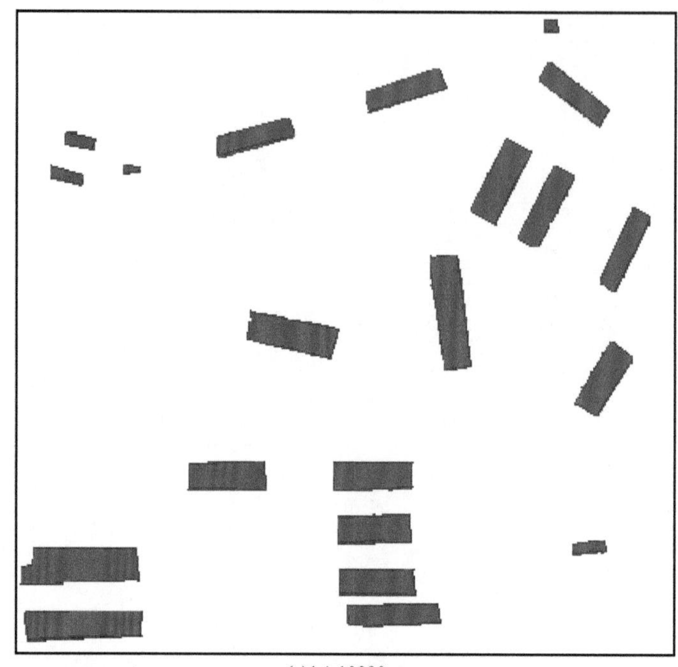

(a)1：10000

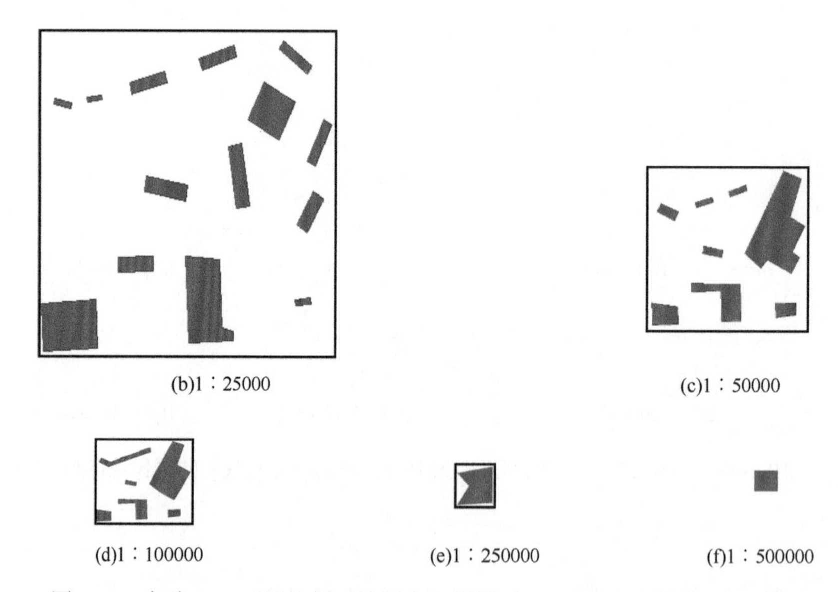

(b)1：25000　　(c)1：50000

(d)1：100000　　(e)1：250000　　(f)1：500000

图 6-43　实验 25：不同比例尺地图上形状规则、分布不规则的居民地群组

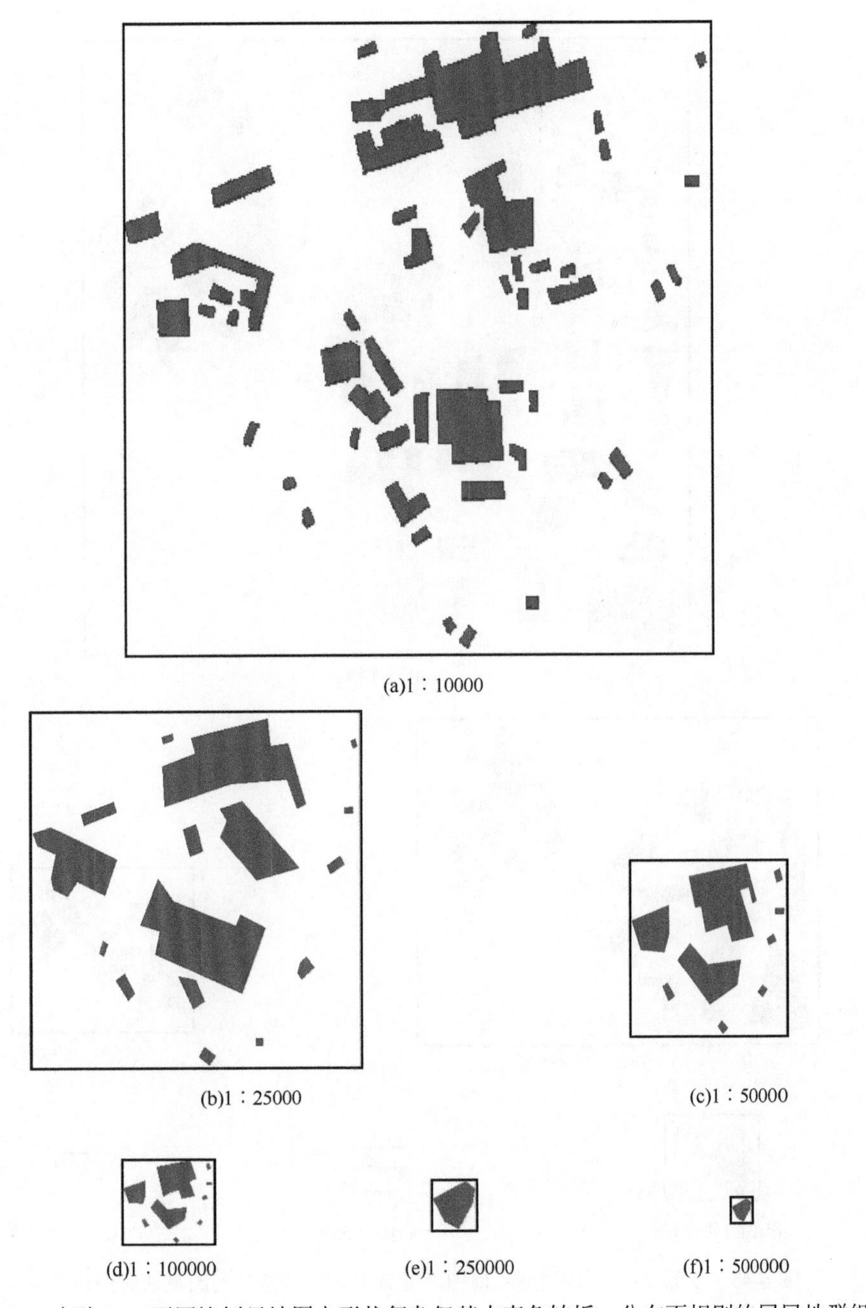

图 6-44　实验 26：不同比例尺地图上形状复杂但基本直角转折、分布不规则的居民地群组

(a)1：10000

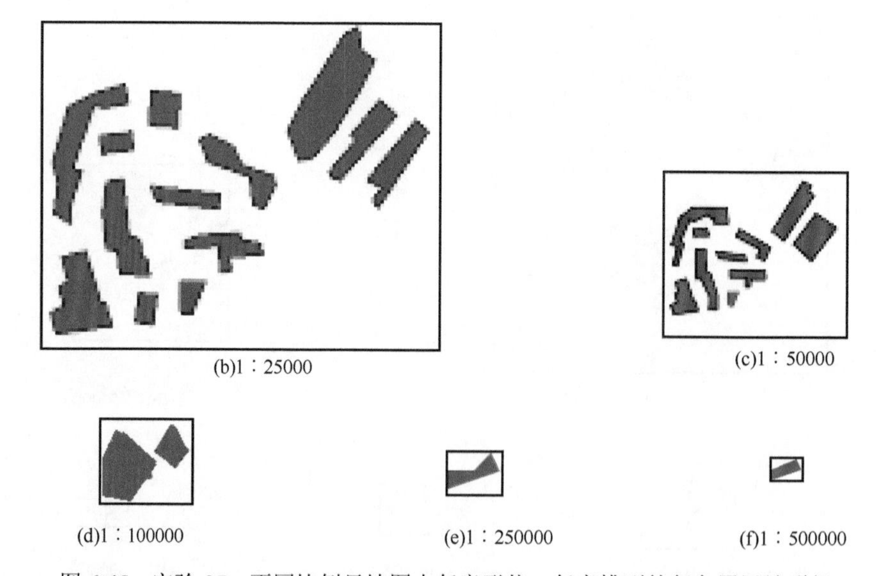

(b)1：25000

(c)1：50000

(d)1：100000

(e)1：250000

(f)1：500000

图 6-45　实验 27：不同比例尺地图上任意形状、任意排列的复杂居民地群组

第九类：连续面群目标（3 个样例数据）（图 6-46～图 6-48）。

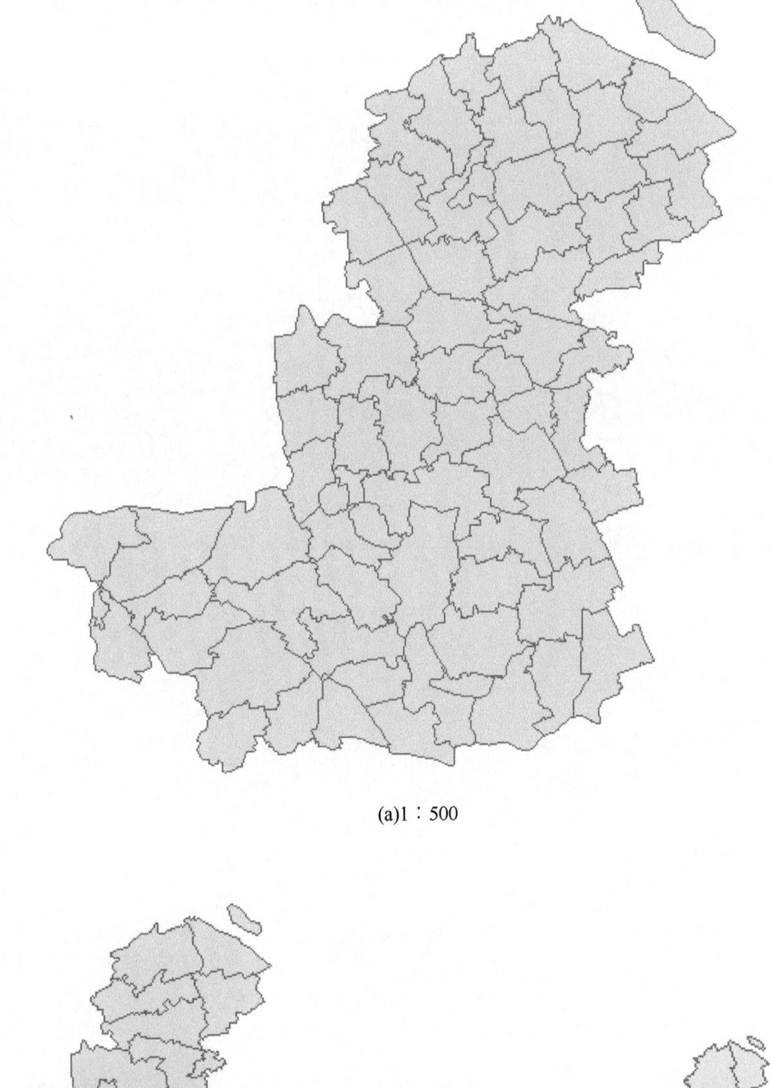

(a)1：500

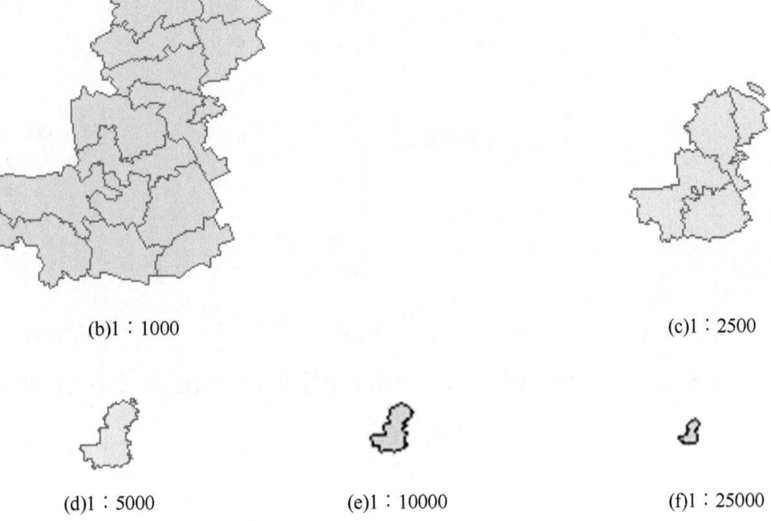

(b)1：1000　(c)1：2500

(d)1：5000　(e)1：10000　(f)1：25000

图 6-46　实验 28：不同比例尺地图上连续地块组成的城镇

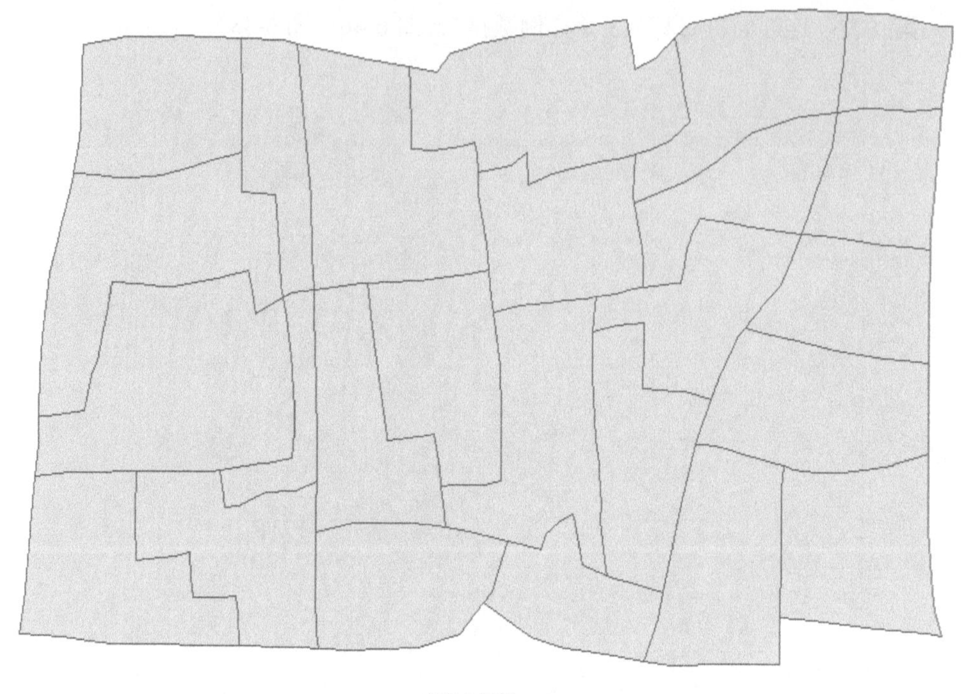

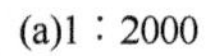

(a)1：2000

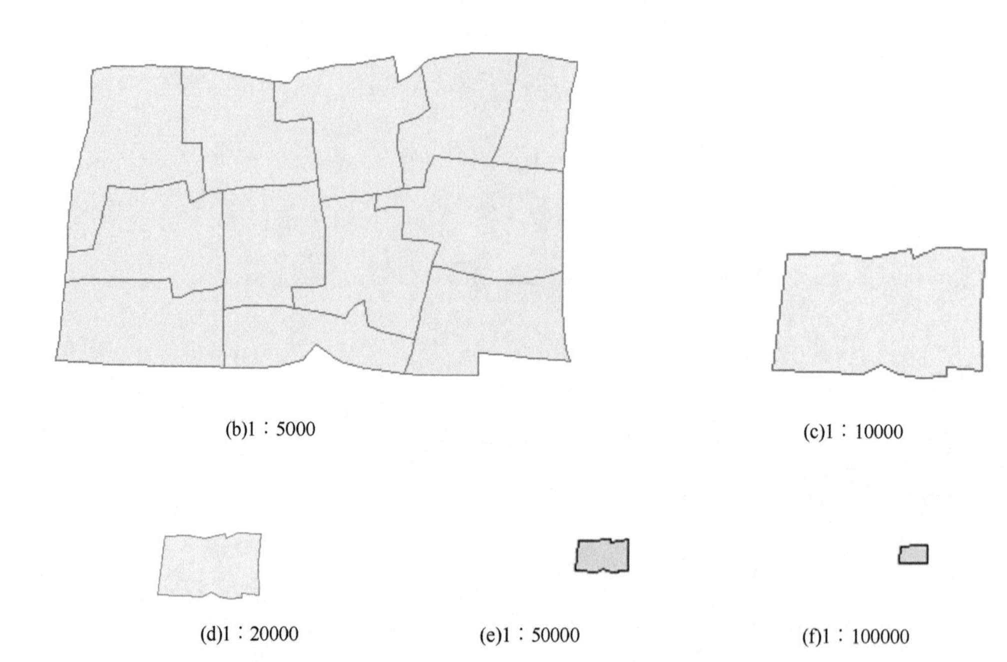

(b)1：5000　　(c)1：10000

(d)1：20000　　(e)1：50000　　(f)1：100000

图 6-47　实验 29：不同比例尺地图上由城市分界组成的连续多边形群

图 6-48　实验 30：不同比例尺地图上由牧场用地组成的连续多边形群

第十类：整幅地图目标（4 个样例数据）（图 6-49～图 6-52）。

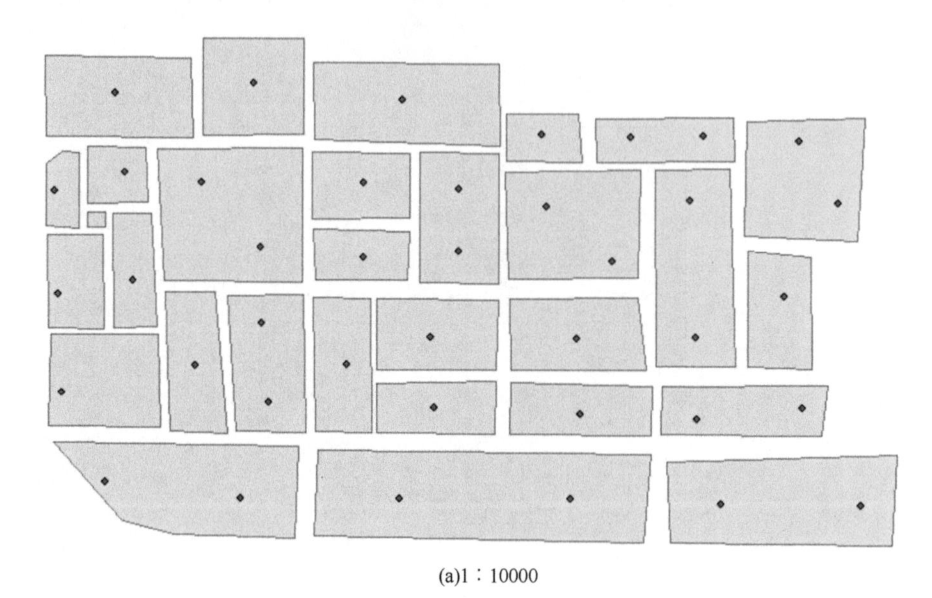

(a)1∶10000

(b)1∶25000

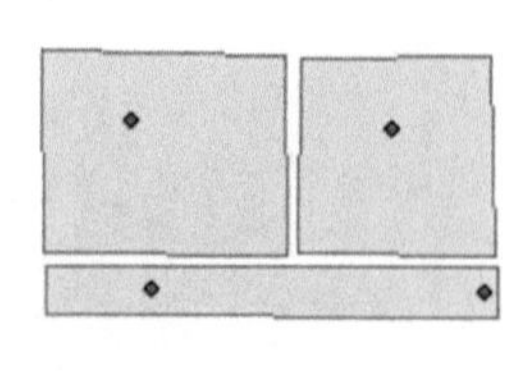

(c)1∶50000

(d)1∶100000

(e)1∶250000

(f)1∶500000

图例

杂货店

图 6-49　实验 31：不同比例尺的街区地图

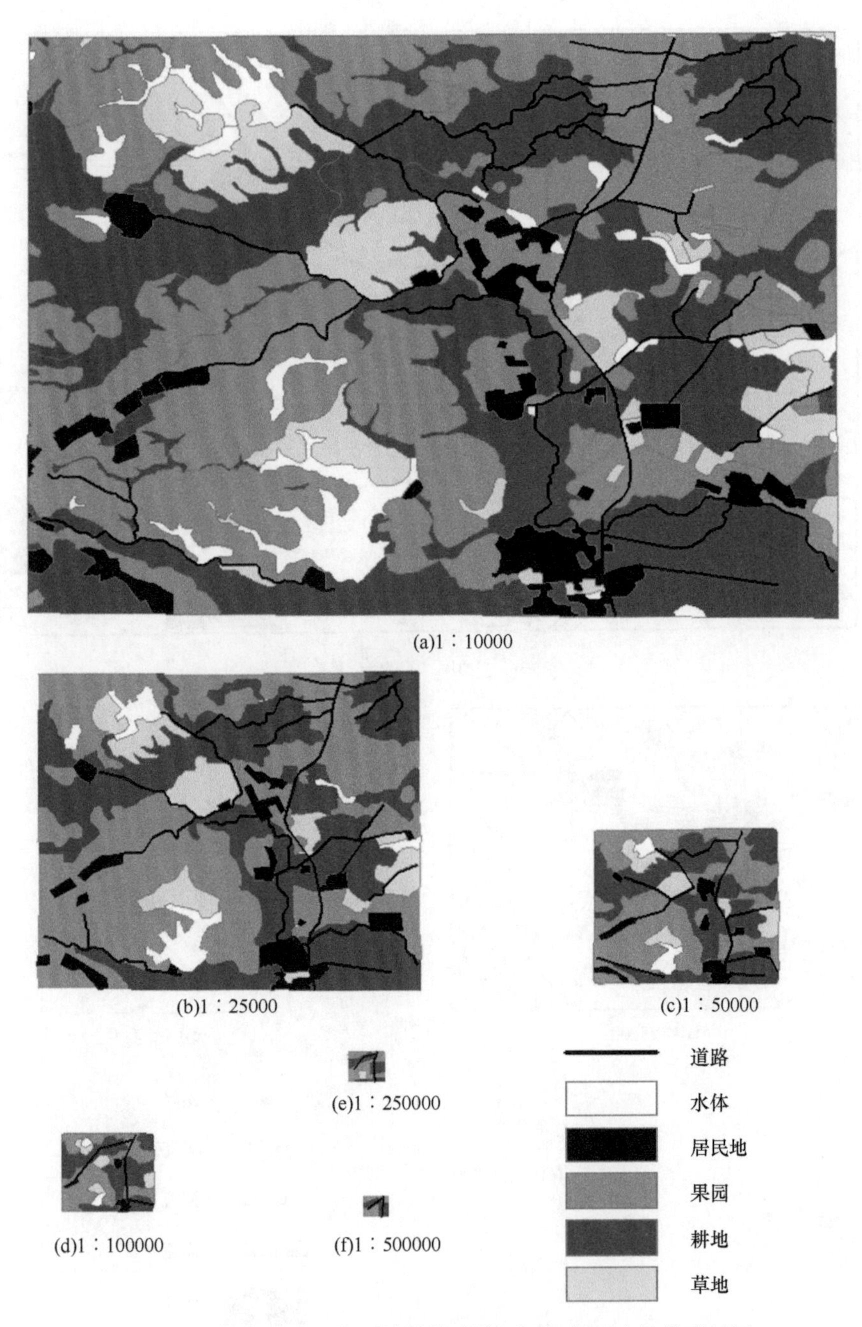

图 6-50　实验 32：不规则地块构成的不同比例尺土地类型地图

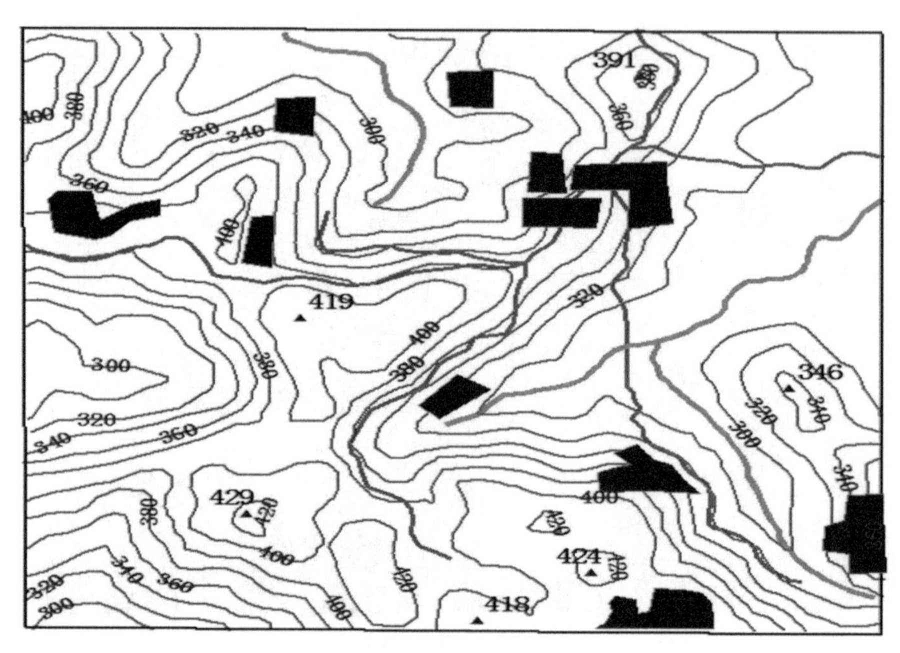

(a)1：10000

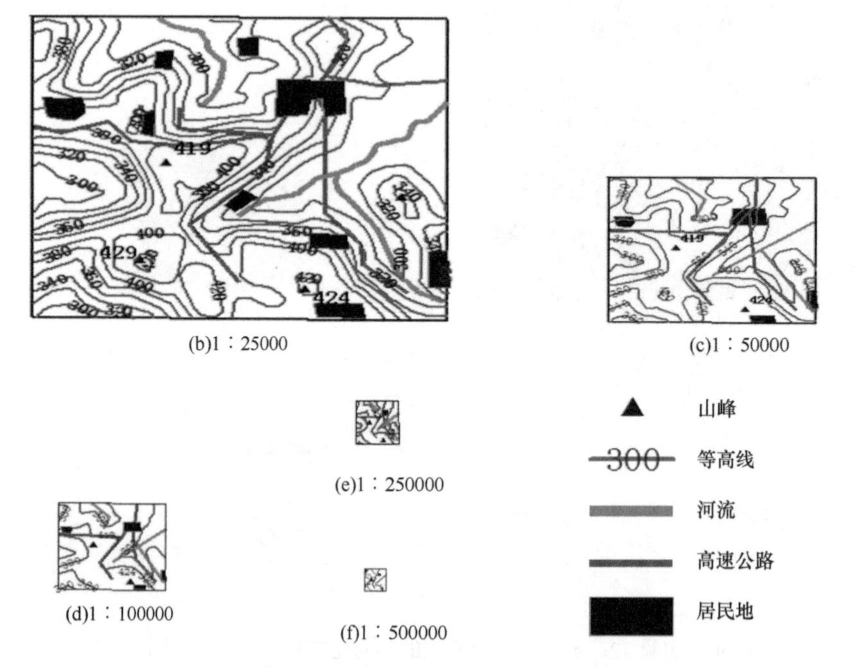

(b)1：25000

(c)1：50000

(e)1：250000

(d)1：100000

(f)1：500000

图 6-51　实验 33：不同比例尺的地形图

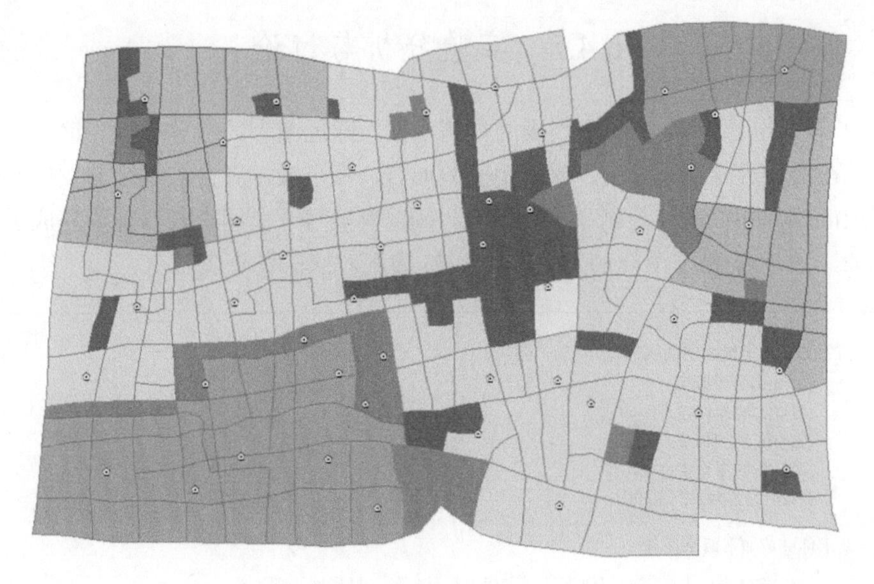

(a)1：10000

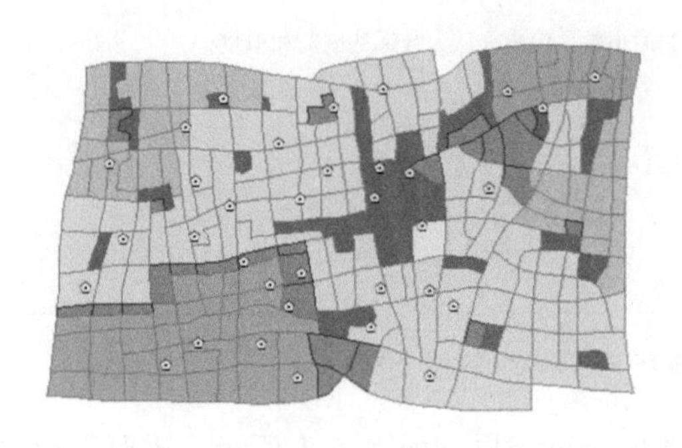

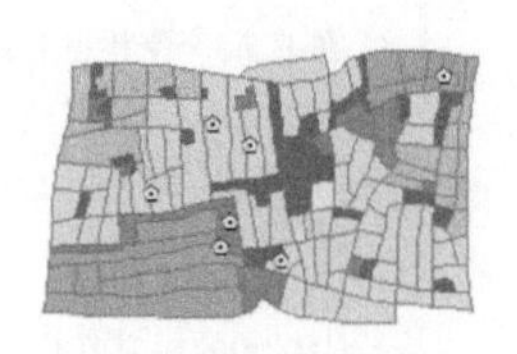

(c)1：50000

(b)1：25000

(d)1：100000

(e)1：250000

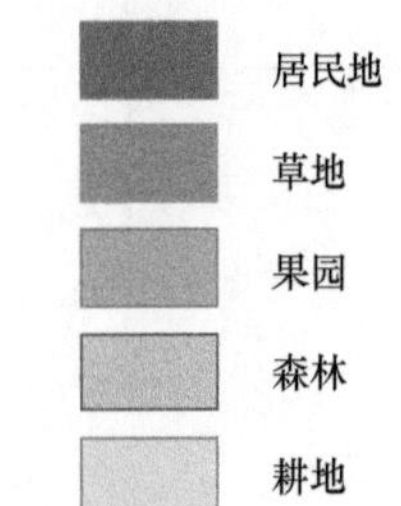

(f)1：500000

图 6-52　实验 34：规则性地块构成的不同比例尺土地类型地图

6.4.5　实验分析与讨论

6.4.4 节罗列了 34 个实验中用到的样例数据，即地图上的单体目标、群组目标和整幅地图。在实验进行的过程中，就一个实验而言，每个被试者会被逐个分发样例数据和与其对应的空间相似度计算结果的调查表，被试者填写一个调查表即视为完成了一个实验。例如，图 6-45 是一个样例数据，图 6-53 为其对应的调查表。

新方法计算得到的空间相似度如下。

(b)与(a)的相似度：0.77
(c)与(a)的相似度：0.45
(d)与(a)的相似度：0.32
(e)与(a)的相似度：0.00
(f)与(a)的相似度：0.00

要求你完成如下两个任务：

(1)你认为以上的空间相似度（请在相应栏目打勾，只能选一项）：

可以接受　(　　　)
不能接受　(　　　)
无法确定　(　　　)

(2)在下面5个空格处分别填写一个[0,1]的小数，代表你认为合适的空间相似度：

(b)与(a)的相似度 (　　　　　)
(c)与(a)的相似度 (　　　　　)
(d)与(a)的相似度 (　　　　　)
(e)与(a)的相似度 (　　　　　)
(f)与(a)的相似度 (　　　　　)

图 6-53　图 6-45 即实验 27 的调查表

经收集实验数据，得到了 34 个实验的调查结果，如表 6-4 所示。需要详细说明的是，表 6-4 中“新方法计算得到的 5 个空间相似度”一列分别是各个实验中（b）与（a）、（c）与（a）、（d）与（a）、（e）与（a）、（f）与（a）的空间相似度，“被试者给出的 5 个空间相似度”也分别是这 5 个相似度。

表 6-4　实验中计算得到的空间相似度和被试者给出的空间相似度

实验编号	新方法计算得到的 5 个空间相似度	被试者给出的 5 个空间相似度
1	1.00，1.00，1.00，1.00，1.00	1.00，1.00，1.00，1.00，1.00
2	1.00，1.00，1.00，1.00，1.00	1.00，1.00，1.00，1.00，1.00
3	1.00，1.00，1.00，1.00，1.00	1.00，1.00，1.00，1.00，1.00
4	0.87，0.64，0.38，0.38，0.38	0.86，0.49，0.34，0.25，0.21
5	0.91，0.78，0.52，0.44，0.36	0.91，0.67，0.51，0.35，0.18
6	0.75，0.55，0.44，0.35，0.26	0.78，0.57，0.40，0.24，0.19
7	1.00，1.00，1.00，1.00，1.00	1.00，1.00，1.00，1.00，1.00

续表

实验编号	新方法计算得到的 5 个空间相似度	被试者给出的 5 个空间相似度
8	0.95，0.88，0.73，0.65，0.55	0.88，0.76，0.52，0.37，0.28
9	0.91，0.82，0.66，0.52，0.52	0.88，0.75，0.56，0.36，0.27
10	1.00，0.55，0.55，0.55，0.55	0.95，0.64，0.49，0.41，0.33
11	1.00，1.00，1.00，1.00，1.00	1.00，1.00，1.00，1.00，1.00
12	0.76，0.57，0.36，0.21，0.15	0.89，0.79，0.63，0.54，0.41
13	0.82，0.62，0.36，0.19，0.12	0.86，0.74，0.60，0.45，0.36
14	0.71，0.58，0.40，0.18，0.11	0.85，0.71，0.55，0.44，0.37
15	0.95，0.88，0.67，0.45，0.36	0.91，0.78，0.60，0.49，0.39
16	0.93，0.83，0.76，0.51，0.42	0.91，0.79，0.64，0.50，0.38
17	0.96，0.86，0.75，0.55，0.40	0.91，0.81，0.65，0.51，0.38
18	0.77，0.52，0.31，0.22，0.18	0.89，0.76，0.57，0.42，0.36
19	0.75，0.55，0.37，0.28，0.19	0.90，0.76，0.60，0.48，0.31
20	0.68，0.49，0.34，0.28，0.16	0.88，0.75，0.61，0.48，0.37
21	0.82，0.55，0.27，0.21，0.17	0.80，0.71，0.54，0.40，0.34
22	0.63，0.49，0.32，0.22，0.15	0.83，0.69，0.52，0.40，0.25
23	0.74，0.56，0.29，0.23，0.15	0.83，0.71，0.52，0.41，0.26
24	0.68，0.38，0.31，0.16，0.16	0.73，0.60，0.44，0.34，0.27
25	0.82，0.58，0.33，0.21，0.15	0.84，0.67，0.51，0.38，0.24
26	0.85，0.51，0.31，0.22，0.14	0.84，0.67，0.51，0.34，0.27
27	0.74，0.47，0.29，0.25，0.14	0.82，0.67，0.52，0.42，0.27
28	0.88，0.76，0.61，0.44，0.28	0.89，0.73，0.60，0.48，0.35
29	0.74，0.57，0.55，0.38，0.21	0.87，0.66，0.56，0.44，0.37
30	0.85，0.72，0.65，0.46，0.22	0.88，0.77，0.63，0.48，0.36
31	0.53，0.39，0.23，0.22，0.15	0.75，0.60，0.47，0.39，0.32
32	0.82，0.67，0.46，0.33，0.18	0.84，0.72，0.58，0.45，0.34
33	0.80，0.69，0.47，0.27，0.17	0.85，0.75，0.60，0.49，0.36
34	0.88，0.68，0.46，0.39，0.21	0.88，0.73，0.58，0.46，0.36

实验中除了统计新方法计算得到的空间相似度的精度外，还需要评价被试者对新方法计算得到的空间相似度的认可程度。统计结果列在表 6-5 中，其中“新方法计算得到的 5 个空间相似度”一列与表 6-4 相对；“比例尺变化”中每行列出的 5 个数据是指对应实验中的（b）、（c）、（d）、（e）、（f）图形的比例尺分母与（a）图形的比例尺分母的比值；“被试者的态度”一列中给出的 3 个整数依次是 50 名被试者中“可以接受”“不能接受”“无法确定”对应实验中新方法计算得到的空间相似度的人数。

表 6-5　实验中计算得到的空间相似度、比例尺的变化和被试者的态度

实验编号	新方法计算得到的 5 个空间相似度	比例尺变化	被试者的态度
1	1.00，1.00，1.00，1.00，1.00	2，4，8，16，32	50，0，0
2	1.00，1.00，1.00，1.00，1.00	2，4，8，16，32	50，0，0
3	1.00，1.00，1.00，1.00，1.00	2，4，8，16，32	50，0，0
4	0.87，0.64，0.38，0.38，0.38	2，4，8，16，32	50，0，0
5	0.91，0.78，0.52，0.44，0.36	2，4，8，16，32	50，0，0
6	0.75，0.55，0.44，0.35，0.26	2，4，8，16，32	48，0，2
7	1.00，1.00，1.00，1.00，1.00	2，4，8，16，32	50，0，0
8	0.95，0.88，0.73，0.65，0.55	2.5，10，25，50，125	50，0，0
9	0.91，0.82，0.66，0.52，0.52	2.5，10，25，50，100	50，0，0
10	1.00，0.55，0.55，0.55，0.55	2.5，10，25，50，100	50，0，0
11	1.00，1.00，1.00，1.00，1.00	2.5，5，10，25，50	50，0，0
12	0.76，0.57，0.36，0.21，0.15	2，5，10，25，50	50，0，0
13	0.82，0.62，0.36，0.19，0.12	2，5，10，25，50	50，0，0
14	0.71，0.58，0.40，0.18，0.11	2，5，10，25，50	50，0，0
15	0.95，0.88，0.67，0.45，0.36	2，5，10，25，50	50，0，0
16	0.93，0.83，0.76，0.51，0.42	2，5，10，25，50	50，0，0
17	0.96，0.86，0.75，0.55，0.40	2，5，10，25，50	50，0，0
18	0.77，0.52，0.31，0.22，0.18	2，5，10，25，50	50，0，0
19	0.75，0.55，0.37，0.28，0.19	2，5，10，25，50	49，0，1
20	0.68，0.49，0.34，0.28，0.16	2，5，10，25，50	48，0，2
21	0.82，0.55，0.27，0.21，0.17	2.5，5，25，50，100	47，0，3
22	0.63，0.49，0.32，0.22，0.15	2.5，5，25，50，100	49，0，1
23	0.74，0.56，0.29，0.23，0.15	2.5，5，25，50，100	48，0，2
24	0.68，0.38，0.31，0.16，0.16	2.5，5，10，25，50	49，0，1
25	0.82，0.58，0.33，0.21，0.15	2.5，5，10，25，50	50，0，0
26	0.85，0.51，0.31，0.22，0.14	2.5，5，10，25，50	48，0，2
27	0.74，0.47，0.29，0.25，0.14	2.5，5，10，25，50	50，0，0
28	0.88，0.76，0.61，0.44，0.28	2，5，10，20，50	50，0，0
29	0.74，0.57，0.55，0.38，0.21	2.5，5，10，25，50	50，0，0
30	0.85，0.72，0.65，0.46，0.22	2.5，5，10，25，50	50，0，0
31	0.53，0.39，0.23，0.22，0.15	2.5，5，10，25，50	50，0，0
32	0.82，0.67，0.46，0.33，0.18	2.5，5，10，25，50	50，0，0
33	0.80，0.69，0.47，0.27，0.17	2.5，5，10，25，50	50，0，0
34	0.88，0.68，0.46，0.39，0.21	2.5，5，10，25，50	50，0，0

结合实验的样例数据和过程，对表 6-4 和表 6-5 中的实验数据进行分析，可以得到如下 5 点认识和结论：

（1）空间相似度与地图比例尺的变化紧密相关。从表 6-5 可以看到，比例尺的变化幅度越大，相似度就越小。这个结论与人们日常的空间认知完全一致。

（2）人们在日常生活中习惯用定性的、模糊的词语来表达空间相似关系，如“相像”

“不像”“像极了”等，而很少用精确的、量化的术语；但定量化的空间相似关系表达在地图学、地理学中确实是必要的。例如，为了空间查询，可能需要比较两个空间场景的精确相似度；为了地物的多尺度表达，需要计算目标在不同尺度上的精确相似度。

（3）从表 6-5 中被试者的态度可以看出，能够接受新方法计算得到的空间相似度的人数比例最小为 94%、最大为 100%。这表明新方法得到的空间相似度与绝大部分被试者的空间认知习惯一致。

（4）由新方法计算得到的空间相似度与被试者给出的空间相似度的平均偏差 $\overline{D}$ 为 0.045，表明新方法的计算结果精度高、可信度好。

$\overline{D}$ 用式（6-47）计算：

$$\overline{D}=\sum_{i=1}^{34}\text{abs}\left(\sum_{j=1}^{5}\text{Sim}^{\text{Theory}}\left(A_{s_0},A_{s_j}\right)\right)-\sum_{j=1}^{5}\text{Sim}^{\text{Testee}}\left(A_{s_0},A_{s_j}\right)\bigg/(34\times 5) \tag{6-47}$$

式中，当 j=1，2，3，4，5 时，$\text{Sim}^{\text{Theory}}\left(A_{s_0},A_{s_j}\right)$ 对应的 5 个值是相应的实验中由新方法计算得到的 5 个空间相似度；当 j=1，2，3，4，5 时，$\text{Sim}^{\text{Testee}}\left(A_{s_0},A_{s_j}\right)$ 对应的 5 个值是相应的实验中由被试者给出的 5 个平均空间相似度。

（5）实验选择了 50 个具有地理学或相关专业背景的被试者进行测试，使实验能够顺利完成。但从另外一个角度看，人数较少会降低实验结果的可信度，被试者专业背景的限制会限制新方法的应用范围。

6.5　本 章 小 结

本章论述多尺度地图空间的各种目标的空间相似关系计算方法，基本思路是：首先，把地图空间的目标分成 10 类，即①单体点状目标；②单体线状目标；③单体面状目标；④点群目标；⑤平行线簇目标；⑥相交线网目标；⑦树状线网目标；⑧离散面群目标；⑨连续面群目标；⑩整幅地图目标。然后，针对每类目标分别给出了其空间相似度计算方法。接着，运用心理学实验验证了提出的针对 10 类目标的空间相似度计算方法的精度和可信度。最后，对提出的新方法和实验进行了讨论和分析，认为提出的多尺度空间相似度计算方法具有较高的精度和良好的可信度。

第 7 章　多尺度空间相似关系应用

多尺度空间相似关系理论的一个典型应用领域是地图自动综合，它至少可以解决或部分解决地图自动综合中的 4 个问题：

（1）如何确定地图综合的尺度变换过程中多尺度地图的空间相似度与地图比例尺变化之间的定量关系？即如何找到二者的函数关系。

（2）如何使一些半自动化的地图综合算法实现真正的全自动化？这些半自动化地图综合算法中的参数往往与地图综合中的比例尺变化幅度存在函数依赖关系，自然和多尺度地图的相似度相关，能否借助地图比例尺变化和空间相似度之间的函数关系计算出半自动化地图综合算法中的参数，由此实现算法的自动化，值得深入研究。

（3）地图综合过程算法何时终止的问题也与多尺度空间相似度相关，因为判断地图综合的算法是否应该终止通常依赖于当前算法综合得到的结果与原始地图之间的相似度，其实质是要判断该相似度与目标地图比例尺是否匹配。

（4）地图综合的结果评价是在综合结果和人们期望的结果之间进行对比，其实质还是衡量二者的相似度。

因此，本章将对以上 4 个问题逐个展开论述。

7.1　比例尺与相似度的关系计算

第 6 章的实验已经发现，尺度的空间相似度和地图比例尺之间存在定量化的函数依赖关系，但是到目前为止还没有真正找到这种依赖关系的函数表达。因此，本节将专注于此问题的解决。为了简化问题，本节的讨论还是把二维地图空间的目标分为 10 类，即单体点状目标、单体线状目标、单体面状目标、点群目标、平行线簇目标、相交线网目标、树状线网目标、离散面群目标、连续面群目标、整幅地图目标，分别来进行讨论。

7.1.1　问题的描述

假定有一幅比例尺为 S_0 的地图，综合后得到比例尺分别为 S_1，S_2，…，S_N 的地图。这里，$S_0>S_1>S_2>\cdots>S_n$。定义 $C_i = S_0/S_i$，即比例尺为 S_0 的地图与比例尺为 S_i 的地图之间的比例尺变化幅度，$\mathrm{Sim}\left(S_0,S_i\right)$ 为比例尺为 S_0 的地图与比例尺为 S_i 的地图之间的空间相似度，$i=1,2,\cdots,N$。

要解决的问题是：$\mathrm{Sim}\left(S_0,S_i\right)$ 与 C_i 的函数关系是什么？这个问题可以分解为如下两个子问题：

（1）如果 C_i 已知，如何求得 $\mathrm{Sim}(S_0,S_i)$？其一般表达式为

$$\mathrm{Sim}(S_0,S_i)=f(C_i) \tag{7-1}$$

（2）如果 $\mathrm{Sim}(S_0,S_i)$ 已知，如何求得 C_i？其一般表达式为

$$C_i=f\left[\mathrm{Sim}(S_0,S_i)\right] \tag{7-2}$$

7.1.2　解决问题的框架性思路

为了简化问题，令 $x=C_i$，$y=\mathrm{Sim}(S_0,S_i)$，则式（7-1）表示为

$$y=f(x) \tag{7-3}$$

由第 6 章中的表 6-5 可知，每个实验可以产生形如 $\left[C_i,\mathrm{Sim}(S_0,S_i)\right]$ 的 5 个坐标对：$\left[C_1,\mathrm{Sim}(S_0,S_1)\right]$、$\left[C_2,\mathrm{Sim}(S_0,S_2)\right]$、$\left[C_3,\mathrm{Sim}(S_0,S_3)\right]$、$\left[C_4,\mathrm{Sim}(S_0,S_4)\right]$、$\left[C_5,\mathrm{Sim}(S_0,S_5)\right]$。例如，实验 1 产生的 5 个坐标对是（2，1.00）、（4，1.00）、（8，1.00）、（16，1.00）、（32，1.00），实验 5 产生的 5 个坐标对是（2，0.91）、（4，0.78）、（8，0.52）、（16，0.44）、（32，0.36）。因为，每类目标用 3 个或者 4 个实验进行了验证，所以每类目标的实验会产生 15 个或 20 个坐标对。

欲求得式（7-3）的具体表达形式，可以借助于曲线拟合（curve fitting）的方法来找到对应的经验公式，因为曲线拟合法就是为一系列坐标点构建其变化趋势函数、找到构成坐标点的元素之间的定量关系的一种常用方法（Kolb，1984；Arlinghaus，1994）。

曲线拟合可以分为如下 3 个步骤。

第一步：确定参与曲线拟合的坐标点。

如前所述，每类目标用 3 个或者 4 个实验进行了验证，故每类目标的实验会产生 15 个或 20 个坐标对。此外，对于每个实验，可以再加上一个坐标对（1，1.00）以表示比例尺为 S_0 的地图或地图目标与其自身的空间相似度为 1.00、与其自身的比例尺变化为 1。如此一来，每类目标就有 18 个或 24 个坐标对。

第二步：选择参与曲线拟合的候选函数。

可供曲线拟合使用的函数数量众多，如果全部选为候选函数，在实践中不经济也没必要。因此，通常需要在曲线拟合之前根据实际问题、所选用的数据等选择最可能的几个函数作为候选函数。

曲线拟合中常用的候选函数有多项式函数、指数函数、对数函数、幂函数等。根据前述讨论可知，多尺度地图上的比例尺变化和地图目标空间相似度变化存在单调函数关系，而多项式函数中的三次、四次等多项式函数并非单调函数，因此，本书研究中的曲线拟合选用如下 5 个函数作为候选函数：

$$y=a_1x+a_0 \tag{7-4}$$

$$y=a_2x^2+a_1x+a_0 \tag{7-5}$$

$$y = a_2 e^{a_1 x} + a_0 \tag{7-6}$$

$$y = a_1 \ln(x) + a_0 \tag{7-7}$$

$$y = x^{a_0} \tag{7-8}$$

以上函数中的 a_0、a_1、a_2 为待定系数。

第三步：拟合曲线，确定各函数的待定系数。

根据前面的实验研究结果，地图目标被分为 10 类，每类目标产生了 18 个或 24 个坐标对。对于每类目标，用其对应的 18 个或 24 个坐标对，分别以式（7-4）～式（7-8）进行函数曲线拟合，借助常用的最小二乘法来确定各个候选函数的待定系数。

第四步：确定最优函数。

曲线拟合中，通常用 R^2 来衡量拟合结果的优劣，R^2 是衡量函数与原始数据拟合程度好坏的一个统计量。一个候选函数（即去选）的 R^2 越大，表示该函数与原始数据的拟合程度越好。所以，R^2 最大的函数一般会被当作该次曲线拟合的最优函数。$R^2=1$ 表示曲线与原始数据完美拟合。

R^2 的计算方法如下：

对于函数 $y=f(x)$ 而言，假定其因变量 y 有 n 个模型计算值（或称预测值）$\widehat{y}_i$ 和 n 个观测值 y_i。此处，$i=1,2,\cdots,n$。

观测值的平均值为：$\overline{y}=\frac{1}{n}\sum_{i=1}^{n}y_i$。

模型计算值得到的数据集和观测值数据集的变化可以通过它们各自的差平方求和来度量。此处，用 $\mathrm{SS}_{\mathrm{Total}}=\sum_{i=1}^{n}\left(y_i-\overline{y}\right)^2$ 来衡量观测值数据集的变化，用 $\mathrm{SS}_{\mathrm{Regression}}=\sum_{i=1}^{n}\left(\widehat{y_l}-\overline{y}\right)^2$ 来衡量模型计算值得到的数据集的变化，用 $\mathrm{SS}_{\mathrm{Residual}}=\sum_{i=1}^{n}\left(y_i-\overline{\widehat{y_l}}\right)^2$ 来衡量模型计算值与观测值之间的差异度，进而有

$$R^2=1-\frac{\mathrm{SS}_{\mathrm{Regression}}}{\mathrm{SS}_{\mathrm{Total}}} \tag{7-9}$$

7.1.3 比例尺变化幅度和空间相似度之间的函数关系构建

本节的目的是为地图上的 10 类目标（即单体点状目标、单体线状目标、单体面状目标、点群目标、平行线簇目标、相交线网目标、树状线网目标、离散面群目标、连续面群目标、整幅地图目标）构建各自的函数，以表达其地图比例尺变化幅度与空间相似度之间的关系，借助的工具是 Microsoft 公司的专业软件 Excel（2010 版），使用的是其中的曲线拟合操作。

对于每类目标，构建函数的过程包括：

（1）选取表 6-5 中对应目标类的数据点，在 Excel 中录入。对于包含 3 个实验的目标类，需要录入 18 个数据；对于包含 4 个实验的目标类，需要录入 24 个数据。需要注意的是：为每类目标的每个实验增加表 6-5 中没有列出的一个点（1.00，1），这个点指的是原始目标与其自身的比例尺变化幅度和空间相似度构成的点。

（2）利用 5 个候选函数，对录入的数据分别进行曲线拟合，得到 5 个函数的拟合曲线、对应的拟合函数和 R^2。

（3）选取 R^2 最大的候选函数作为对应目标类的比例尺变化幅度和空间相似度的函数关系式。

下面逐个说明 10 类目标各自的曲线拟合过程和结果。

1. 单体点状目标

对应的实验：实验 1、实验 2、实验 3。

产生的数据点共 6 个点（表 6-5），分列如下：

（1.00，1），

（1.00，2），（1.00，4），（1.00，8），（1.00，16），（1.00，32）。

需要说明的是：原始数据中的 3 个实验均产生了相同的 6 个点，故舍去了重复的 12 个点，最终采用了 6 个点。

数据点的曲线拟合结果显然只有水平直线，如图 7-1 所示。

得到的函数关系为

$$y=1 \tag{7-10}$$

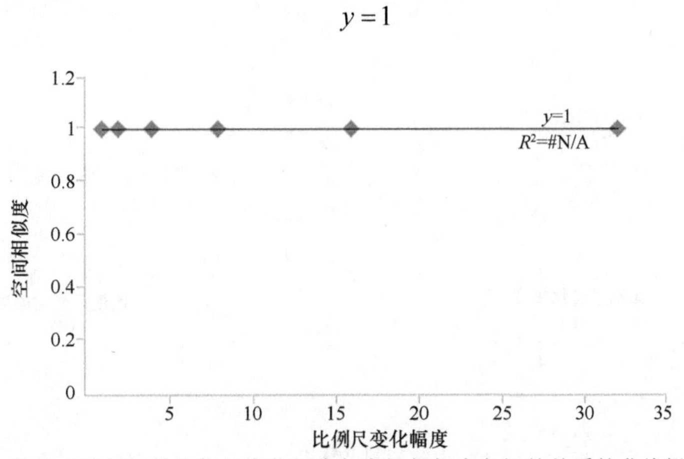

图 7-1　单体点状目标的比例尺变化幅度与空间相似度之间的关系的曲线拟合结果

注：#N/A 表示不存在。

2. 单体线状目标

对应的实验：实验 4、实验 5、实验 6、实验 7。

产生的数据点共 21 个点（表 6-5），分列如下：

（1.00，1），

（0.87，2），（0.64，4），（0.38，8），（0.38，16），（0.38，32），
（0.91，2），（0.78，4），（0.52，8），（0.44，16），（0.36，32），
（0.75，2），（0.55，4），（0.44，8），（0.35，16），（0.26，32），
（1.00，2），（1.00，4），（1.00，8），（1.00，16），（1.00，32）。

需要说明的是：原始数据中的 4 个实验均产生了相同的 1 个点，即（1.00，1），故舍去了重复的 3 个点。

5 个候选函数的曲线拟合结果如图 7-2 所示。选取其中的 R^2 最大者，对应的函数为

$$y = 1.0164x^{-0.343} \tag{7-11}$$

考虑到原始单体曲线目标可能为直线段的特例，最终函数为

$$y = \begin{cases} 1, \text{如果原始曲线为直线段} \\ 1.0164x^{-0.343}, \text{其他} \end{cases} \tag{7-12}$$

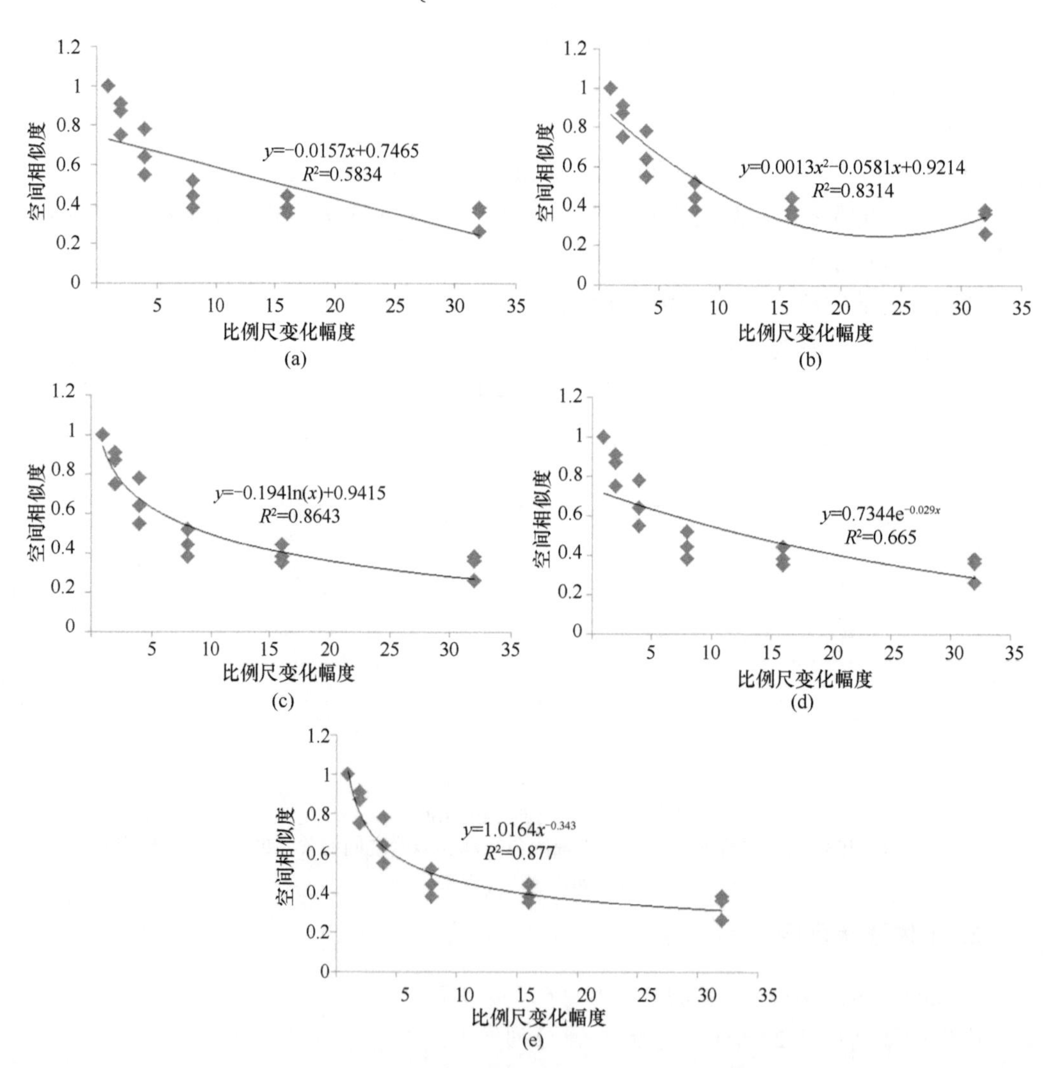

图 7-2 单体线状目标的比例尺变化幅度与空间相似度之间的关系的曲线拟合结果

3. 单体面状目标

对应的实验：实验 8、实验 9、实验 10、实验 11。

产生的数据点共 21 个点（表 6-5），分列如下：

（1.00，1），

（0.95，2.5），（0.88，10），（0.73，25），（0.65，50），（0.55，125），

（0.91，2.5），（0.82，10），（0.66，25），（0.52，50），（0.52，100），

（1.00，2.5），（0.55，10），（0.55，25），（0.55，50），（0.55，100），

（1.00，2.5），（1.00，5），（1.00，10），（1.00，25），（1.00，50）。

需要说明的是：原始数据中的 4 个实验均产生了相同的 1 个点，即（1.00，1），故舍去了重复的 3 个点。

在曲线拟合中，先取前面的 16 个点，用 5 个候选函数进行拟合，结果如图 7-3 所示。选取其中的 R^2 最大者，对应的函数为

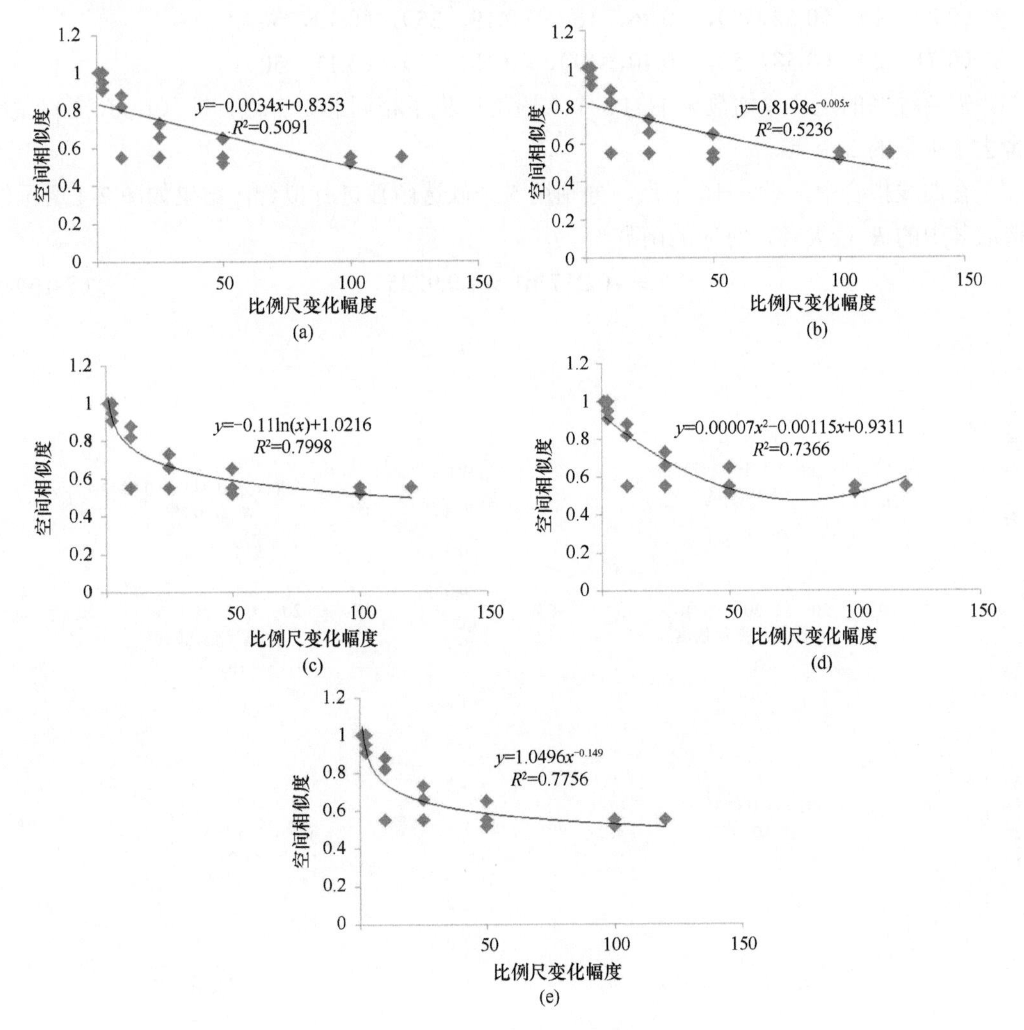

图 7-3　单体面状目标的比例尺变化幅度与空间相似度之间的关系的曲线拟合结果

$$y = -0.11\ln(x) + 1.0216 \tag{7-13}$$

最后面的 5 个点是针对特殊形状的面目标（矩形），单独拟合，结果为

$$y = 1 \tag{7-14}$$

最终结果为

$$y = \begin{cases} 1, \text{如果原始目标为矩形} \\ -0.11\ln(x) + 1.0216, \text{其他} \end{cases} \tag{7-15}$$

4. 点群目标

对应的实验：实验 12、实验 13、实验 14。

产生的数据点共 16 个点（表 6-5），分列如下：

（1.00，1），

（0.76，2），（0.57，5），（0.36，10），（0.21，25），（0.15，50），

（0.82，2），（0.62，5），（0.36，10），（0.19，25），（0.12，50），

（0.71，2），（0.58，5），（0.40，10），（0.18，25），（0.11，50）。

需要说明的是：原始数据中的 3 个实验均产生了相同的 1 个点，即（1.00，1），故舍去了重复的 2 个点。

在曲线拟合中，录入 16 个点，分别用 5 个候选函数进行拟合，结果如图 7-4 所示。选取其中的 R^2 最大者，对应的函数为

$$y = -0.217\ln(x) + 0.9235 \tag{7-16}$$

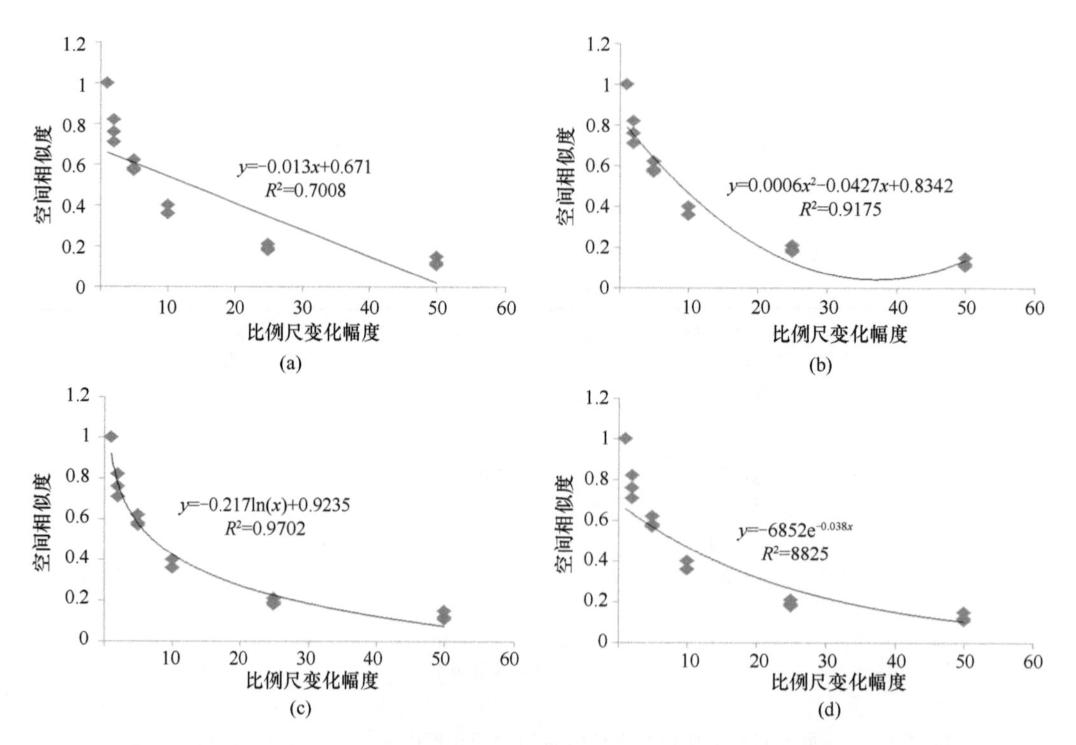

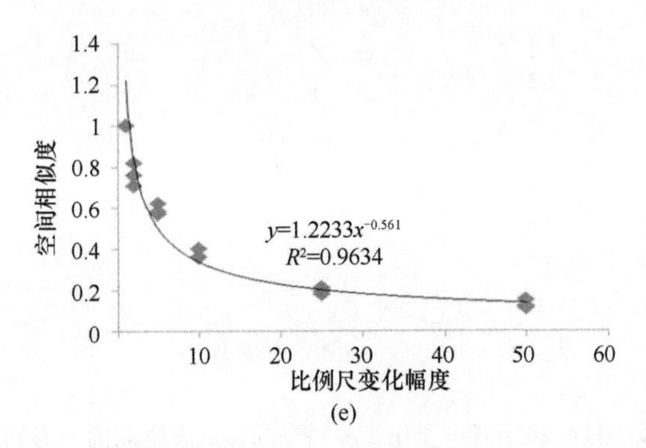

(e)

图 7-4　点群目标的比例尺变化幅度与空间相似度之间的关系的曲线拟合结果

5. 平行线簇目标

对应的实验：实验 15、实验 16、实验 17。

产生的数据点共 16 个点（表 6-5），分列如下：

（1.00，1），

（0.95，2），（0.88，5），（0.67，10），（0.45，25），（0.36，50），

（0.93，2），（0.83，5），（0.76，10），（0.51，25），（0.42，50），

（0.96，2），（0.86，5），（0.75，10），（0.55，25），（0.40，50）。

需要说明的是：原始数据中的 3 个实验均产生了相同的 1 个点，即（1.00，1），故舍去了重复的 2 个点。

在曲线拟合中，录入 16 个点，分别用 5 个候选函数进行拟合，结果如图 7-5 所示。选取其中的 R^2 最大者，对应的函数为

$$y = 0.0003x^2 - 0.0285x + 0.9977 \tag{7-17}$$

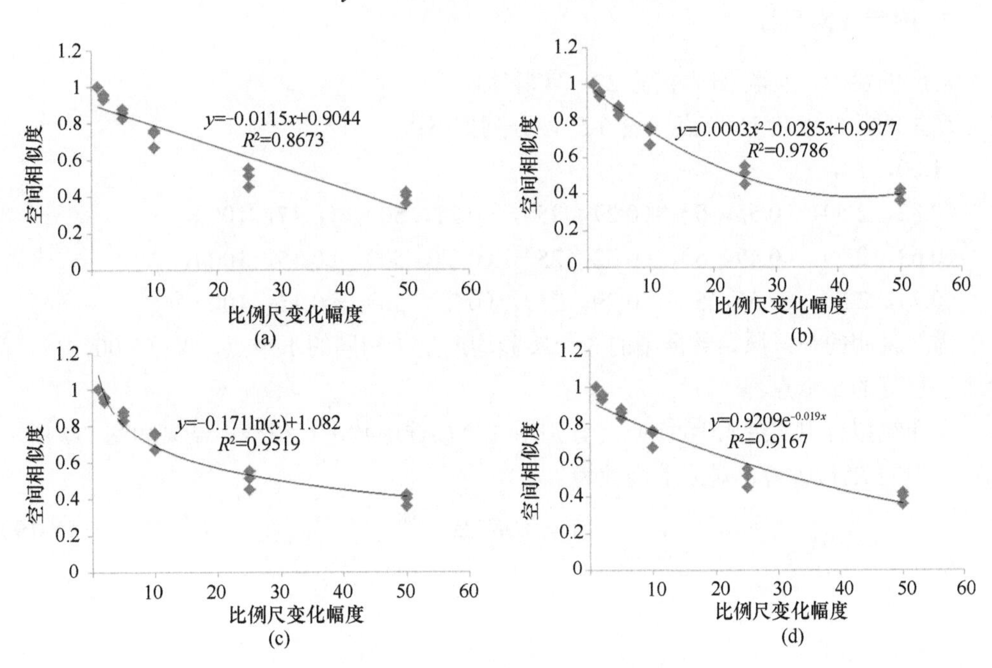

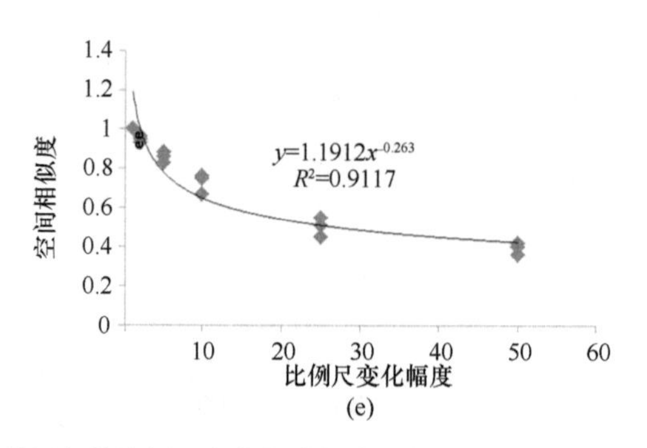

图 7-5　平行线簇目标的比例尺变化幅度与空间相似度之间的关系的曲线拟合结果

6. 相交线网目标

对应的实验：实验 18、实验 19、实验 20。

产生的数据点共 16 个点（表 6-5），分列如下：

（1.00，1），

（0.77，2），（0.52，5），（0.31，10），（0.22，25），（0.18，50），

（0.75，2），（0.55，5），（0.37，10），（0.28，25），（0.19，50），

（0.68，2），（0.49，5），（0.34，10），（0.28，25），（0.16，50）。

需要说明的是：原始数据中的 3 个实验均产生了相同的 1 个点，即（1.00，1），故舍去了重复的 2 个点。

在曲线拟合中，录入 16 个点，分别用 5 个候选函数进行拟合，结果如图 7-6 所示。选取其中的 R^2 最大者，对应的函数为

$$y = 1.0022x^{-0.439} \tag{7-18}$$

7. 树状线网目标

对应的实验：实验 21、实验 22、实验 23。

产生的数据点共 16 个点（表 6-5），分列如下：

（1.00，1），

（0.82，2.5），（0.55，5），（0.27，25），（0.21，50），（0.17，100），

（0.63，2.5），（0.49，5），（0.32，25），（0.22，50），（0.15，100），

（0.74，2.5），（0.56，5），（0.29，25），（0.23，50），（0.15，100）。

需要说明的是：原始数据中的 3 个实验均产生了相同的 1 个点，即（1.00，1），故舍去了重复的 2 个点。

在曲线拟合中，录入 16 个点，分别用 5 个候选函数进行拟合，结果如图 7-7 所示。选取其中的 R^2 最大者，对应的函数为

$$y = 0.9572x^{-0.398} \tag{7-19}$$

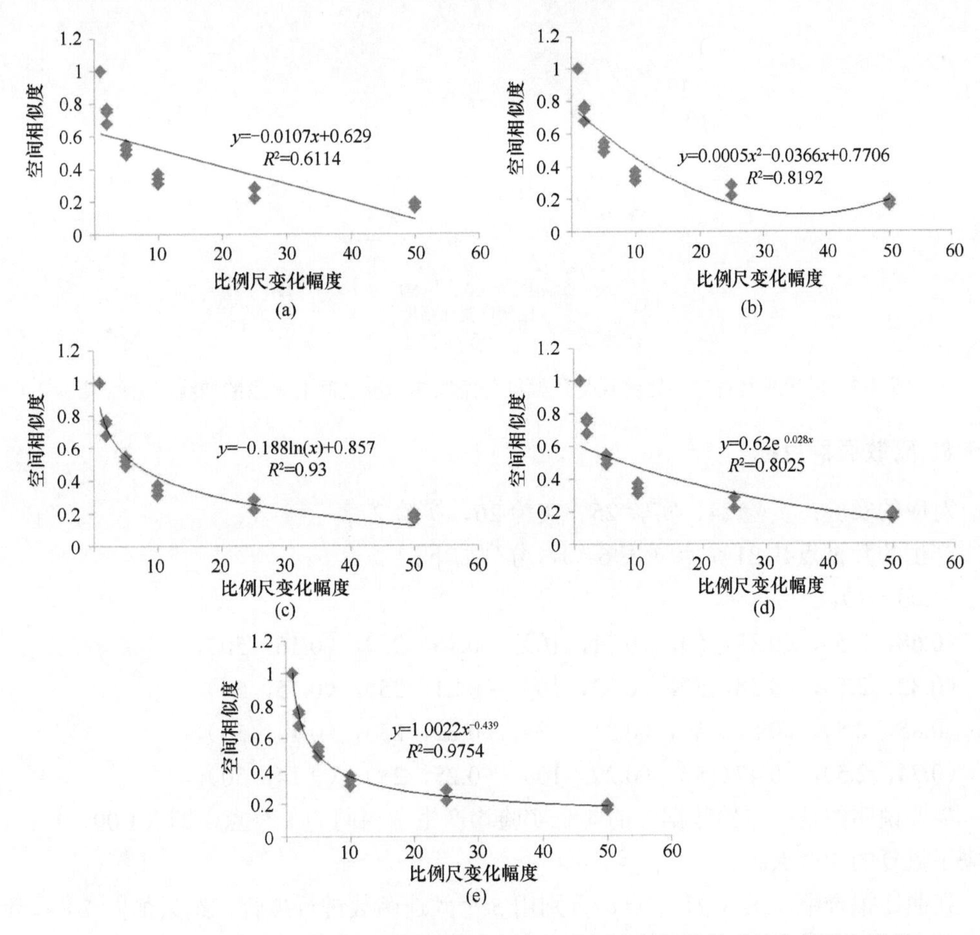

图 7-6　相交线网目标的比例尺变化幅度与空间相似度之间的关系的曲线拟合结果

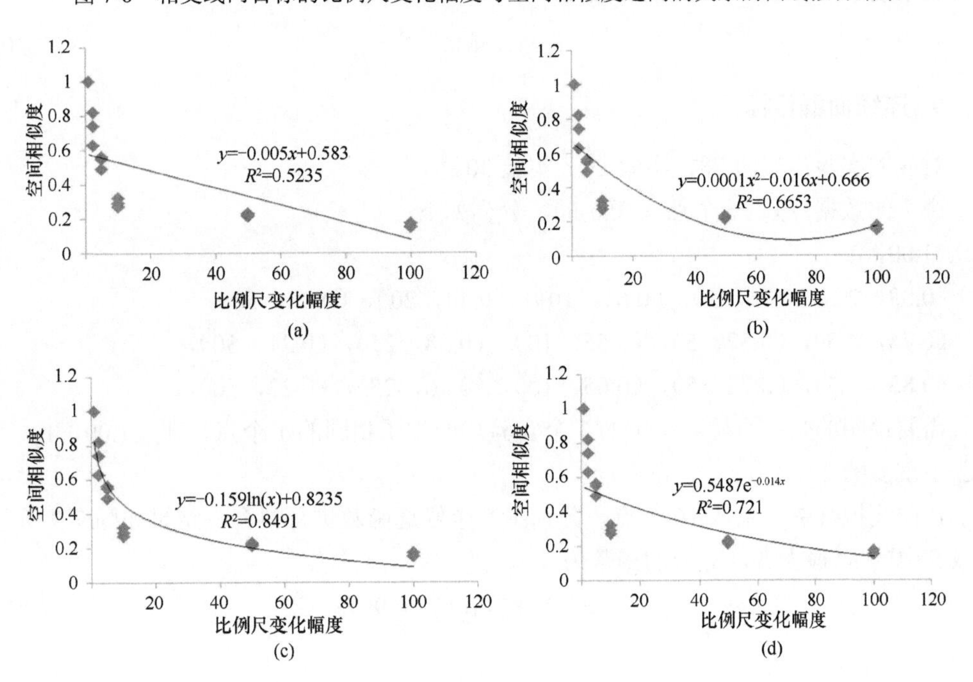

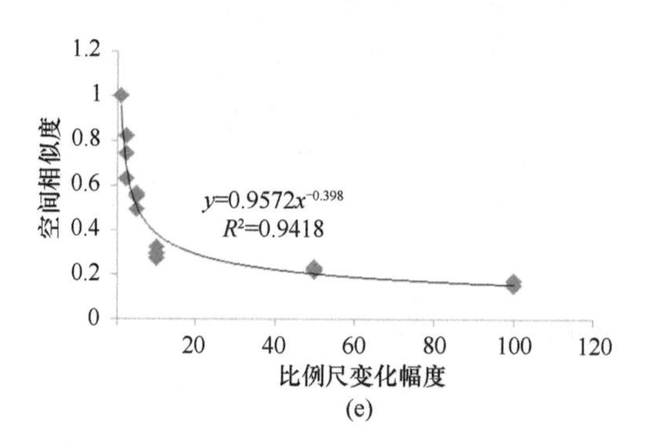

图 7-7　树状线网目标的比例尺变化幅度与空间相似度之间的关系的曲线拟合结果

8. 离散面群目标

对应的实验：实验 24、实验 25、实验 26、实验 27。

产生的数据点共 21 个点（表 6-5），分列如下：

（1.00，1），

（0.68，2.5），（0.38，5），（0.31，10），（0.16，25），（0.16，50），

（0.82，2.5），（0.58，5），（0.33，10），（0.21，25），（0.15，50），

（0.85，2.5），（0.51，5），（0.31，10），（0.22，25），（0.14，50），

（0.74，2.5），（0.47，5），（0.29，10），（0.25，25），（0.14，50）。

需要说明的是：原始数据中的 4 个实验均产生了相同的 1 个点，即（1.00，1），故舍去了重复的 3 个点。

在曲线拟合中，录入 21 个点，分别用 5 个候选函数进行拟合，结果如图 7-8 所示。选取其中的 R^2 最大者，对应的函数为

$$y = 1.1381x^{-0.53} \tag{7-20}$$

9. 连续面群目标

对应的实验：实验 28、实验 29、实验 30。

产生的数据点共 16 个点（表 6-5），分列如下：

（1.00，1），

（0.88，2），（0.76，5），（0.61，10），（0.44，20），（0.28，50），

（0.74，2.5），（0.57，5），（0.55，10），（0.38，25），（0.21，50），

（0.85，2.5），（0.72，5），（0.65，10），（0.46，25），（0.22，50）。

需要说明的是：原始数据中的 3 个实验均产生了相同的 1 个点，即（1.00，1），故舍去了重复的 2 个点。

在曲线拟合中，录入 16 个点，分别用 5 个候选函数进行拟合，结果如图 7-9 所示。选取其中的 R^2 最大者，对应的函数为

$$y = -0.187\ln(x) + 0.9973 \tag{7-21}$$

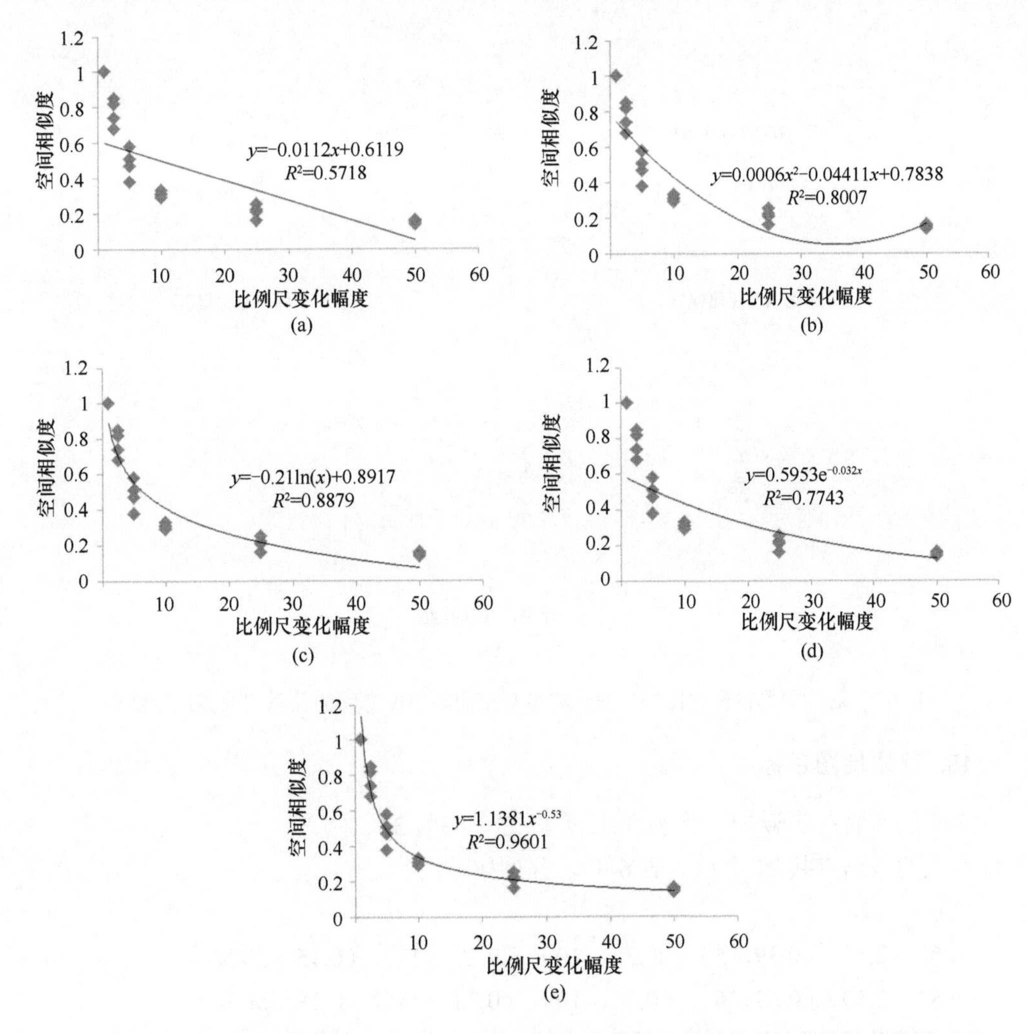

图 7-8　离散面群目标的比例尺变化幅度与空间相似度之间的关系的曲线拟合结果

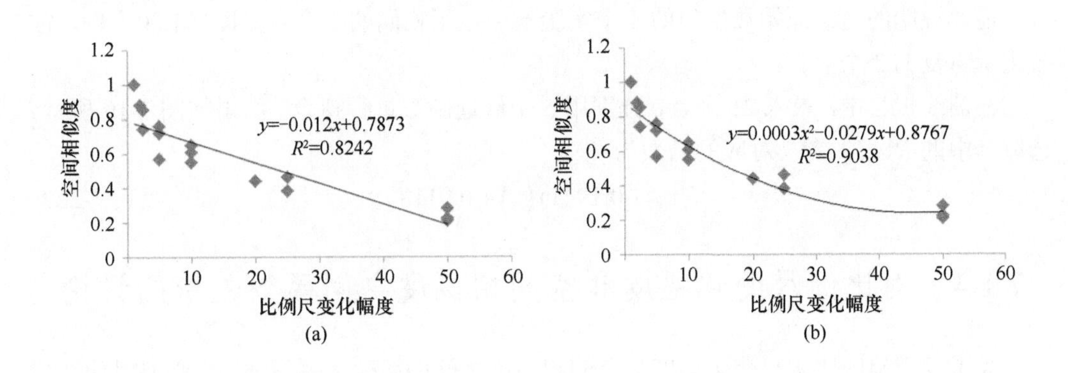

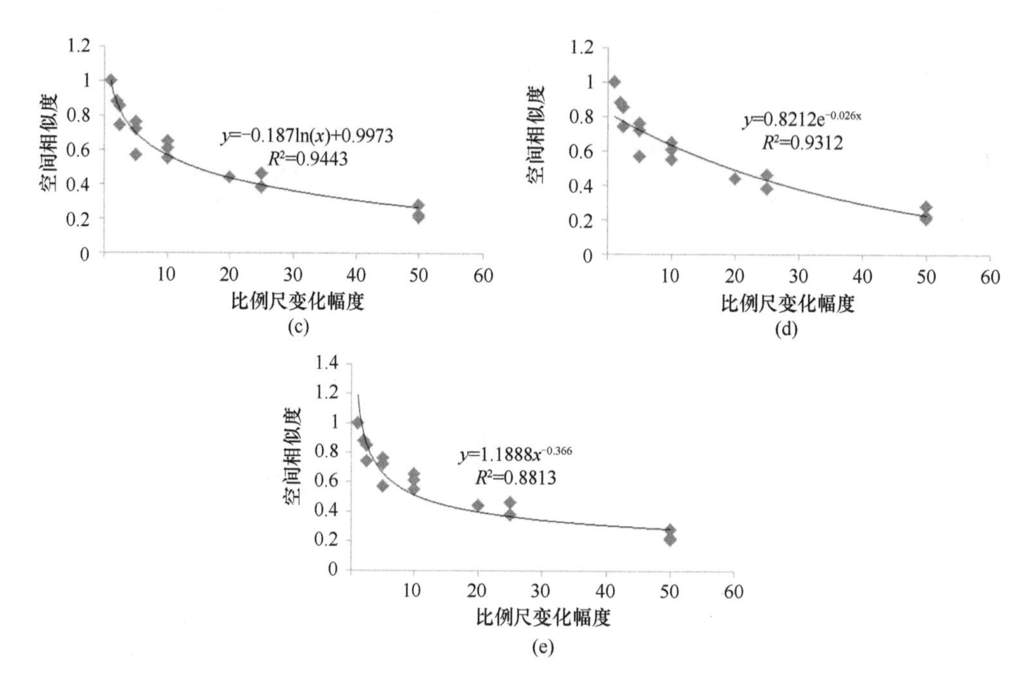

图 7-9　连续面群目标的比例尺变化幅度与空间相似度之间的关系的曲线拟合结果

10. 整幅地图目标

对应的实验：实验 31、实验 32、实验 33、实验 34。

产生的数据点共 21 个点（表 6-5），分列如下：

（1.00，1），

（0.53，2.5），（0.39，5），（0.23，10），（0.22，25），（0.15，50），

（0.82，2.5），（0.67，5），（0.46，10），（0.33，25），（0.18，50），

（0.80，2.5），（0.69，5），（0.47，10），（0.27，25），（0.17，50），

（0.88，2.5），（0.68，5），（0.46，10），（0.39，25），（0.21，50）。

需要说明的是：原始数据中的 4 个实验均产生了相同的 1 个点，即（1.00，1），故舍去了重复的 3 个点。

在曲线拟合中，录入 21 个点，分别用 5 个候选函数进行拟合，结果如图 7-10 所示。选取其中的 R^2 最大者，对应的函数为

$$y = -0.194\ln(x) + 0.9118 \tag{7-22}$$

7.1.4　对比例尺变化幅度和空间相似度之间函数关系的讨论

为了发现地图比例尺变化幅度与空间相似度之间的函数关系规律，有必要对曲线拟合得到的函数关系进行归纳、总结和讨论。为了方便对照和比较，把 7.1.3 节得到的 10 个函数关系放到同一个表中（表 7-1）。结合实验和曲线拟合结果进行分析，可得到如下结论：

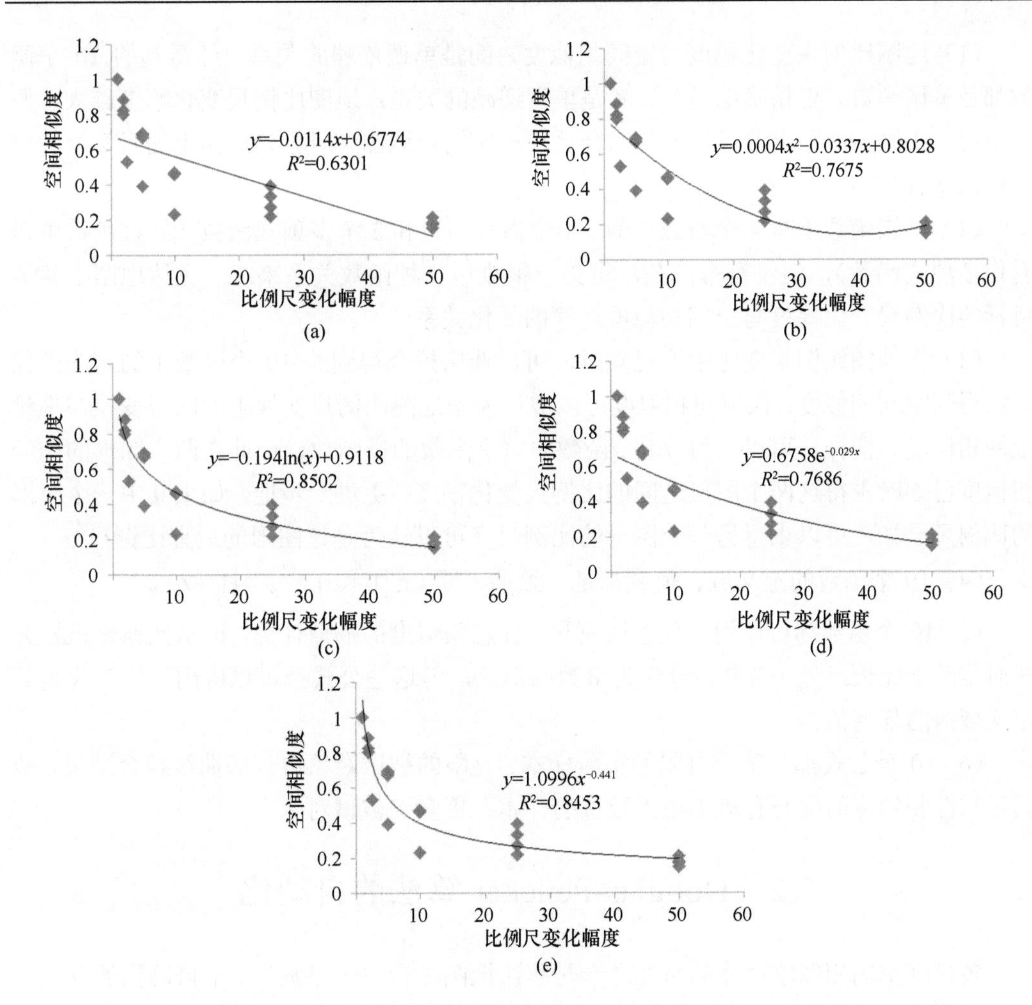

图 7-10　整幅地图目标的比例尺变化幅度与空间相似度之间的关系的曲线拟合结果

表 7-1　比例尺变化幅度和空间相似度之间的函数

目标类型	函数
单体点状目标	$y=1$
单体线状目标	$y=\begin{cases}1，\text{如果原始曲线为直线段}\\1.0164x^{-0.343}，\text{其他}\end{cases}$
单体面状目标	$y=\begin{cases}1，\text{如果原始目标为矩形}\\-0.11\ln(x)+1.0216，\text{其他}\end{cases}$
点群目标	$y=-0.217\ln(x)+0.9235$
平行线簇目标	$y=0.0003x^2-0.0285x+0.9977$
相交线网目标	$y=1.0022x^{-0.439}$
树状线网目标	$y=0.9572x^{-0.398}$
离散面群目标	$y=1.1381x^{-0.53}$
连续面群目标	$y=-0.187\ln(x)+0.9973$
整幅地图目标	$y=-0.194\ln(x)+0.9118$

（1）地图比例尺变化幅度与空间相似度之间是单调依赖的关系，即得到的 10 个函数都是单调函数。更精确地说，二者是单调递减的关系：地图比例尺变化幅度越大，原始地图（或原始地图上的目标）与综合后较小比例尺地图（或原始地图上的目标）的空间相似度就越小。

（2）结果函数中有 4 个对数函数、4 个指数函数和 2 个多项式函数（线性函数可以看作多项式函数），但没有幂函数。可见，很难用一种函数关系来统一表达地图上各类目标的比例尺变化幅度与空间相似度之间的量化关系。

（3）当地图比例尺变化幅度已知时，可以选用拟合得到的 10 个函数中的相应函数计算得到空间相似度；该空间相似度可以被认为是地图比例尺变换中的图形变换在理论上的相似度。同样，可以求得 10 个函数中每个函数的反函数，由此在两个图形的空间相似度已知时求得这两个图形之间的比例尺变化幅度；更进一步地，如果其中一个图形的比例尺已知，可以求得另一个图形的比例尺（可以认为是该图形的适宜比例尺）。

（4）10 个函数的定义域、值域都是一致的，即 $x \in [1,+\infty)$， $y \in [1,+\infty)$ 。

（5）10 个函数都可以用于任意比例尺、任意相似度的插值计算，即虽然原来推导公式时是基于比例尺分子为 1、分母为整数的形式，但这些公式都可以应用于比例尺是其定义域内的任何值。

（6）10 个公式都是基于有限的实验样本、有限的被试对象得到的曲线拟合结果，故其可靠性和精度的提升有赖于更大数量的样本、更多的被试对象。

7.2 Douglas-Peucker 算法的自动化

多尺度空间相似度计算的目的之一是解决地图综合中带参数的、半自动化的算法问题，使其实现自动化。下面以常见的 Douglas-Peucker（Douglas and Peucker，1973）算法为例，阐释运用多尺度空间相似度方法实现地图综合算法自动化的思想。

地图上 80%以上的要素（等高线、境界线、河流、道路、地类界等）以曲线形式表达（Weibel，1996）。当地图由大比例尺变为较小比例尺时，就需要对曲线要素进行化简，以满足地图空间线状目标可视化的要求（Jenkins et al.，2019；Li et al.，2020；Mao and Li，2020）。曲线要素化简属于地图综合的操作之一。曲线要素化简的目的是在尽量保持化简后曲线与原始曲线形状相似的情况下，使化简后曲线的复杂程度与目标地图的比例尺相适应（杜佳威等，2018；刘鹏程等，2020）。为了实现地图上曲线的化简，学者们提出了许多算法（Ramer，1972；Hershberger and Snoeyink，1992）。其中，在地图综合中应用比较广泛的是 Douglas-Peucker 算法（Douglas and Peucker，1973）。本节简称其为 DP 算法。

在地图综合中，理想的曲线化简算法应该是全自动化的，即曲线的化简过程不受人工干预（闫浩文和王家耀，2005）。但是，DP 算法并非一个全自动化算法，因为其在曲线化简开始时需要人工输入一个距离阈值（称为ε，$\varepsilon>0$）。已有学者陆续提出了改进的 DP 算法，如适用于闭合曲线化简的 DP 算法（李世宝等，2017）、可以处理化简后曲线自相交问题的 DP 算法等（于靖等，2015），但它们大都聚焦于算法普适性的提高，并没有顾及 DP 算法的非全自动化问题（Yan，2015；Yan et al.，2016）。

基于上述原因，本节将专注于地图上曲线状地物、地貌的化简算法，目标是提出一个全自动 DP 算法。

7.2.1　全自动 DP 算法的思想

1. 问题分析

DP 算法非自动化的原因在于曲线化简前需要人工输入距离阈值ε。因此，解决该问题的自然设想是：①在算法执行前获得ε的值，把它嵌入算法中；②找到计算ε的公式，把它编入算法中。

对①进行分析：在面对特定的地图综合任务时，根据已知的原始地图比例尺和目标地图比例尺，询问有经验的地图专家，可以得到ε的值。但是，在地图数据的实际生产中，ε的确定需要顾及数量众多的地图比例尺和多样的制图区域地理特点，故很难枚举出全部可能的ε。因此，如果能按照②的思路，找到计算ε的公式，就可能实现 DP 算法的自动化。

2. 解决问题的基本思路

设有一个地图综合任务，需要化简 n 条曲线要素，原始地图比例尺为 S_0，目标地图比例尺为 S_1。要实现 DP 算法全自动化，就需要找到ε与地图比例尺变化 S（$S = S_0 / S_1$）之间的函数关系：

$$\varepsilon = f_1(S) \tag{7-23}$$

因不能直接应用专家主观经验给出ε，无法直接求得 f_1，故转换一种思路：地图综合是一种相似变换，DP 算法对曲线的化简即曲线在不同比例尺地图上的相似变化，化简后曲线与原始曲线的相似度（用 Sim 表示）和地图比例尺变化 S 之间显然存在单调函数依赖：曲线化简中，S 越大，则 Sim 越小。所以，如果求得如下关系，就可以推导出 f_1。

$$\text{Sim} = f_2(S) \tag{7-24}$$

$$\text{Sim} = f_3(\varepsilon) \tag{7-25}$$

下面首先探讨多尺度曲线相似度的计算方法，然后结合具体实验数据分别阐述比例尺变化与相似度的函数关系推导方法、相似度与ε的函数关系推导方法和ε与比例尺变化的函数关系确定方法。

7.2.2　多尺度曲线相似度的计算方法

针对特定的地图综合任务，S_0 和 S_1 已知，即 S 已知；但化简后不同比例尺上的曲线与原始地图上曲线的相似度 Sim 未知。故下面论述曲线相似度的计算和 f_2 的构建方法。

计算两条曲线的相似度可以用欧氏距离、曼哈顿距离、切比雪夫距离、Hausdorff 距离、Fréchet 距离、DTW 等方法（陈青燕等，2016；程绵绵等，2019），比较发现 Hausdorff 距离是计算曲线相似度的整体最优方法（Huttenlocher et al.，1993；邓敏等，2007），故为本节研究所选用。

设线要素 A、B 的构成点集为：$A=\{a_1,a_2,\cdots,a_m\}$，$B=\{b_1,b_2,\cdots,b_n\}$，则其 Hausdorff 距离 $H(A, B)$的定义为

$$H(A,B)=\max\{h(A,B),h(B,A)\} \tag{7-26}$$

其中，

$$h(A,B)=\max(a\in A)\min(b\in B)\|a-b\| \tag{7-27}$$

$$h(B,A)=\max(b\in B)\min(a\in A)\|b-a\| \tag{7-28}$$

式中，$\|\cdot\|$ 为两点的距离范式，可以用欧氏距离、曼哈顿距离、切比雪夫距离等任何一种距离，此处它代表欧氏距离。

设比例尺 S_0 的地图上有 n 个线要素集 $F_{S_0}=\{F_{S_0}^1,F_{S_0}^2,\cdots,F_{S_0}^n\}$，化简到比例尺为 S_1 的地图上得到的对应要素集 $F_{S_1}=\{F_{S_1}^1,F_{S_1}^2,\cdots,F_{S_1}^n\}$，则第 i 个要素与其化简后得到的对应要素的相似度为

$$\text{Sim}\left(F_{S_0}^i,F_{S_1}^i\right)=1-\frac{H\left(F_{S_0}^i,F_{S_1}^i\right)}{\text{Max}H\left(F_{S_0}^i,F_{S_1}^i\right)} \tag{7-29}$$

式中，Max$H$ 为 $F_{S_0}^i$ 与 $F_{S_1}^i$ 构成的度量空间内可能出现的最大 Hausdorff 距离，其计算方法如下：由于 DP 算法化简不改变曲线首尾点，故可将 Hausdorff 距离的度量空间限定到原始曲线 $F_{S_0}^i$ 与化简曲线 $F_{S_1}^i$ 的最小面积外接矩形（minimum area boundary rectangle，MABR）。由此容易得到 $\text{Max}H\left(F_{S_0}^i,F_{S_1}^i\right)$ 为 MABR 的两条边中的较长者。如图 7-11 所示，ABC 为原始曲线，AC 为化简后曲线，ABC 的 MABR 如图 7-11 虚点线所示，则 $\text{Max}H(ABC,AC)$ 显然为 M_2。

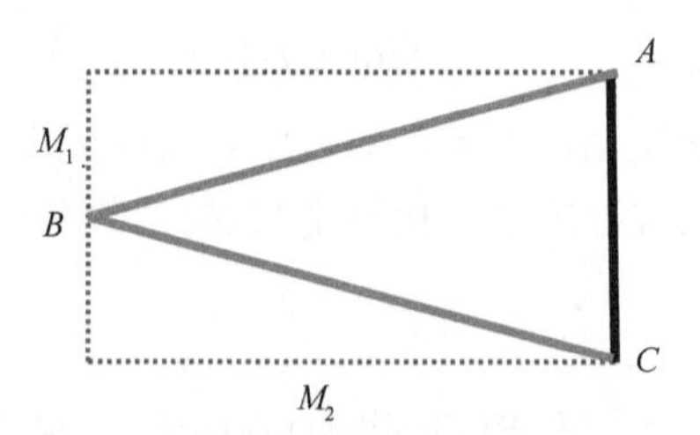

图 7-11　最大 Hausdorff 距离计算

这 n 条线要素在化简前后的整体相似性计算公式为

$$\mathrm{Sim}\left(F_{S_0},F_{S_1}\right)=\sum_{i=1}^{n}\frac{\mathrm{Sim}\left(F_{S_0}^i,F_{S_1}^i\right)\cdot L\left(F_{S_0}^i\right)}{L\left(F_{S_0}\right)} \tag{7-30}$$

式中，$L\left(F_{S_0}^i\right)$ 为 $F_{S_0}^i$ 的长度；$L\left(F_{S_0}\right)$ 为原始 n 条线要素的总长。

7.2.3　全自动 DP 算法实现

1. 比例尺变化与相似度的函数关系推导方法

为了得到比例尺变化和相似度之间较为普适的函数关系，选取某地区 1 幅 1∶1 万矢量地形图上的 15 条线状河流作为实验数据（图 7-12）。由经验丰富的制图员对这些河流分别进行化简，得到了它们在 1∶2.5 万、1∶5 万、1∶10 万、1∶25 万、1∶50 万、1∶100 万地图上的河流图形。

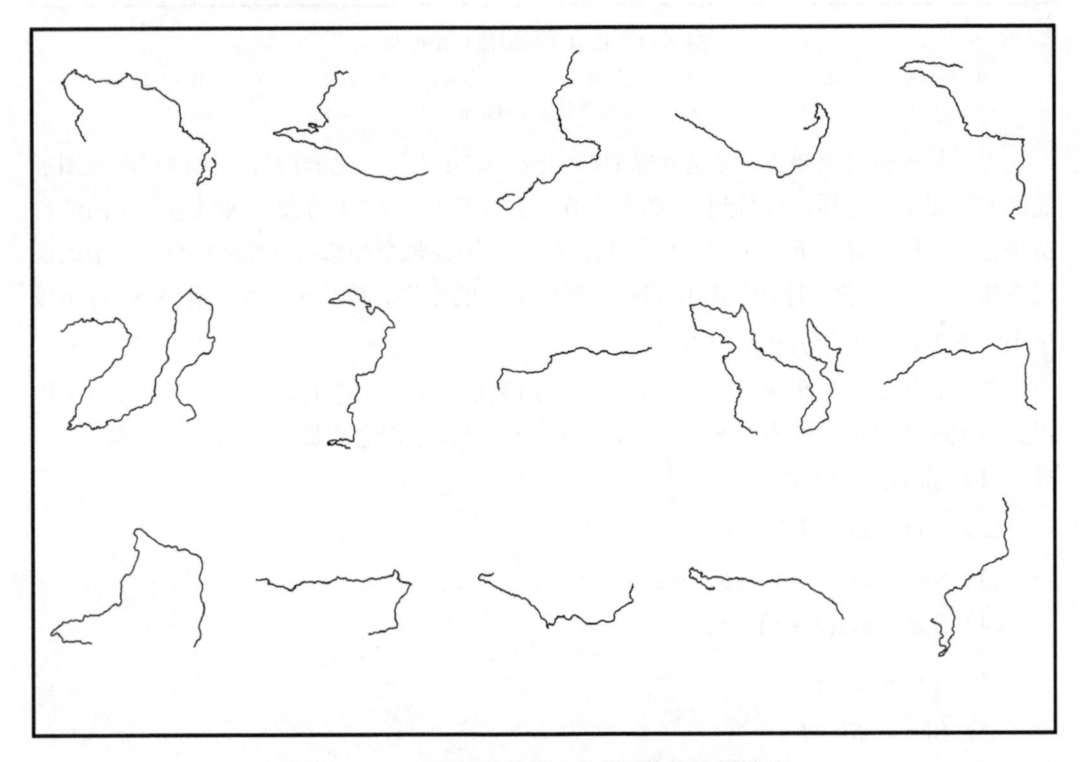

图 7-12　1∶1 万河流数据（并非严格按比例显示）

图 7-13 给出了其中 3 条河流要素在 7 种比例尺地图上的化简图形。由于篇幅所限，其余 12 条河流的化简图形从略。

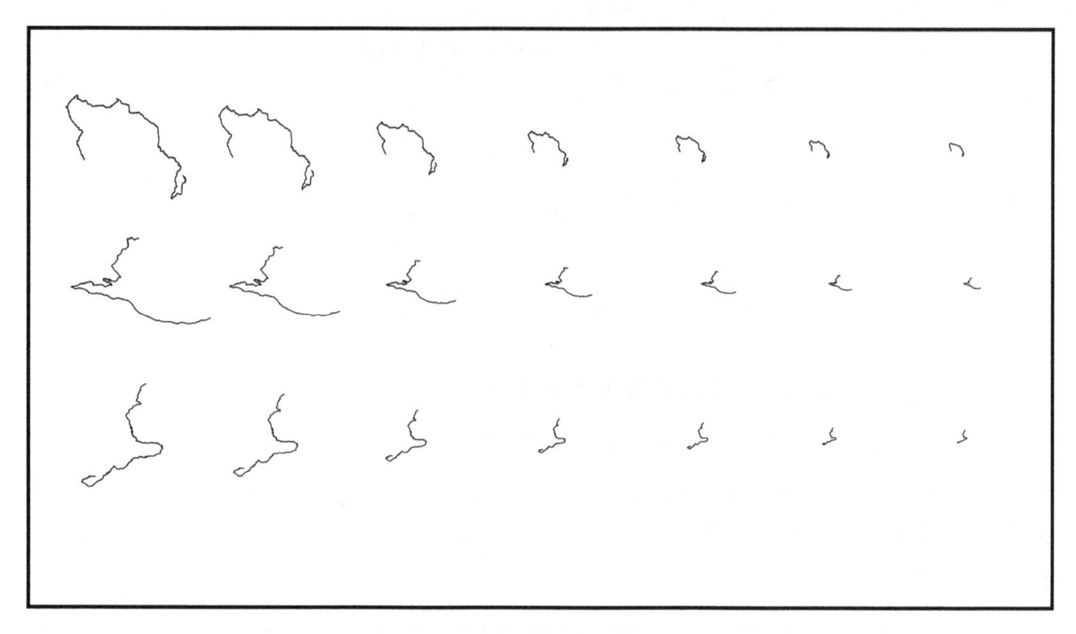

图 7-13　其中 3 条河流化简结果

每条河流从左到右依次按 1∶1 万、1∶2.5 万、1∶5 万、1∶10 万、1∶25 万、1∶50 万、1∶100 万显示，并非严格按比例显示

对于每一条河流要素，分别计算原始河流（1∶1 万）与化简后每个比例尺河流图形之间的相似度。这样，可得到 15 条河流在 7 种比例尺（1∶1 万图形可以与原始河流自身进行相似度计算）下图形的 105 个相似度值。因为每个相似度（Sim）都与一个比例尺变化（S：原始图形比例尺与化简后图形比例尺的比值）相对应，所以用 (S,Sim) 组成了 105 个坐标对来作为数据拟合点。

考虑到相似度与比例尺变化之间的单调函数依赖关系，选取如下 6 个候选函数，用得到的 105 个坐标对作为数据拟合点，来拟合和寻找它们之间最合适的函数关系：

（1）$\mathrm{Sim}=aS+b$；

（2）$\mathrm{Sim}=aS^2+bS+c$；

（3）$\mathrm{Sim}=aS^3+bS^2+cS+d$；

（4）$\mathrm{Sim}=a\ln(S+b)+c$；

（5）$\mathrm{Sim}=a\mathrm{e}^{bS}$；

（6）$\mathrm{Sim}=aS^b+b$。

拟合结果如图 7-14 所示。其中，对数函数的 R^2=0.920 是最大的，表明其函数拟合的结果最好，故此选择对数函数作为比例尺变化与相似度的函数关系：

$$\mathrm{Sim}=2.122-0.275\ln(S+60.764) \tag{7-31}$$

2. 相似度与ε的函数关系推导方法

下面以某特定地理区域 1∶1 万地图水系要素的化简为例，推导其相似度与ε的函数

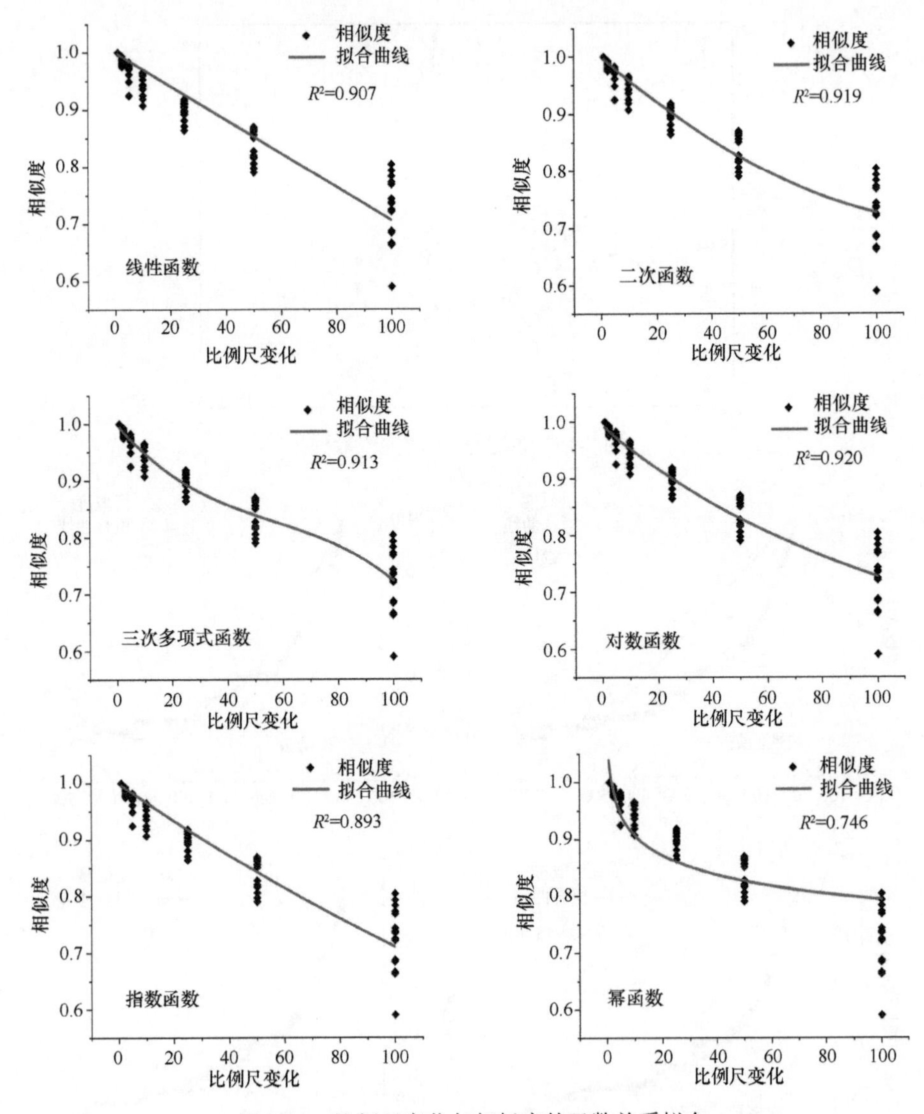

图 7-14　比例尺变化与相似度的函数关系拟合

关系。如图 7-15 所示，地图上有 16 条河流，相连的河流之间以红色圆点为分界。

根据 DP 算法原理可以计算得到把所有河流均化简为直线时的ε值，此即ε最大值。在本实验中，该最大值为 678.3m。为了得到可信度较高的函数关系，取ε步长为 0.5m，即 $\varepsilon = \{0.5\text{m}, 1.0\text{m}, 1.5\text{m}, \cdots, 678.5\text{m}\}$，对图 7-15 中的河流数据运用 DP 算法进行 1356 次化简，得到原始数据在各个ε值下的化简结果。

计算原始河流数据与每个ε值下化简后得到的河流数据的相似度Sim，由此得到1356个$(\varepsilon, \text{Sim})$坐标对。对这些坐标对进行曲线拟合，结果如图 7-16 所示。其中，对数函数拟合的结果最好，R^2=0.989，所以其对应的函数被认为是针对本实验数据的ε与相似度的最佳函数关系：

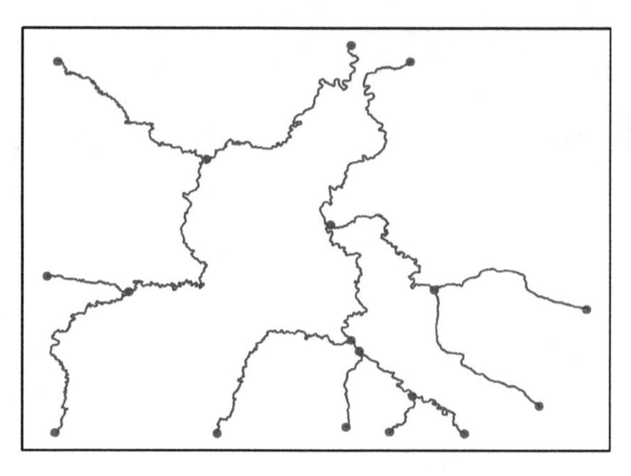

图 7-15 推导ε所用的河流数据

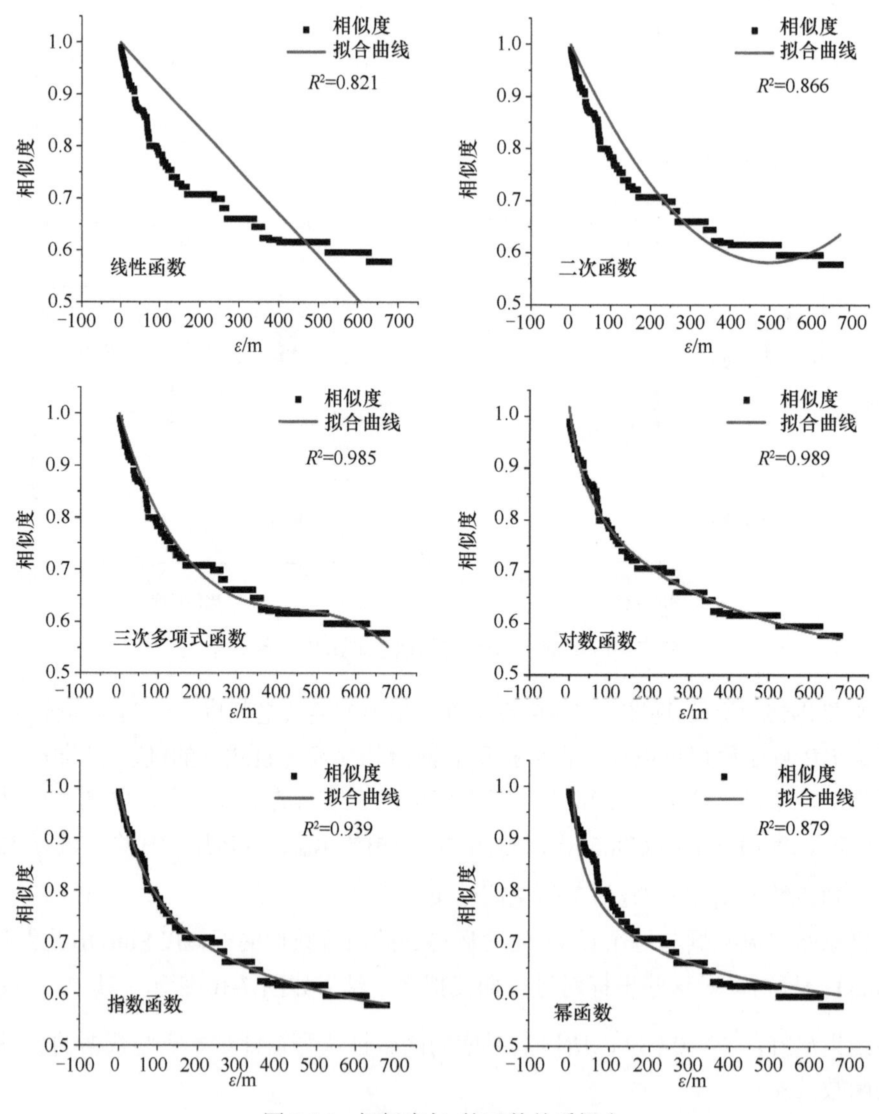

图 7-16 相似度与ε的函数关系拟合

$$\mathrm{Sim} = -0.096\ln(\varepsilon) + 1.2097 \tag{7-32}$$

其反函数为：

$$\varepsilon = \mathrm{e}^{12.601-10.471\mathrm{Sim}} \tag{7-33}$$

需要说明的是，选取的实验数据不同，ε与相似度 Sim 的函数关系一般会不同。

3. ε与比例尺变化的函数关系的确定方法

结合上面的公式，可以得到地图比例尺变化 S 与ε之间的函数关系：

$$\varepsilon = \mathrm{e}^{12.601-10.471\times\left[2.122-0.275\ln(S+60.674)\right]} \tag{7-34}$$

对其进行化简可得

$$\varepsilon = \mathrm{e}^{0.275\ln(S+60.764)-9.618} \tag{7-35}$$

这样就得到了针对图 7-15 数据的ε与比例尺变化 S 之间的函数关系式。

7.2.4　实 验 研 究

欲将图 7-15 中 1∶1 万河流数据用 DP 算法自动化简为 1∶2.5 万、1∶5 万、1∶10 万、1∶25 万、1∶50 万、1∶100 万共 6 个小比例尺数据，为此，用式（7-35）计算得出ε，见表 7-2。

表 7-2　ε的计算

比例尺变化	ε/m	比例尺变化	ε/m
2.5	10.215	25	24.533
5	11.425	50	51.247
10	14.104	100	149.802

图 7-17 是本节提出的全自动 DP 算法化简的结果（蓝色显示）、有经验制图员手工化简的结果（红色显示）及二者的叠置对比图。运用上面的公式分别计算原始河流数据被全自动 DP 算法和制图员手工化简到 1∶2.5 万、1∶5 万、1∶10 万、1∶25 万、1∶50 万、1∶100 万比例尺河流时的相似度，结果如表 7-3 所示。

分析本实验过程与曲线化简结果，至少可以得出：

（1）本实验给出的公式使 DP 算法实现了自动化，完成了指定地理特征区域的水系要素的自动化简。

（2）提出的实现 DP 算法自动化的方法具有普适性，即用同样的步骤可以为其他类型线状要素的化简构建全自动的 DP 算法。换言之，如果地物、地貌类型发生改变或地理区域的特征发生改变，则可以以类似过程重新推导ε的计算公式，进而构建出具有针对性的全自动 DP 算法。

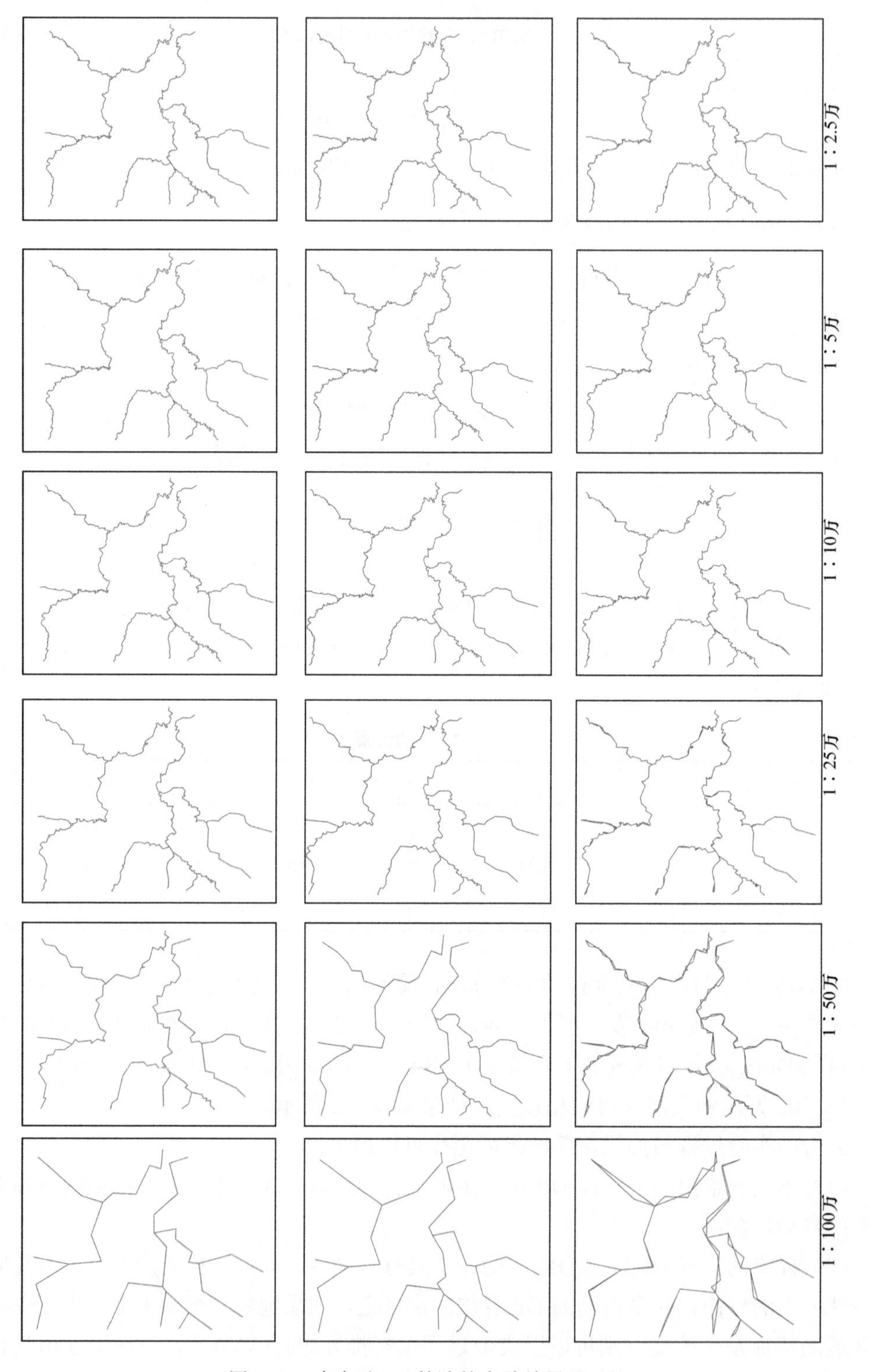

图 7-17　全自动 DP 算法的实验结果及对比

表 7-3　全自动 DP 算法与人工方法对曲线化简结果的相似度比较

地图比例尺	相似度	地图比例尺	相似度
1∶2.5 万	0.982	1∶25 万	0.931
1∶5 万	0.976	1∶50 万	0.863
1∶10 万	0.969	1∶100 万	0.843

（3）是否可以建立不区分要素类型和地理区域特点的计算ε的普适性公式是更高效地构建全自动 DP 算法中值得深入研究的一个关键课题。

（4）各个比例尺下全自动 DP 算法与制图员手工化简得到的图形的相似度普遍很高，最小值为 0.843，这表明全自动 DP 算法的高智能化和可靠性。

为了解决地图综合中常用的 DP 算法在执行前需要人工干预输入距离阈值ε而导致的非自动化问题，本节引入了多尺度曲线相似度的概念和计算方法，推导出多尺度曲线相似度与比例尺变化的函数关系、相似度与ε的函数关系，进而以河流数据为例，推导出ε的计算公式，实现了 DP 算法的自动化。

提出的 DP 算法自动化的思路具有普适性。虽然此处仅以河流数据为例进行了实验，但是该方法可以直接移植到其他线状地物类型（如道路、等高线、地类界）的 DP 算法自动化中。值得注意的是，该方法中ε计算公式的精度依赖于样本数据，样本越多越典型，公式的精度越高。此外，针对不同的区域和不同的地物类型，需要推导不同的ε计算公式。因此，如何寻找到更为普适的ε计算公式值得未来继续探索。

7.3　地图综合过程的自动化

地图综合依赖于算法来实现。在地图综合中，地图上的地物、地貌通常被分为若干层，用若干不同的算法来对其进行取舍、化简、移位等来达到地图尺度变换的目的。显然，地图综合算法是模拟人工制图员的地图综合操作，像制图员一样判断某个中间综合结果是否达到了最终的要求，如图形的复杂程度是否与目标地图比例尺期望的复杂程度匹配、语义划分是否合适，由此决定该算法是否可以停止运算。

目前，有些地图综合算法的终止还需要人工的介入，这虽然可以在一定程度上解决问题，但弊端是显而易见的：①判断的可信度有赖于制图员个体的经验，这与手工制图阶段类似，都会导致不同制图员用同一份数据生成不同结果的麻烦；②降低了软件的自动化、智能化水平，也使系统执行时间增多。因此，减少甚至消除地图综合中间过程中的人工干预，实现其全自动化非常有必要。

制图员判断算法可否终止的依据是判断地图综合的中间结果与其最终应该综合到的比例尺上的理想结果的空间相似度的接近程度，所以如果有合适的方法可以计算二者的空间相似度，则地图综合中间过程的自动化就有望实现。

第 6 章已经给出了地图上 10 类目标的比例尺变化幅度和空间相似度之间的函数关系，其为该问题的解决提供了理论上的可行性。因此，下面以地图上点群目标的综合为例，来阐释借助空间相似度实现其综合算法自动化的过程。

假设地图比例尺为 S_0 的地图上有一个点群目标，需要把它综合到比例尺为 S_1 的地图上显示，该方法包括如下 4 个步骤。

第一步：由于原始地图比例尺和结果地图比例尺已知，故可以计算得到地图综合中的地图比例尺变化幅度 $x = S_0/S_1$，进而可以运用前面得到的地图上点群目标的比例尺变化幅度与空间相似度的函数关系式［即式（7-16）：$y = -0.217\ln(x) + 0.9235$］计算得到原始地图上的点群和结果地图上的点群之间的空间相似度 y。

第二步：运用适当的算法，对点群逐步进行化简，每轮次生成一个中间结果。一个典型的点群综合算法是基于 Voronoi 图的点群综合算法（Yan and Weibel，2008），它分多轮次多点群进行取舍，每轮次生成一个中间结果。

第三步：运用第 6 章中提出的多尺度点群目标相似度计算方法，可以计算原始比例尺地图上的点群与中间结果点群的空间相似度。假设原始点群经过了第 i 轮化简，生成的中间结果与原始点群的空间相似度为 y_i。

第四步：如果 $y_i > y$，返回第二步。

否则，结束运算，把 i–1 轮次得到的点群作为最终结果。

下面借助基于 Voronoi 图的点群综合算法演示说明以上过程。

如图 7-18 的比例尺为 1∶1 万的地图上有一个测图控制点组成的点群，用基于 Voronoi 图的点群综合算法进行化简，以得到比例尺为 1∶10 万的地图上的点群表达。根据前面的论述，在原始地图比例尺和目标地图比例尺已知的情况下，由原始点群与综合后点群之间的空间相似度可以计算得到：

因为，比例尺变化幅度为 $x = \dfrac{1/10000}{1/100000} = 10$，所以有

$$y = -0.217\ln(x) + 0.9235 = -0.237\ln(10) + 0.9235 \approx 0.38$$

借助基于点群的 Voronoi 图可以对点群进行多轮次的迭代删除，每个轮次生成一个中间结果，且每个轮次的中间结果点群中的点数少于上一个轮次的中间结果点群中的点数。根据第 6 章中提出的多尺度点群目标相似度计算方法，可以计算得到每个轮次的中间结果点群与原始点群的空间相似度。

根据计算结果，该点群的前面 4 个轮次的中间化简结果与原始点群的空间相似度均大于 y。其中，第四轮次的化简结果与原始点群的空间相似度为 $y_4 = 0.44$。到第五轮次时，其化简结果与原始点群的空间相似度为 $y_5 = 0.38$。显然 $y_5 < y$。

此时，比较 y_5 与 y_4 哪个更接近 y，由此选取更接近 y 的轮次的中间结果作为点群的化简结果。这里有

$$\text{abs}(y_5 - y)\text{=abs}(0.38 - 0.42)\text{=}0.04$$

$$\text{abs}(y_4 - y)\text{=abs}(0.44 - 0.42)\text{=}0.02$$

可见，第四轮次的化简结果与原始点群的空间相似度更接近 y。因此，把第四轮次

的化简结果作为最终点群的化简结果，算法结束。

原始点群上的控制点被分配了权值。原始点群、原始点群的第四轮次化简结果、原始点群的第五轮次化简结果及各类点的权值均在图 7-18 中给出详细的说明。需要注意的是，此处的 3 幅地图并未严格地依比例尺表达。

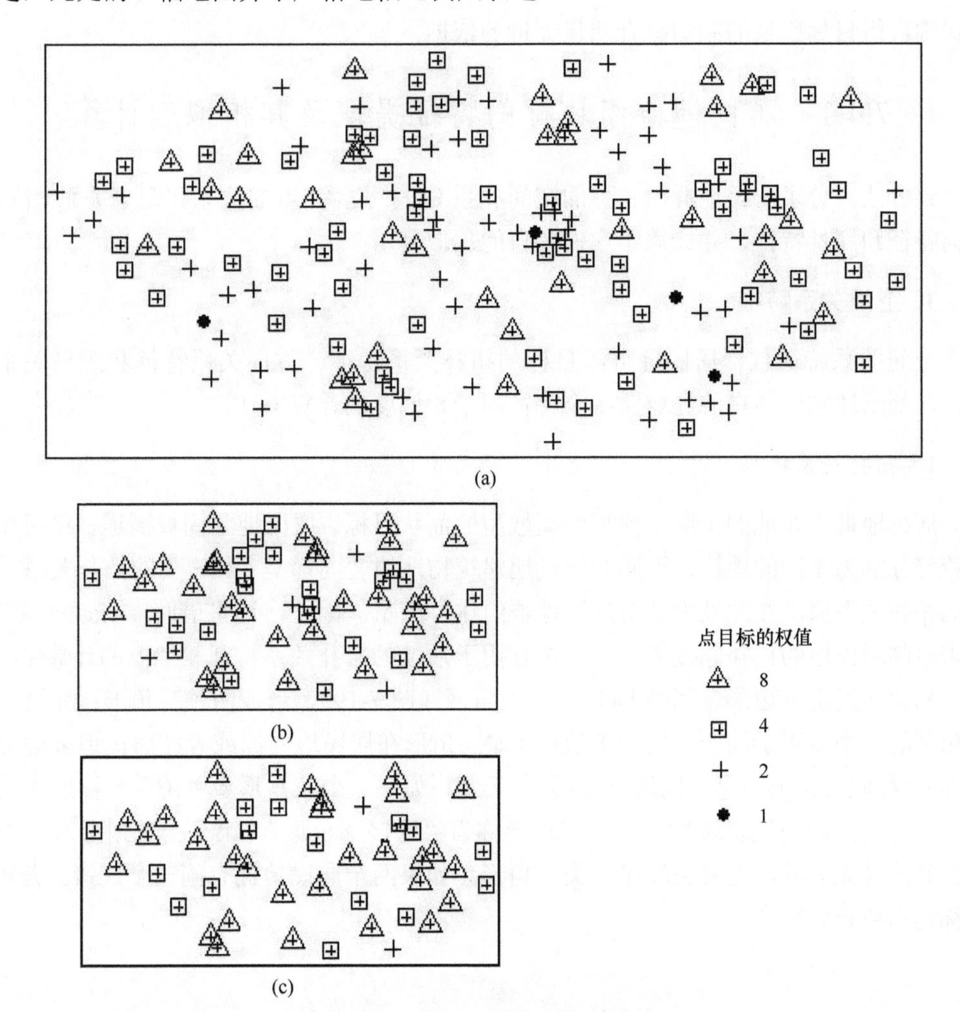

图 7-18　点群自动综合的实现过程

(a) 比例尺为 1∶1 万的原始点群，有 173 个点。其中，权值为 1 的点有 4 个，权值为 2 的点有 63 个，权值为 4 的点有 69 个，权值为 8 的点有 37 个。(b) 第四轮次化简结果也即最终 1∶10 万地图上保留有 58 个点。其中，权值为 2 的点有 4 个，权值为 4 的点有 23 个，权值为 8 的点有 31 个。(c) 第五轮次化简结果的地图上保留了 49 个点。其中，权值为 2 的点有 2 个，权值为 4 的点有 18 个，权值为 8 的点有 29 个

本节只是就点群目标综合算法的中间过程控制方法进行了论述。地图上的其他各类目标的综合算法的中介过程控制方法原理相同，可依此例的原理来实现。

7.4　地图综合结果的质量评价

地图综合结果的质量评价一直是地图自动综合的难点问题，其核心是综合前的地图

和综合结果图上的各类地物（或地貌）之间的相似度计算。下面以刘涛等（2017）提出的居民地群组目标综合结果的质量评价方法为例，阐述多尺度空间相似关系在地图综合结果的质量评价中的应用。该方法根据空间相似关系的定义，提出了居民地群组目标多边形的特征因子，并建立了特征因子之间的相似度计算模型，把相似度计算结果作为对居民地群组目标要素的制图综合质量评价的依据。

7.4.1　居民地群组目标的特征提取及其相似度计算

该方法区分了居民地群组目标的空间关系（拓扑关系、方向关系和距离关系）特征、几何特征和属性特征，并计算了它们各自的相似度。

1. 空间关系特征

空间关系特征包括居民地群组目标的拓扑关系特征、方向关系特征和距离关系特征，此处阐述它们各自的提取及各个特征因子相似度的计算方法。

1）拓扑关系特征

居民地群组在地图上属于典型的离散型的面状目标。居民地之间被街道、路网以及河流等分割为不同的地块，不同的居民地建筑物地块之间都是“相离”的拓扑关系。传统的拓扑关系概念在此处无法对居民地群组进行度量。因此，这里借助 Delaunay 三角网来检测居民地的拓扑邻接关系，并把它用于后续的拓扑关系特征相似度的计算中。

构建居民地多边形之间的 Delaunay 三角网（图 7-19），形成两种三角形：如果一个三角网的三个点属于同一居民地多边形（如三角形在居民地内部或者在居民地多边形的凹部），称此三角形为“居民地三角形”；否则，如果一个三角形像“桥”一样连接两个或三个不同的居民地多边形，则该三角形称为“连接三角形”。第一类三角形对于检测拓扑邻接是无效的，主要关注第二类三角形。如果两个居民地拥有同一个连接三角形，则称它们拓扑邻接。

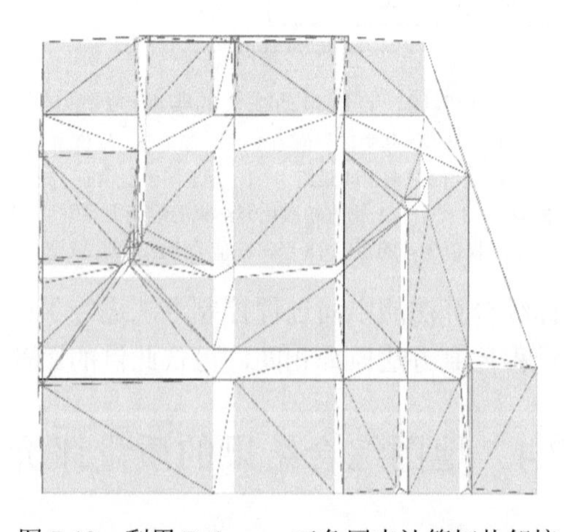

图 7-19　利用 Delaunay 三角网来计算拓扑邻接

对于综合前后的居民地群组目标 M_1 和 M_2 来说，分别计算其综合前后的拓扑邻接邻居数目，则它们之间的拓扑相似度 $\mathrm{Sim}_{\mathrm{topo}}$ 可以用式（7-36）计算得到：

$$\mathrm{Sim}_{\mathrm{topo}} = 1 - \left[\left| H_1 - H_2 \right| / \mathrm{Max}\left(H_1, H_2 \right) \right] \tag{7-36}$$

式中，$H_1 = B_1 / N_1$，$H_2 = B_2 / N_2$。此处，B_1、B_2 分别为综合前后所有居民地多边形的拓扑邻接邻居数目；N_1、N_2 分别为综合前后居民地多边形的总数。式（7-36）对居民地多边形的拓扑邻接情况进行平均数统计并进行了归一化处理。$\mathrm{Sim}_{\mathrm{topo}}$ 越接近于 1，说明两者越相似，则综合前后拓扑信息保存（或传输）得越好。

2）方向关系特征

在地图综合中，建筑物的方位计算是非常重要的。常见的描述居民地建筑物方位的 5 种计算方法是“最长边”、“加权平分线”、“墙平均值”、“统计权重”和“最小面积外接矩形”（MABR）。已有实验分析发现，大多数情况下，MABR 的计算效果比较理想，与人们的直观认知比较一致。其计算过程可以描述如下：

（1）计算建筑物的面积外接矩形，求出其面积，然后将建筑物沿顺（或逆）时针方向在范围内依次旋转，并计算每次旋转后的面积外接矩形面积，找出面积最小的面积外接矩形，即为 MABR。

（2）SMBR 的长边与正东方向的夹角被定义为建筑物的方位角度。

如图 7-20 所示，实线为居民地多边形的面积外接矩形，虚线为居民地多边形的 MABR。用 MABR 的长边与正东方向的夹角角度来指代居民地多边形的方位角度并参与后续的计算。由于生成的 MABR 的长边方向并非具有方向指向的向量目标，即同为竖直方向的 90°和 270°是没有办法区分的，所以其方向角度取值范围为 [0°，180°)。

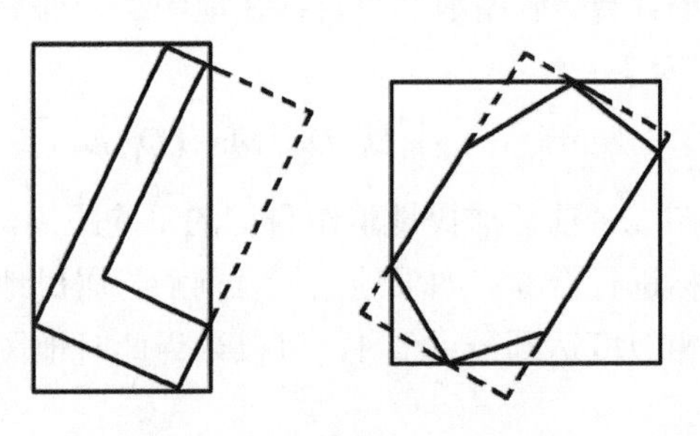

图 7-20　居民地多边形的 MABR

得到单个居民地多边形的方位角度后，对整个居民地群组目标的方向关系进行统计。借鉴经典统计学中均值的概念并采用解析几何的方法，计算所有居民地多边形目标方向的均值，利用方向均值的象限角度对居民地群组目标的空间方向关系进行定量描述。

方向均值的计算公式为

$$\tan\theta_R = \frac{\sum \sin\theta_v}{\sum \cos\theta_v} \tag{7-37}$$

式中，θ_v 为居民地多边形的方位角；θ_R 为居民地群组的方向均值。对于方向均值分别为 θ_1 和 θ_2 的居民地群组要素来说，要计算它们之间的方向相似度 $\mathrm{Sim_{dir}}$，直接对计算出的角度取余弦值即可：

$$\mathrm{Sim_{dir}} = \cos|\theta_1 - \theta_2| \tag{7-38}$$

由式（7-38）可以看出，当两组居民地群组目标的方向均值呈直角相交时相似度为 0；而当两者重合时相似度为 1，即二者空间方向完全相似，此时地图综合前后的方向关系保存得最好。

3）距离关系特征

居民地多边形目标之间的距离关系比较简单，可以将居民地多边形之间的最小距离视为其距离关系的度量值。如图 7-21 所示，$d1$ 和 $d2$ 分别为 A、B 之间和 A、C 之间的最小距离。

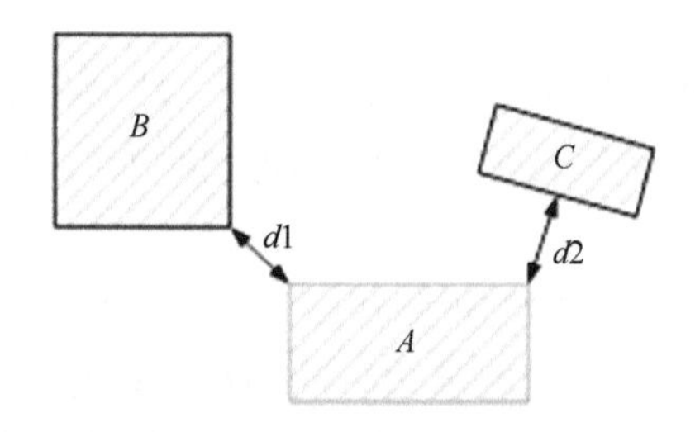

图 7-21 居民地多边形之间的最小距离

对于居民地群组目标来说，计算其平均距离值作为该居民地群组目标之间的距离关系度量值来参与相似度的计算。居民地群组目标在地图综合前后距离关系之间的相似度 $\mathrm{Sim_{dist}}$ 可以按式（7-39）计算：

$$\mathrm{Sim_{dist}} = 1 - \left[|D_1 / D_2| / \mathrm{Max}(D_1, D_2) \right] \tag{7-39}$$

式中，D_1，D_2 分别为地图综合前后居民地群组目标的平均距离。一般说来，地图综合中不应该将相离较远的目标进行合并。如果地图综合前后，居民地群组目标的平均距离保持一致，则两者之间的相似度达到最大值 1，可以认为此时地图综合前后的距离关系保持得最好。

2. 几何特征

1）几何特征的提取和计算

对于空间面状目标的几何特征，许多学者从不同方面进行了研究，提出了描述多边形几何特征的多个指标。这里，针对居民地群组目标多边形，主要从多边形的总面积、总周长、平均面积、平均周长、紧致度、面密度、外轮廓多边形等几个方面的特征指标加以提取和计算。

（1）面积和周长。面积和周长是面状目标最常见的形状描述参数。

对于任意多边形的面积，通常有三角形法和梯形法两种。设组成多边形 X 的顶点分别为 $\left\{\left(x_1,y_1\right),\left(x_2,y_2\right),\cdots,\left(x_n,y_n\right)\right\}$，按照三角形法计算多边形的面积为

$$\text{Area}\left(X\right)=-\frac{1}{2}\sum_{i=1}^{n}\left(x_i y_{i+1}-x_{i+1}y_i\right) \tag{7-40}$$

多边形周长的计算比较简单，可以看成由组成多边形的各条边的长度相加而成，而组成多边形的线状要素是由一系列顺序表达的坐标串来表示的，其长度可以用坐标串中点与点之间的直线距离累加来近似计算。多边形 X 的周长可以用 $P(X)$来表示。

计算出单个多边形的面积和周长后，居民地群组目标的总面积、平均面积和总周长、平均周长也可以得到。

设居民地群组目标共有 m 个多边形，则有

总面积 $\sum \text{Area}=\sum_{i=1}^{m}\text{Area}\left(X_i\right)$，总周长 $\sum P=\sum_{i=1}^{m}P\left(X_i\right)$。

平均面积 $\overline{\text{Area}}=\frac{1}{m}\sum \text{Area}$，平均周长 $\overline{P}=\frac{1}{m}\sum P$。

（2）紧致度。紧致度（compactness）在形状描述方面十分有用。面的紧致度可以用面的面积和周长的比率来描述，即单个多边形目标的紧致度 C（X）可以用式（7-41）来计算：

$$C\left(X\right)=\frac{4\pi\cdot \text{Area}\left(X\right)}{\left[P\left(X\right)\right]^2} \tag{7-41}$$

可以看出，紧致度是一个无量纲的量。紧致度越接近于 1，则该多边形越接近于圆形的形状。计算得到单个多边形目标的紧致度后，对于有 m 个多边形目标的居民地群组来说，其平均紧致度可用式（7-42）计算得到：

$$\overline{C}=\frac{1}{m}\sum_{i=1}^{m}C\left(X_i\right) \tag{7-42}$$

（3）面密度。对于一幅地图上的居民地群组目标，面密度 D（area）等于居民地多边形的总面积除以地图幅面面积：

$$D\left(\text{Area}\right)=\frac{\sum \text{Area}}{\sum \text{Area}\left(\text{map}\right)} \tag{7-43}$$

地图综合前后需要尽量保持街道密度和街区大小的对比以及建筑面积与非建筑面积的对比，面密度可以在某种程度上反映这种对比关系。

（4）外轮廓多边形。在生成的居民地多边形 Delaunay 三角网的基础上，连接最外围 Delaunay 三角网的各边构成居民地群组目标的外轮廓形状多边形（图 7-22 粗黑线即为居民地群组目标的外轮廓多边形）。

得到居民地群组目标的外轮廓多边形后，可以计算得到地图综合前后外轮廓多边形的面积差值，用以判断外轮廓多边形的保持程度。地图综合前后应该尽量保持居民地群

组目标的外轮廓形状。

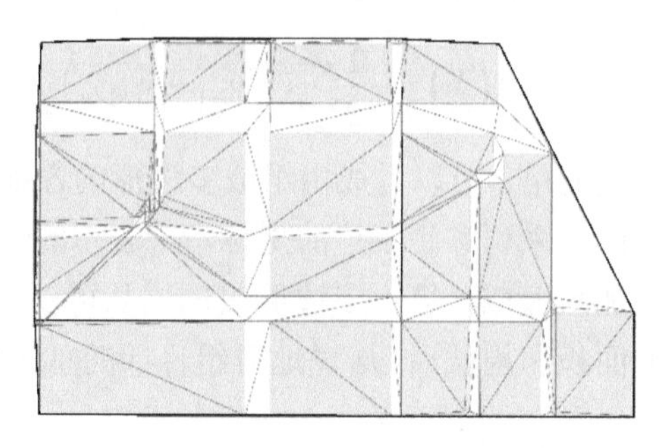

图 7-22　居民地群组目标的外轮廓多边形

2）几何特征相似度的计算

提取、计算得到居民地群组目标的几何特征之后，需要对地图综合前后居民地多边形的几何特征进行归一化处理，得到值域在[0，1]的相似度的计算结果。归一化公式亦即几何特征相似度计算公式，如式（7-44）所示：

$$\mathrm{Sim}_{\mathrm{Geo}}=1-\left[\left|G_1-G_2\right|/\mathrm{Max}\left(G_1,G_2\right)\right] \tag{7-44}$$

式中，G_1、G_2 分别为综合前后居民地多边形目标的几何特征值，可以是面积、周长、外轮廓多边形等。如此可以计算得到几何特征相似度，用以评价制图综合的质量。

3. 属性特征

地图综合的算法设计中普遍比较关注几何特征约束条件，属性特征比较简单（如是否为编图规范允许综合的目标等），一般不作为算法设计的约束条件。所以，该方法没有考虑空间目标的属性特征。

7.4.2　实验及分析

为了对上面所提出的评价居民地群组目标综合结果质量方法的正确性进行验证，选取了如图 7-23 所示的居民地群组目标［图 7-23（a）］及综合后的居民地群组目标［图 7-23（b）］，其中综合前的居民地个数为 16（比例尺为 1∶500），综合后的居民地个数为 10（比例尺为 1∶1000），分别计算综合前后居民地的空间关系和几何特征。

1. 空间关系特征计算

1）拓扑关系计算

建立居民地群组目标的 Delaunay 三角网，用以计算居民地群组目标之间的拓扑邻接关系，如图 7-24 所示。

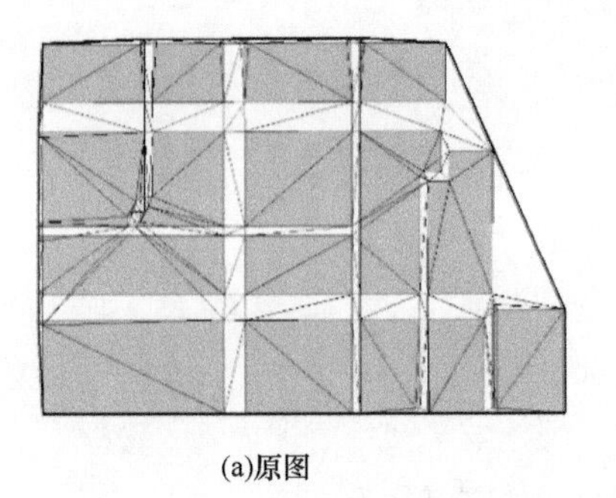
(a)原图

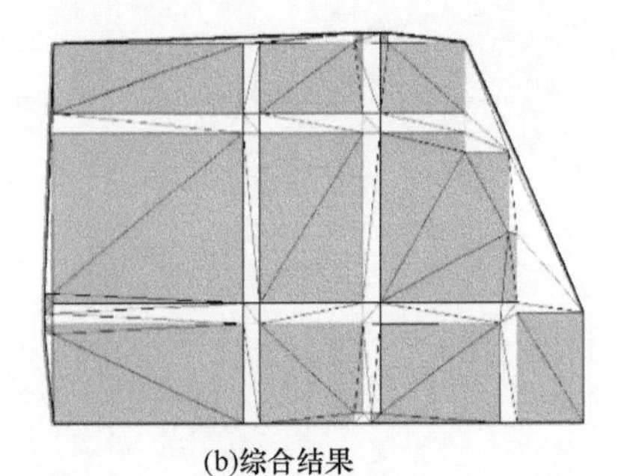
(b)综合结果

图 7-23　居民地群组及其综合结果

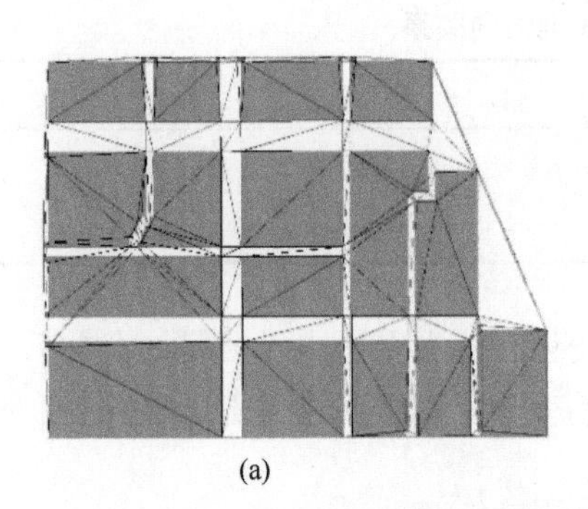
(a)

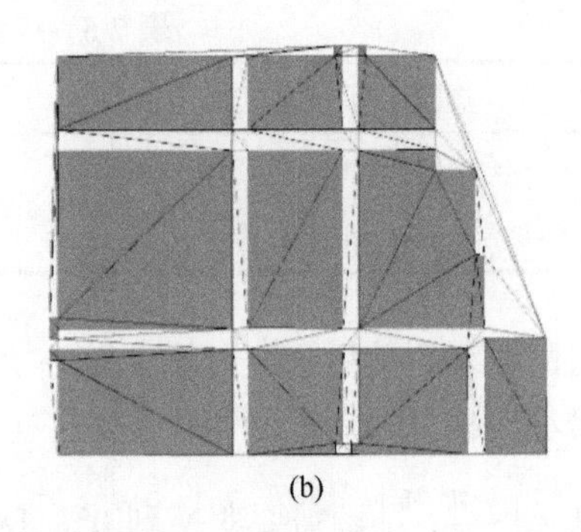
(b)

图 7-24　居民地群组目标综合前后的 Delaunay 三角网

图 7-24（a）为居民地在地图综合之前生成的 Delaunay 三角网，图 7-24（b）为居民地在地图综合后生成的 Delaunay 三角网。根据生成的 Delaunay 三角网，统计得到居民地群组目标综合前后的拓扑邻接数目，如表 7-4 所示。

表 7-4　综合前后居民地拓扑邻接统计

居民地	个数	拓扑邻接数目
综合前的居民地	16	55
综合后的居民地	10	35

由表 7-4 可以看出，综合前后的居民地多边形个数基本符合开方根规律；综合后的居民地的拓扑邻接数目减少，这是由于居民地群组目标在地图综合中以合并操作为主的结果。合并操作其一会导致居民地多边形数目的减少，其二会将原本拓扑邻接的多边形合并在一起而失去拓扑邻接关系。

2）方向关系计算

生成居民地多边形综合前后的最小面积外接矩形如图 7-25 所示。

由图 7-25 可以看出，综合前后居民地的最小面积外接矩形方向以正北和正东方向为主；综合后的居民地有合并的情况出现，导致一些居民地在综合后最小面积外接矩形的最长边改变，最终使单个居民地的方向发生变化。统计地图综合前后居民地群组目标的方向均值，结果如表 7-5 所示。

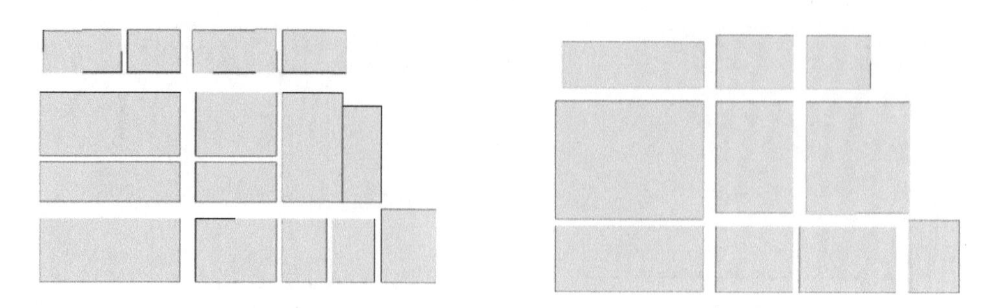

图 7-25　居民地综合前后的最小面积外接矩形

表 7-5　综合前后居民地方向关系

居民地	$\tan\theta_R$	θ_R/（°）
综合前的居民地	−5.02369	101
综合后的居民地	−0.99978	135

居民地综合前后，方向均值发生了一定的变化。这主要是由于居民地合并后，居民地的最小面积外接矩形的变化造成了方向关系的变化。需要说明的是，由 $\tan\theta_R$ 计算得到的 $\theta_R \in \left[-\frac{\pi}{2},\frac{\pi}{2}\right]$，需要变换到[0°，180°]。

3）距离关系计算

距离关系的计算相对简单，统计制图综合前后居民地群组目标的距离关系，结果如表 7-6 所示。

表 7-6　综合前后居民地距离关系统计

居民地	总距离/mm	平均距离/mm
综合前的居民地	16.4355	1.028
综合后的居民地	12.881	1.288

分析表 7-6 可知，综合后居民地多边形之间的总距离有所减小，这主要是制图综合中的合并操作造成的。但是综合前后居民地的平均距离大于 1，且与 1 较为接近。居民地主要以街道划分，居民地综合一般为居民地与最次级街道的合并，居民地数目减少。距离总和的减小程度要小于居民地数目减少的程度，导致综合后的距离关系略大于综合前的距离关系。

4）空间关系相似度计算

按前面所述的相似度计算模型，计算得到居民地群组目标综合前后的空间关系相似度，结果如表 7-7 所示。

表 7-7　综合前后居民地空间关系相似度计算结果　（单位：%）

	拓扑关系	方向关系	距离关系
相似度	98.2	83.0	79.8

分析表 7-7 可知，制图综合中很好地保持了居民地的拓扑关系，较好地保持了居民地的方向关系和距离关系。其中，制图综合对居民地的距离关系影响稍大，主要是因为居民地综合过程中，将某些居民地与最次级街道或邻接的居民地合并在一起，一般会把居民地距离关系中的最小距离去除，留下的距离关系都是较大的，导致距离关系相似度相差稍大。总体来看，制图综合对于居民地群组目标的空间关系保持得不错。

2. 几何特征计算

首先计算、统计居民地群组目标多边形的面积和周长，结果如表 7-8 所示。

表 7-8　综合前后居民地的面积、周长统计结果及相似度

	总面积/m²	总周长/mm	平均面积/m²	平均周长/mm
综合前的居民地	1667.276	692.964	104.205	43.310
综合后的居民地	1710.097	537.859	190.011	59.762
相似度/%	97.0	77.6	54.7	72.4

由表 7-8 分析可知，综合前后居民地的面积与周长变化较大，综合前居民地的面积要比综合后居民地的面积小，综合前居民地的周长要比综合后居民地的周长大，主要是综合过程中有居民地合并的情况，导致面积增加，周长减小。此外，合并后的居民地多边形数目减少，最终导致平均面积与平均周长发生变化，平均面积的变化尤其大，这种变化也和实际情况相符。

计算、统计居民地的紧致度、面密度和外轮廓多边形（图 7-26 为地图综合前后居民地群组的外轮廓多边形），统计结果如表 7-9 所示。

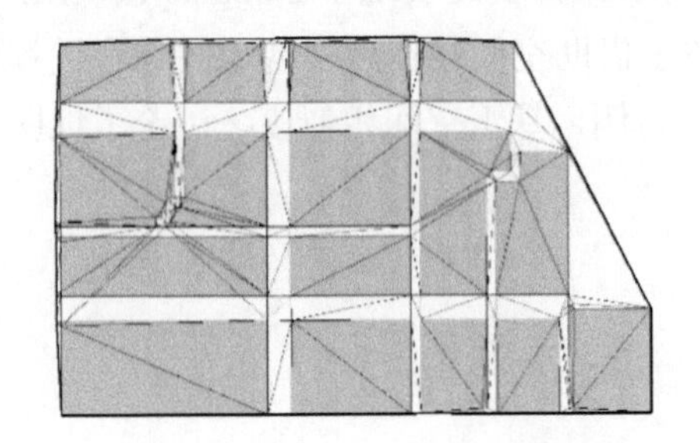
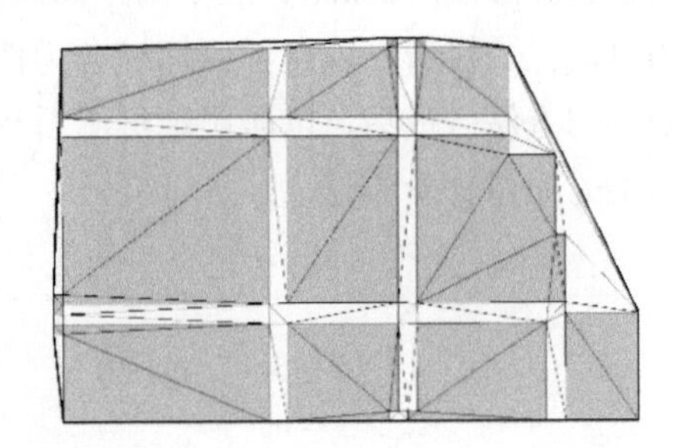

图 7-26　居民地综合前后的外轮廓

表 7-9　综合前后居民地的紧致度、面密度和外轮廓多边形统计结果及相似度

	紧致度	面密度	外轮廓多边形
综合前的居民地	0.648	0.655	2221.754
综合后的居民地	0.701	0.696	2213.566
相似度/%	92.4	94.1	99.6

综合前后居民地的紧致度、面密度和外轮廓多边形都较为接近。综合前居民地的紧致度比综合后居民地的紧致度要低，主要是地图综合把小块居民地合并所致；综合后的面密度有所上升，主要是地图综合中的合并操作将原本是街道的几何对象合并到居民地多边形中，造成了居民地多边形面积增加，由此使得在地图幅面面积不变的情况下面密度随之上升；综合前居民地的外轮廓多边形比综合后居民地的外轮廓多边形稍大，这是由于地图综合除了把居民地合并外，还对某些居民地的形状进行化简，造成外围个别 Delaunay 三角网的消除，最后导致居民地外部轮廓变小。总体来看，紧致度、面密度和外轮廓多边形都得到了很好的保持。

3. 居民地综合质量评价

在居民地群组目标地图综合质量评价实验中，根据上述计算、统计结果可以看出，地图综合前后的空间关系都得到了比较好的保持，特别是拓扑关系的保持；制图综合前后的几何特征中，除了平均面积在综合前后变化较大之外，其他的几何特征都得到了较好的保持。平均面积的变化是地图综合中的合并操作，造成居民地数目的减少和单个居民地多边形面积的增加，双向作用下造成平均面积增加，这与实际情况也是一致的。总体来看，根据这里提出的评价方法，实验中的居民地群组目标的地图综合质量较高。

7.5　本 章 小 结

本章论述了多尺度空间相似关系的应用问题，共有 4 个应用实例。

首先阐释了地图比例尺与地图上目标的相似度的量化关系计算问题，把地图空间目标分为 10 类，运用曲线拟合的方法得到了各类目标的地图比例尺和空间相似度之间的函数关系。然后，以河系目标为例，借助地图比例尺和空间相似度之间的函数关系，推导出了 Douglas-Peucker 算法中的距离阈值的计算公式，由此实现了 Douglas-Peucker 算法的自动化。接着，以点群目标综合为例，论述了借助空间相似度实现地图综合过程的自动化的方法。最后，以居民地群组目标的综合为例，基于空间相似度，讨论了地图综合结果的质量评价方法。

第 8 章　结　　论

8.1　本书的贡献

空间相似关系与空间拓扑关系、空间距离关系和空间方向关系一起，组成了空间关系的核心内容，但是空间相似关系因为可计算性差，学界研究一直鲜见系统性的进展，导致业界开发的地理信息应用平台在地理空间信息的检索与查询、对地理目标的描述和认知、对地理空间关系的推理、对空间深层次知识的挖掘等方面的智能化和自动化水平还远不能达到人们期望的程度。

为了弥补空间相似关系在理论上的不足，本书对空间相似关系从基本概念、基础理论到计算模型、实际应用等多个侧面进行了较为系统的研究，主要成果如下：

（1）给出了相似的一般性定义；给出了相似的各个性质的数学表达；以多个分类标准为依据，给出了相似的分类；总结并给出了影响人们进行相似判断的因子；阐释了相似度的计算方法。

（2）在相似的基础上，给出了空间相似关系的严格定义和空间相似关系的属性；得到了空间相似关系的 10 个性质（等价性、有限性、极小性、极大性、对称性、非传递性、弱对称性、三角不等性、尺度依赖性、自相似性），并给出各个性质的数学描述；按照 4 个分类标准，给出了空间相似关系的 4 个分类体系；把空间目标分为单体目标和群组目标，运用实验研究的方法，得到了影响各类目标对的空间相似关系判断的影响因子和各个因子在空间相似度计算中的权重。

（3）把地图上的目标分为单体目标和群组目标，提出了它们各自在同尺度地图空间中的语义相似关系、几何相似关系、拓扑相似关系、距离相似关系和方向相似关系的计算方法。

（4）提出了单体目标在两种比例尺地图上的相似度计算方法、群组目标在两种比例尺地图上的相似度计算方法、地图在两种比例尺地图上的相似度计算方法。在此基础上，推导出了多尺度地图表达中的地图比例尺与地图目标相似度的函数关系，借助地图比例尺与地图目标相似度的函数关系消除地图综合算法中人为设定的参数的方法，实现地图综合过程自动化的方法以及对地图综合的结果进行自动和智能化评价的方法。

以上 4 方面的成果基本属于原创。

8.2　局限与问题

本书提出的地图空间相似关系的定义、基础理论和计算方法均属于学界原创性探索研究，故必然存在一些局限性和问题：

（1）本书提出的理论、方法均限于二维地图空间，还没有拓展到三维和更高维的空间；计算方法限于矢量地图数据，对栅格数据还未涉及。

（2）人们，包括地理学家和地图学家，习惯于用定性术语描述空间相似关系，而甚少用到定量化的相似度，所以本书提出的空间相似度计算结果不容易为人们所接受。

（3）本书对空间相似关系的研究工作是基于心理学实验的，故研究成果（影响空间相似判断的因子、空间相似度计算方法等）的质量受到被试对象的数量、实验时间和环境条件、实验材料等的影响。也就是说，本书提出的空间相似关系计算模型还不具有普适性。要使这些模型、方法具有普适性，就需要在心理学实验中增加更多数量、更多类型（性别、教育背景、民族、年龄段等）的被试者和更多数量、更多类型的实验数据，使空间相似关系计算模型更为精确。

（4）多尺度地图空间的相似度与地图比例尺变化之间的函数关系问题是地图学界的一个很重要的问题，是解决地图自动综合这一“国际难题”的基础。本书提出的相似度与地图比例尺变化之间的函数关系是用曲线拟合的方法得到的，其中借助的拟合点的数量较少，影响了拟合得到的函数精确性甚至正确性。

（5）本书提出的空间相似关系计算方法、模型的应用还很少，尤其在地图综合算法自动化、地图综合过程自动化和地图综合结果智能化评价方面只有数个应用，还不足以充分说明本书提出的空间相似度计算模型和方法的普适性。

参 考 文 献

边丽华, 闫浩文, 刘纪平, 等. 2008. 多边形化简前后相似度计算的一种方法. 测绘科学, 33(6): 207-208.

陈军, 赵仁亮. 1999. GIS 空间关系的基本问题与研究进展. 测绘学报, 28(2): 95-102.

陈青燕, 梁丹, 徐文兵, 等. 2016. 一种线目标豪斯多夫相似距离度量指标. 测绘科学, 41(8): 14-18.

陈毓芬. 1995. 心象地图及其在地图设计中的作用. 解放军测绘学院学报, 12(4): 290-293.

程绵绵, 孙群, 李少梅, 等. 2019. 多尺度点群广义 Hausdorff 距离及在相似性度量中的应用. 武汉大学学报信息科学版, 44(6): 885-891.

邓敏. 2011. 空间聚类分析及应用. 北京: 科学出版社.

邓敏, 钮沭联, 李志林. 2007. GIS 空间目标的广义 Hausdorff 距离模型. 武汉大学学报信息科学版, 32(7): 641-645.

杜佳威, 武芳, 李靖涵, 等. 2018. 一种河口湾海岸线渐进化简方法. 测绘学报, 47(4): 547-556.

樊凌涛, 吴思源, 陈健. 2003. 基于力学的多边形相似性测度方法. 上海交通大学学报, 37(6): 874-877.

高祎晴, 潘晓, 吴雷. 2020. 一种基于语义轨迹的相似性连接查询算法. 计算机应用与软件, 37(7): 14-21, 36.

苟光磊, 崔贯勋, 王柯柯. 2012. 基于属性重要性的 COBWEB 算法. 重庆理工大学学报, 26(12): 70-73.

谷远利, 陆文琦, 邵壮壮. 2019. 基于多目标遗传算法的浮动车地图匹配方法. 北京工业大学学报, 45(6): 585-592.

顾雨婷, 金冉, 韩晓臻, 等. 2019. 空间查询处理技术综述. 计算机应用与软件, 36(11): 1-10.

郭乃琨, 陈明剑, 陈锐. 2021. 一种顾及时间特征的船舶轨迹 DBSCAN 聚类算法. 测绘工程, 30(3): 51-58.

郭仁忠. 1997. 空间分析. 武汉: 武汉测绘科技大学出版社.

郝燕玲, 唐文静, 赵玉新, 等. 2008. 基于空间相似性的面实体匹配算法研究. 测绘学报, 37(4): 501-506.

侯璇, 刘芳, 钱海忠. 2003. 视觉比例尺对建立心象地图的影响. 地球信息科学, 5(2): 12-15.

李红梅, 翟亮, 朱熀. 2009. 基于本体的地理空间实体类型语义相似度计算模型的研究.测绘科学, 34(2): 12-14.

李盼, 张霄雁, 孟祥福, 等. 2020. 空间关键字个性化语义近似查询方法. 智能系统学报, 15(6): 1163-1174.

李世宝, 陈通, 刘建航, 等. 2017. 基于交叉点的道路曲线化简算法研究. 测绘工程, 26(7): 1-4, 11.

李文杰, 赵岩. 2010. 基于本体结构的概念间语义相似度算法. 计算机工程, 36(23): 04-06.

李旭涛, 朱光喜, 曹汉强, 等. 2007. 各向异性多尺度自相似随机场与地形构建. 中国图象图形学报, 12(7): 1286-1290.

刘光孟, 刘万增. 2014. 线目标特征点相似性匹配. 测绘工程, 23(1): 35-38.

柳佳佳, 葛文. 2013. 基于本体语义的地理信息服务发现. 测绘工程, 22(6): 9-13.

刘俊义, 王润生. 1998. 仿射不变的多边形相似性度量//中国图象图形科学技术新进展. 第九届全国图象图形学学术会议论文集: 236-240.

刘鹏程, 肖天元, 肖佳, 等. 2020. 曲线多尺度表达的 Head-Tail 信息量分割法. 测绘学报, 49(7): 921-933.

刘硕. 2018. 基于拓扑特征的手绘草图与矢量地图匹配方法研究. 淄博: 山东理工大学.

刘涛, 段晓旗, 闫浩文, 等. 2017. 基于空间相似关系的居民地群组目标地图综合质量评价. 地理与地理信息科学, 33(2): 52-56.
刘紫玉, 黄磊. 2011. 基于领域本体模型的概念语义相似度计算研究. 铁道学报, 33(1): 52-57.
陆黎娟. 2020. 基于手绘图形的空间检索方法研究. 淄博: 山东理工大学.
马程. 2009. 空间聚类研究. 计算机技术与发展, 19(4): 134-137.
马文耀, 吴兆麟, 杨家轩, 等. 2015. 基于单向距离的谱聚类船舶运动模式辨识. 重庆交通大学学报自然科学版, 34(5): 130-134.
秦育罗, 郭冰, 孙小荣. 2020. 改进 Hausdorff 距离及其在多尺度道路网匹配中的应用. 测绘科学技术学报, 37(3): 313-318.
宋腾义, 汪闽. 2012. 多要素空间场景相似性匹配模型及应用. 中国图象图形学报, 17(10): 1274-1282.
郜伟鹏, 岳建华, 邓育, 等. 2016. 空间近似关键字反远邻查询. 电子学报, 44(6): 1343-1348.
谭国真, 高文, 张田文. 1995. 多边形表示的相似度量. 计算机辅助设计与图形学学报, 7(2): 96-102.
田泽宇, 门朝光, 刘咏梅, 等. 2017. 一种应用三角形划分的空间对象形状匹配方法. 武汉大学学报信息科学版, 42(6): 749-756.
王桥. 1995. 线状地图要素的自相似性分析及其自动综合. 武汉测绘科技大学学报, 20(2): 123-128.
王桥, 吴纪桃. 1996. 一种新分维估值方法作为工具的自动制图综合. 测绘学报, 25(1): 11-16.
武芳, 朱鲲鹏, 邓红艳. 2007. 地图自动综合质量分析与评价标准探析. 测绘科学技术学报, 24(3): 160-163.
席景科, 谭海樵. 2009. 空间聚类分析及评价方法. 计算机工程与设计, 30(7): 1713-1715.
肖宇鹏. 2015. 空间聚类分析的研究. 哈尔滨: 哈尔滨理工大学.
徐德智, 郑春卉. 2006. 基于 SUMO 的概念语义相似度研究. 计算机应用, 26(1): 180-183.
许俊奎, 武芳, 钱海忠, 等. 2013. 一种空间关系相似性约束的居民地匹配算法. 武汉大学学报信息科学版, 38(4): 484-488.
闫浩文. 2002. 空间方向的概念、计算和形式化描述模型研究. 武汉: 武汉大学.
闫浩文. 2003. 空间方向关系理论研究. 成都: 成都地图出版社.
闫浩文, 王家耀. 2005. 基于 Voronoi 图的点群目标普适综合算法. 中国图象图形学报, 10(5): 633-636.
闫浩文, 王家耀. 2009. 地图群(组)目标描述与自动综合. 北京: 科学出版社.
杨娜娜, 张青年, 牛继强. 2015. 基于本体结构的空间实体语义相似度计算模型. 测绘科学, 40(3): 107-111, 84.
于靖, 陈刚, 张笑, 等. 2015. 面向自然岸线抽稀的改进道格拉斯-普克算法. 测绘科学, 40(4): 23-27, 33.
张豪, 朱睿, 宋枨尧, 等. 2021. 距离-关键字相似度约束的双色反 k 近邻查询方法. 计算机应用, 41(6): 1686-1693.
张青年. 2006. 顾及密度差异的河系简化. 测绘学报, 35(2): 191-196.
张艳霞, 张英俊, 潘理虎, 等. 2012. 一种改进的概念语义相似度计算方法. 计算机工程, 38(12): 176-178.
赵彦庆, 程芳, 魏勇. 2019. 一种海量空间数据云存储与查询算法. 测绘科学技术学报, 36(2): 185-189.
朱洁. 2008. 对应角相等,对应边成比例的多边形是相似多边形. 武汉: 武汉理工大学.
Aksoy S. 2006. Modeling of remote sensing image content using attributed relational graphs. Lecture Notes in Computer Science, 4109: 475-483.
Alt H, Fuchs U, Rote G, et al. 1998. Matching convex shapes with respect to the symmetric difference. Algorithmica, 21: 89-103.
Arlinghaus S L. 1994. PHB Practical Handbook of Curve Fitting. Boca Raton: CRC Press.
Aurenhammer F. 1991. Voronoi Diagram—a survey of a fundamental geometric data structure. ACM Computing Surveys, 23(3): 345-405.
Avis D, Gindy H. 1983. A Combinatorial approach to polygon similarity. IEEE Transactions on Information

Theory, 29(1): 148-150.

Banks J, Carson J S, Nelson B L, et al. 2010. Discrete-event System Simulation(Fifth edition). Upper Saddle River: Pearson Education.

Barber P. 2005. The Map Book. London: Weidenfeld and Nicolson.

Berry J K. 1993. Beyond Mapping: Concepts, Algorithms and Issues in GIS. New York: Wiley and Sons.

Bruns H T, Egenhofer M J. 1996. Similarity of Spatial Scenes. Delft, the Netherlands: Proceedings of the 7th International Symposium on Spatial Data Handling.

Carson J. 2002. Model verification and validation//Yücesan E, Chen C H, Snowdon J L, et al. Proceedings of the 2002 Winter Simulation Conference. http://informs-sim.org/wsc02papers/008.pdf

Chen J, Li C, Li Z, et al. 2001. A Voronoi-based 9-Intersection model for spatial relations. International Journal of Geographical Information Science, 15(3): 201-220.

Cilibrasi R, Vitanyi P. 2006. Similarity of objects and the meaning of words//Proceedings of the 3rd Annual Conference on Theory and Applications of Models of Computation (TAMC'06). LNCS, 3959: 21-45.

Conway J B. 1990. A Course in Functional Analysis, Graduate Texts in Mathematics(2nd ed.). Heidelberg: Springer.

Csillag F, Boots B. 2004. Toward comparing maps as spatial processes//Fisher P. Developments in Spatial Data Handling. Heidelberg: Springer: 641.

de Serres B, Roy A. 1990. Flow direction and branching geometry at junctions in Dendritic river networks. The Professional Geographer, 42(2): 149-201.

Deza E, Deza M. 2006. Dictionary of Distances. Amsterdam: Elsevier.

Dong X L, Gu C K, Wang Z O. 2007. Research on shape-based time series similarity measure. Journal of Electronics and Information Technology, 29(5): 1228-1231.

Douglas D, Peucker T. 1973. Algorithms for the reduction of the number of points required to represent a digitized line or its caricature. The Canadian Cartographer, 10(2): 112-122.

Egenhofer M, Al-Taha K. 1992. Reasoning about gradual changes of topological relationships//Frank A U, Campari I, Formentini U. Theories and Methods of Spatio-Temporal Reasoning in Geographic Space. Pisa, Italy.

Egenhofer M, Franzosa R. 1991. Point-set topological spatial relation. International Journal of Geographical Information Systems, 5(2): 161-174.

Egenhofer M, Mark D. 1995. Modeling conceptual neighbourhoods of topological line-region. Relations. International Journal of Geographical Information Systems, 9(5): 555-565.

Formica A, Pourabbas E, Rafanelli M. 2013. Constraint relaxation of the polygon-polyline topological relation for geographic pictorial query languages. Computer Sciences and Information Systems, 10(3): 1053-1075.

Fréchet M M. 1906. Sur quelques points du calcul fonctionnel. Rendiconti Del Circolo Matematico Di Palermo, 22(1):1-72.

Gentner D, Markman A B. 1997. Structure mapping in analogy and similarity. American Psychologist, 52(1): 45-56.

Goldstone R L. 2004. Similarity//Wilson R A, Keil F C. MIT Encyclopedia of the Cognitive Sciences. Cambridge: MIT Press.

Goodchild M F. 2006. The Law in Geography. Zurich: Technical report in GIS the GIS Institute, University of Zurich.

Gower J C. 1971. A general coefficient of similarity and some of its properties. Biometrics, 27(4): 857-871.

Goyal R K. 2000. Similarity Assessment for Cardinal Directions between Extended Spatial Objects. Orono: The University of Maine.

Gustafson E J. 1998. Quantifying landscape spatial pattern: what is the state of the art? Ecosystems, 1: 143-156.

Hagen A. 2003. Fuzzy set approach to assessing similarity of categorical maps. International Journal of

Geographical Information　Science, 17: 235-249.
Hahn U, Chater N, Richardson L B. 2003. Similarity as transformation. Cognition, 87(1): 1-32.
Han B, Liu L, Omiecinski E. 2014. Road-network aware trajectory clustering: integrating locality, flow and density. IEEE Transactions on Mobile Computing, 14(2): 416-429.
Harvey P D A. 1980. The history of Topographical Maps: Symbols, Pictures and Surveys. London: Thames and Hudson.
Heller V. 2011. Scale effects in physical hydraulic engineering models. Journal of Hydraulic Research, 49(3): 293-306.
Hershberger J, Snoeyink J. 1992. Speeding up the Douglas-Peucker line-simplification algorithm//the Proceedings of the 5th Symposium on Data Handling. UBC Technical Report TR-92-07: 134-143.
Hong J. 1994. Qualitative Distance and Direction Reasoning in Geographic Space. Orono: University of Maine.
Horton H. 1945. Erosional development of streams and their drainage basins-hydrophysical approach to quantitative morphology. Bulletin of the Geological Society of America, 56: 275-370.
Hubert C. 2009. Turbulent air-water flows in hydraulic structures: dynamic similarity and scale effects. Environmental Fluid Mechanics, 9(2): 125-142.
Hung C C, Peng W C, Lee W C. 2015. Clustering and aggregating clues of trajectories for mining trajectory patterns and routes. The VLDB Journal, 24(2): 169-192.
Huttenlocher D P, Klanderman G A, Rucklidge W J. 1993. Comparing images using the Hausdorff distance. IEEE Transactions on Pattern Analysis & Machine Intelligence, 15(9): 850-863.
James M. 1999. Topology (2nd ed.). Upper Saddle River: Prentice Hall.
Jenkins J, leenor A, Dietz F. 2019. Moving beyond the frame: geovisualization of landscape change along the southwestern edge of Yosemite National Park. Journal of Geovisualization &Spatial Analysis, 3(2): 9.
Jones C B, Ware J M. 2005. Map generalization in the Web age. International Journal of Geographic Information Science, 19(8-9): 859-870.
Klapuri A, Davy M. 2006. Signal Processing Methods for Music Transcription. New York: Springer-Verlag.
Knuth D. 1997. The Art of Computer Programming: Fundamental Algorithms, Third Edition. Massachusetts: Addison-Wesley.
Kolb W M. 1984. Curve Fitting for Programmable Calculators. Thousand Oaks: Syntec Inc.
La Barbera P, Rosso R. 1989. On the fractal dimensions of stream network. Water Resource Research, 25(4): 735-741.
Lackoff G. 1987. Women, Fire and Dangerous Thing. Chicago: The University of Chicago Press.
Lanczos C. 1988. Applied Analysis (Reprint of 1956 Prentice–Hall edition). New York: Dover Publications, 212-213.
Larkey L B, Markman A B. 2005. Processes of similarity judgment. Cognitive Science, 29: 1061-1076.
Li B, Fonseca F T. 2006. TDD-A comprehensive model for qualitative spatial similarity assessment. Spatial Cognition and Computation, 6(1): 31-62.
Li C, Chen J, Li Z. 1999. A raster-based method for computing Voronoi Diagrams of spatial objects using dynamic distance transformation. International Journal of Geographical Information Science, 13(3): 209-225.
Li Z, Gong X, Chen J, et al. 2020. Functional requirements of systems for visualization of sustainable development goal(SDG)indicators. Journal of Geovisualization & Spatial Analysis, 4(1): 5.
Lin D. 1998. An information-theoretic definition of similarity//Proceedings of the 15th International Conference on Machine Learning. San Francisco, CA: Morgan Kaufmann: 296-304.
Liu Y L. 2002. Categorical Database Generalization in GIS. Wuhan: Wuhan University.
Mandelbrot B. 1967. How long is the coast of Britain? Statistical self-similarity and fractional dimension. Science, New Series, 156(3775): 636-638.
Mao B, Li B. 2020. Graph-based 3D building semantic segmentation for sustainability analysis. Journal of

Geovisualization & Spatial Analysis, 4(1): 4.
Markman A B. 1997. Constraints on analogical inference. Cognitive Science, 21(4): 373-418.
Milenkovic V J. 1998. Rotational polygon overlap minimization and compaction. Computational Geometry-theory and Applications, 10(4): 305-318.
Miller H J. 2004. Tobler's first law and spatial analysis. Annal of the American Cartographer, 94(02): 284-289.
Mokhtarian F, Mackworth A K. 1992. A theory of multi-scale, curvature-based representation for planar curves. IEEE Transactions on Pattern Analysis and Machine Intelligence, 14(8): 789-805.
Nedas K A, Egenhofer M J. 2008. Spatial-scene similarity queries. Transactions in GIS, 12(6): 661-681.
Nikolova N, Jaworska J. 2003. Approaches to measure chemical similarity-a review. QSAR and Combinatorial Science, 22(9-10): 1006-1026.
Peuquet D, Zhan C X. 1987. An algorithm to determine the directional relation between arbitrarily-shaped polygons in the plane. Pattern Recognition, 20(1): 65-74.
Ramer U. 1972. An iterative procedure for the polygonal approximation of plane curves. Computer Graphics and Image Processing, 1(3): 244-256.
Rodríguez A, Egenhofer M. 2004. Comparing geospatial entity classes: an asymmetric and context-dependent similarity measure. International Journal of Geographical Information Science, 18(3): 229-256.
Ross R. 1999. Fractal relation of mainstream length to catchment area in river networks. Water Resource Research, 27(3): 381-387.
Sadahiro Y. 1997. Cluster perception in the distribution of point objects. Cartographica, 34: 49-61.
Sadahiro Y. 2012. Exploratory analysis of polygons distributed with overlap. Geographical Analysis, 44(4): 350-367.
Sargent R G. 2011. Verification and validation of simulation models//Jain S, Creasey R R, Himmelspach J, et al. Proceedings of the 2011 Winter Simulation Conference. Baltimore, MD: 166-183.
Schlesinger S. 1979. Terminology for model credibility. Simulation, 32(3): 103-104.
Shepard R N. 1962. The analysis of proximities: Multidimensional scaling with an unknown distance function. International Psychometrika, 27(2): 125-140.
Thomson R, Brooks R. 2002. Exploiting perceptual grouping for map analysis, understanding and generalization: the case of road and river networks//Blostein D, Kwon Y B. Graphics Recognition: Algorithms and Applications. Berlin: Springer: 141-150.
Tobler W R. 1970. A computer movie simulating urban growth in the Detroit region. Economic Geography, 46: 234-240.
Töpfer F, Pillewizer W. 1966. The principles of selection. The Cartographic Journal, 3(1): 10-16.
Tversky A. 1977. Features of similarity. Psychological Review, 84(4): 327-352.
Uuemaa E, Antrop M, Roosaare J, et al. 2009. Landscape metrics and indices: an overview of the use in landscape research. Living Reviews in Landscape Research, 3: 1-28.
Weibel R. 1996. A typology of constraints to line simplification, Advances on GIS II. London: Taylor & Francis.
Werman M, Weinshall D. 1995. Similarity and affine invariant distances between 2D point sets. IEEE Transactions on Pattern Analysis and Machine Intelligence, 17(8): 810-814.
Yan H. 2010. Fundamental theories of spatial similarity relations in multi-scale map spaces. Chinese Geographical Science, 20(1): 18-22.
Yan H. 2014. Theory of Spatial Similarity Relations and Its Applications in Automated Map Generalization. Waterloo: University of Waterloo.
Yan H. 2015. Quantitative relations of spatial similarity degree and map scale change of individual linear objects in multi-scale map spaces. GeoCarto International, 30(4): 472-482.
Yan H W, Chu Y D, Li Z L, et al. 2006. A quantitative direction description model based on direction groups. Geoinformatica, 10(2): 177-196.

Yan H, Li J. 2014. Spatial Similarity Relations in Multi-scale Map Spaces. New York: Springer International Publishing Switzerland.

Yan H, Shen Y, Li J. 2016. Approach to calculating spatial similarity degrees of the same river basin networks on multi-scale maps. GeoCarto International, 31(7): 765-782.

Yan H, Weibel R. 2008. An algorithm for point cluster generalization based on the Voronoi diagram. Computers & GeoSciences, 34(8): 939-954.

Zhang Q N. 2006. Generalization of drainage network with density differences. Acta Geodaetica et Cartographica Sinica, 35(2): 191-196.

Zhang Y F. 1996. A fuzzy approach to digital image warping. IEEE Transactions to Computer Graphics and Application, 16(4): 34-41.

Zhou L M. 1993. Similarity Theories. Beijing: Press of Science and Technology of China.

Zhu J, Cheng D, Zhang W, et al. 2021. A new approach to measuring the similarity of indoor semantic trajectories. ISPRS International Journal of Geo-Information, 10: 90.